比尔·阿诺德（Bill T. Arnold）
约翰·崔（John H. Choi）／著　　乔颂恩／译

圣经希伯来文句法指南（中阶）

第二版

A GUIDE TO Biblical Hebrew Syntax

SECOND EDITION

上海三联书店

This is a Simplified Chinese Translation of the following title published by Cambridge University Press:

A Guide to Biblical Hebrew Syntax, 2nd Edition
ISBN：9781107434967

This Simplified Chinese Translation for the People's Republic of China (excluding Hong Kong, Macau and Taiwan) is published by arrangement with the Press Syndicate of the University of Cambridge, Cambridge, United Kingdom.

圣经希伯来文句法指南
第二版

《圣经希伯来文句法指南》介绍并浓缩了希伯来文圣经（即旧约圣经）最初所用原始语言的特征。作为中阶圣经希伯来文语法书，本书假定读者已经对圣经希伯来文的基本发音和字形变化有所了解，并以定义和实例演示了大部分中阶水平读者努力想掌握的圣经希伯来文的基本句法特征。本书把希伯来文句法和词法分成四部分。前三部分覆盖了各项单词（名词、动词和小品词），帮助读者从词法和句法的观察进入到对含义和意义的了解。第四部分则远超过短语层次，而是考虑子句和句子等更大范围内的语法关系。

自从本书第一版问世以来，圣经希伯来文句法的研究有了很大发展，新版（第二版）通过对语法现象的详细描述将这些发展纳入进来，其中也包括某些来自"语篇语言学"（discourse linguistics）的见解。本书保留了第一版中所用分类和术语，以保持与大多数初阶和高阶语法书的连续性。

比尔·阿诺德（Bill T. Arnold）是阿斯伯里神学院（Asbury Theological Seminary）的保罗·阿摩司（Paul S. Amos）讲席旧约诠释教授，也是"新剑桥圣经评注系列"（the New Cambridge Bilble Commentary Series，2009）之《创世记》的作者，以及《旧约导论》（*Introduction to the Old Testament*, 2014）一书的作者。

约翰·崔（John H. Choi）于芝加哥大学（The University of Chicago）、阿斯伯里神学院获得学位，并在希伯来联合大学-犹太宗教研究所（Hebrew Union College-Jewish Institute of Religion）获得博士学位，著有《歧异的传统：圣经文学和第二圣殿时期文学对五经的接受》（*Traditions at Odds: The Reception of the Pentateuch in Biblical and Second Temple Period Literature*，2010）。

纪念

†

John H. Choi

1975—2015

目录

中文版作者致辞

本书是我在阿斯伯里神学院多年教授圣经希伯来文的成果，我在那里担任旧约释经教授，我的合著者担任希伯来文助教。遗憾的是，令人怀念的崔约翰博士（John H.Choi）在相对年轻的时候罹患癌症。就在我们一致同意对第一版做出修订的几个月后，他因病去世，过早地离开了我们。我可以想象到，当他得知我们这本书不仅在这 20 年里持续帮助着圣经希伯来文学生和教师，而且现在能以中文出版时，他会多么高兴。

我以极大的欣赏和敬意，深深感谢剑桥大学出版社和上海三联书店的编辑们对本书的付出。我特别感谢乔颂恩的翻译技巧和毅力，她起意翻译和出版本书，并坚持着直到完成。我所盼望的是本书能尽量多地帮助到那些渴望对希伯来圣经取得更好理解的读者。

中文版序

经由原文抵达正典的汉语圣经学

进入21世纪，中国内地汉语圣经学悄无声息地吹起一股经由原文抵达正典的风气。就基督新教旧约原文、天主教和东正教部分旧约原文而言，犹太教希伯来圣经（或称《塔纳赫》）就是她们共同的根。因此，汉语圣经学的第一块基石正是犹太教正典，在此基础之上基督宗教正典的形成才得以可能。而圣经希伯来文就是抵达犹太教–基督宗教正典的最优通道。这种风气表明汉语圣经学在古典语言学上，已经从二手正典译文研究转向原文研习。

但是，由于希伯来语以难学而著称，向来有“习不来语”之绰号，因此，汉语圣经学古典语言的学习和研究需要数代学子努力，才能取得比肩西方欧美以及东方以色列学界的成就。可喜可贺的是，21世纪之初，汉语圣经学终于初步形成这样的风气。在西方具有一定影响力的萧俊良的《圣经希伯来文文法》[1]已于2008年在沪上出版，成为内地希伯来圣经或旧约希伯来文通用教材。另外，在此之前，傅约翰的《简明古代希伯来文词法、语法、句法》[2]；在此之前及之

1 萧俊良（Choon-Leong Seow）：《圣经希伯来文文法》（*A Grammer of Biblical Hebrew*），费高英、鲁思豪译，刘平校，上海：华东师范大学出版社，2008年。

2 傅约翰：《简明古代希伯来文词法、语法、句法》，北京：中国戏剧出版社，2006年。

后，溪水编写组的《古希伯来语教程》（第一至三册）[3]；在此之后，吴慕迦、高天锡编著的《圣经旧约原文——希伯来文课本》[4]，都作为圣经希伯来文入门教材面世。

现在摆在诸位面前的是《圣经希伯来文句法指南（中阶）》第二版。首先要说明的是，与出自华人之手的上述四种教材不同，该书由两位美国学者完成：比尔·阿诺德以及英年早逝的崔约翰。他们都从希伯来联合大学–犹太宗教研究所获得博士学位，都在现代基督宗教史上享有盛誉的阿斯伯里神学院任职。目前比尔·阿诺德担任保罗·阿摩司讲席旧约诠释教授，另外还担任"新剑桥圣经评注"项目希伯来圣经 / 旧约主编。其研究领域涵盖旧约和古代近东研究，尤其专精于摩西五经评注，在旧约评注、圣经希伯来文等方面著述颇丰。崔约翰有著作《歧异的传统：圣经文学和第二圣殿时期文学对五经的接受》[5]存世。由此来看，《圣经希伯来文句法指南（中阶）》虽为教材，但是以两位作者扎实的教学和学术研究为根底，从而使教材的品质得到有力的保障。

作为高品质教材的《圣经希伯来文句法指南（中阶）》本身证明该书已经获得读者和市场的认可。《圣经希伯来文句法指南（中阶）》第一版于 2003 年由剑桥大学出版社出版。[6]时隔 15 年，本书第二版于 2018 年继续由剑桥大学出版社出版。中文译本所依据的

---

3 溪水编写组：《古希伯来语教程》，成都：四川大学出版社，第一至二册，2006 年，第三册，2009 年。

4 吴慕迦、高天锡编著：《圣经旧约原文——希伯来文课本》，北京：宗教文化出版社，2011 年。

5 John H. Choi，*Traditions at Odds: The Reception of the Pentateuch in Biblical and Second Temple Period Literature*（London/New York, N.Y.：T&T Clark，2010）.

6 Bill T. Arnold、John H. Choi，*A Guide to Biblical Hebrew Syntax*（Cambridge, New York, Melbourne, Madrid, Cape Town, Singapore, São Paulo：Cambridge University Press，2003）.

是第二版。全书结构清晰，包括四个部分。前三个部分覆盖各项词类（名词、动词和小品词），帮助读者从词法和句法进入到含义和意义。第四部分关注子句和句子之间的关系。正如语言类教材惯常所做的那样，本书采用定义和实例演示大部分中阶水平读者需要掌握的圣经希伯来文的基本句法特征。中文译者一直致力于圣经希伯来文学习，有心将本书译为中文。本书中文版不仅将有助于汉语读者在完成初阶之后，通过中阶达到高阶，而且作者特别注重吸收最新的学术研究成果，将之注入教材之中，使教材本身具有一定的学术品格，也能做到与学俱进，与学术前沿保持同步，让汉语读者亦从中受益。就前者而言，汉语读者在掌握圣经希伯来文语法之后，可以流畅、准确地阅读希伯来圣经 / 旧约原文，而不必花费过多时间和精力，假借工具书或二手译文探究经文的语法和词义。就后者而言，本书中文版将圣经学研究领域日益关注的语篇语言学（又译“话语语言学”）带入书中。因此，对于汉语神学生、传道人、学者以及对此领域感兴趣的普通读者，本书既能提供臂力，有助于更快捷和方便地阅读希伯来圣经 / 旧约原文，也能抵达圣经学学术的门槛。

经曰：“夫风任意而吹，尔闻其声，不知其何来何往。凡由圣神生者，亦若是。”（《约翰福音》3：8，“文理和合译本”）实际上，近一个世纪之前，李荣芳（1887—1965 年）于 1912—1917 年赴美留学，专攻旧约和希伯来文，成为第一位在海外获得圣经学博士学位的中国人，学成后回国从事专业教研工作，为后世留下“李荣芳译本”以及《旧约原文辞典》。现今得力于全球化，我们可以不用远涉重洋到西方取经，在本地即可获得优质的教学资源。由此优渥条件，我们期待这样一股来自地中海东岸的风，继李荣芳先生之后，虽经百年峰回路转，在新时代有助于我们推动新一轮的文明互鉴，加强希伯来文明与中华文明之间的互动。

刘平

复旦大学哲学学院宗教学系教授

2024 年 7 月

第二版序 xiii

我和我的合著伙伴对 2003 年出版的《圣经希伯来文句法指南》得到良好反馈而感到欣慰；当剑桥大学出版社决定要出第二版时，我们当然非常高兴。第二版对第一版做了修订和补充，新增了几个特点，例如，在**第 4 章**末尾新增了关系代词部分，尤其是增加了讨论和脚注，以帮助学生在传统语法范畴和圣经研究中一个相对较新的分支学科——语篇语言学（discourse linguistics）之间实现顺畅连接。这包括对某些知识点的讨论加以扩展，与传统的解释相比，更多从段落语言学角度做出阐述；当然也包括参考书目的更新。从一开始，我和约翰就希望这本书作为中阶程度的工具书，成为连接初阶语法和高阶语法的桥梁。鉴于对希伯来文语法细节的理解不断取得进展，这一需要比 2003 年更甚。我所期望的是：第二版的更新能够令学生更容易地从初阶进入到高阶的学习。

全书的标题编号与第一版保持一致，读者能很容易地确定所读内容属于第一版还是第二版。例如，不管页码如何，标题“Piel（D xiv
词干）”在这两版中的编号均是 3.1.3。

非常感谢我的学生黄约瑟（Joseph Hwang）在很多方面给予我不可估量的帮助。还有我的同事约翰·库克（John A. Cook）教授，他一直是一个重要的对话伙伴，在我们意见不一致时总是很有恩慈地在某些问题上温和地鼓励、推动和纠正我。劳森·斯通（Lawson G.

Stone）教授对本书多有贡献，显示出其基于严谨和博学的判断力；再次感谢他允许我们如同在第一版中那样，在**附录 B** 中使用他的衍生词干图表。戴尔·沃克（Dale Walker）博士慷慨地对第一版提出了详细的意见和建议，大卫·施莱纳（David Schreiner）博士协助处理参考书目细节，而我的学生布拉德·哈格德（Brad Haggard）则协助编制了索引。

令人难过的是，我的合作伙伴在我们签订了第二版出版合同之后罹患癌症。经过短期的艰难搏斗，约翰过早地离开了我们。对所有了解约翰的人，这都是一个沉痛的损失，尤其是对于他心爱的西尔维娅（Sylvia）以及索菲亚（Sophia）和伊桑（Ethan）而言。因为我和约翰在大约 15 年前共同完成第一版的时候有许多快乐的回忆，使我对本书的修订工作一度感到非常艰难。完成修订之后，我最大的荣幸就是以本书来纪念他；*זכרונו לברכה。

比尔·阿诺德

---

* 对男性逝者的敬语，意思是“愿对他的记忆成为祝福”。——译者注

第一版序 xv

本书旨在向圣经希伯来文初学者和中等程度学习者介绍基本和关键的希伯来文句法。本书是我们 18 年来圣经希伯来文教学的集体结晶。每年我们为大约 180 名准备从事神职或其他宗教性职业的学生提供教学或者指导。这些教学经验令我们得出一个结论：在两种理解——一边是基于最近十几年来这个学科本身的重要进展，当前在学术上取得的对希伯来文句法的理解；另一边是学生们对希伯来文句法的理解——之间存在巨大鸿沟。这个鸿沟似乎因着在初阶语法和高阶语法之间缺乏中等程度的语法而不断加深。此外，当今对神学教育日益增长的需要，导致人们想要用更少的时间来掌握圣经希伯来文。常常在初阶课程中最先被省略的就是对句法特征的概要了解。因此，我们的目的就是竭尽所能地在学生和圣经希伯来文句法的最新研究之间搭建一座桥梁。

因此，本书无意于替代标准的语法参考书，我们在写作过程中
常常参考这些书；本书旨在给初阶和中阶程度的学生呈现一条通往
圣经希伯来文最新学术领域的通路。为了实现这个目的，我们会在 xvi
合适之处，在脚注中提供大量的参考文献。特别地，在希伯来文动
词系统方面，我们受到的最大影响来自布鲁斯・华尔基（Bruce K.
Waltke）和迈克尔・奥康纳（Michael O’Connor）的合著。在语法
上，我们也频繁地参考了乔恩–村冈崇光（Joüon-Muraoka）和盖森

尼乌斯–考茨施–考利（Gesenius-Kautzsch-Cowley）的著作，并在某种程度上参考了范德梅韦–诺代–克鲁泽（van der Merwe-Naudé-Kroeze）的著作以及迈耶（Meyer）的著作。尽管与这些以及其他学术资源有所交流，但是在某些要点上，我们感到在对圣经希伯来文的探索中，我们已经引入了一些革新，以试图改善我们今天阅读和解释圣经的方式。

我们向同事约瑟夫·邓戈尔（Joseph R. Dongell）、大卫·汤普森（David L. Thompson）、劳森·斯通（Lawson G. Stone）和布伦特·斯特朗（Brent A. Strawn）表达感谢，他们给我们提供了某些方面有益的建议，尤其是劳森·斯通教授允许我们在**附录 B** 中使用他的表格。我们也从剑桥大学出版社所聘请的匿名外部评审员所给出的评论和建议中获益匪浅。剑桥大学出版社的编辑在各方面都是榜样，我们尤其注意到安德烈·贝克（Andrew Beck），他自始至终一直在鼓励我们。此外，菲利斯·伯克（Phyllis Berk）和贾尼斯·博尔斯特（Janis Bolster）也在本书出版过程中做了很多改善性的工作。

1 导论 1

圣经阐释的核心在于需要研读圣经**句法**（syntax），也就是说，需要研究单词、短语、子句和句子之间如何彼此联系以建立其意义。圣经希伯来文（Biblical Hebrew，BH）是早已从我们的时代和文化中消失的语言。为了“阅读”圣经经文，初阶学生通常要学习分辨希伯来文的基本发音和字形变化。但我们相信释经（exegesis，或者按照文本本身得出经文的含义）所要求的远远不止于音韵学（phonology）和动词分析。想要获得更深层次的阅读，需要理解句法关系，而这是初级语法书无法详细讨论的课题。因此，我们的任务一直都是帮助阅读者掌握圣经希伯来文的基本构成要素，即用以构建经文意义的详细句法。这些会涉及语言学上的细节，借着这些细节，对于以色列的信仰及其与 YHWH 的立约关系，能够得出并且已经得出影响最为深远的表述。

我们已经定义和解释了圣经希伯来文的基本词法特征。本书把希伯来文句法和更小单位的词法（字形变化方式）分成四部分。前三部分涵盖了独立的单词（名词、动词和小品词），这部分的目标是帮助读者从对词法和句法的观察过渡到对意义和含义的观察。第
四部分远远不止讨论短语层面的语言现象，而是考虑子句和句子等 2
更大层次之间的关系。每个句法分类都是以至少一个段落给出定义作为开始，然后是给出一长串清单，列出对这一特定语法现象最为

常见用法的解释。对每个句法的用法，至少会提供一个例子（大部分情况下都不止一个例子）来做说明。每个例子后面都有译文，尽可能以斜体和下划线标示与所讨论句法相关的部分。采用的译文通常与 NRSV 圣经有关，为了更好地演示当下所讨论的句法特点，常在某些要点处对 NRSV 译文有所改动；有时为了表达出希伯来文的句法特点而不得不牺牲英文表达风格。译文之后是经文出处。所有的例子都直接取自希伯来文圣经，有时某些前缀或者连接小品词，不涉及所要演示的句法，为了译文的清楚流畅会被略过不译。

有两点需要注意。首先，这种列出用法清单的做法可能导致误解。为了尽量解释清楚某既定语法现象的用法，而对其各种含义作出分类阐述，可能导致过分简化该语法的特征。这可能令学生错误地认为阅读文本就是按照各种用法划分句子的各个部分，或按照各种用法让句子的各部分对号入座即可。这就是所谓的“命名谬误”(naming fallacy)，即赋予所讨论的语法现象一个名称或者类别，就视作完成了对文本的解释或者阅读。这种方法曾被那些不认可其有效性的人称之为“分类学”，因为该方法不能对语言现象作出充分说明。这种对于以类别来描述语法含义的批评是有一定道理的。然而，本
3 书的主要目的是帮助中阶学生更容易地了解每种语法现象最常见和最容易理解的用法，并无意对所讨论的内容提供整全而系统的语言学方面的阐释。脚注和参考书目将足以引导对后者感兴趣的读者，来接触那些处理这方面课题的其他文献，以及了解与本书所提供解释有分歧或相互冲突的某些观点。

当然，语言的运作并不简单，并不总是按照预先确定的、规定的分类进行。语言的任何既定句法形态特征（morphosyntactical feature）都承载着由该词所处语境所决定的含义。作为读者，我们会观察到由不同语境和字词间不同连接所建立起来的各种含义，我

们必须承认，同一语法特征可以有多重含义，这取决于其语境。语法书试图把这些多重含义分门别类，尽可能使读者更容易辨别句法发挥作用的多种方式。然而这仍有一种潜在的危险，就是令人误以为语法分类在某种程度上支配着语言的运作方式。事实正相反，语法书仅仅是观察语言的运作方式，然后，为了说明某种特定语法特征在既定语境中如何运作，而把语言的运作方式勾画再现出来。语法列表是对语法特征之最常见用法所做的人为分类，学生必须牢记以避免命名谬误。因此，阅读类似圣经希伯来文这样的古代语言是一种后天习得的技能，需要一定的艺术敏感性。学生首先要学习辨别特征（词性或者动词分析），这部分事关对错；然后会进入更有难度的解释部分，这部分需要对单词在句子中的用法做细致的“阅读”。

其次，这里呈现的分类绝不是无所不包的，若要详尽包含所有分类，需要数倍于本书的容量。对于额外的信息，我们频繁地列出了重要的语法参考书。我们还省略了基本的发音和词法方面的讨论，包括在某些方面独特的或者例外的较难的拼写形式，这些方面的问 4
题在大量初级语法书中都有充分的讨论。我们提供的脚注中，常常含有初级语法参考书，用来鼓励读者查考熟悉的参考资料，温习可能已被遗忘的语音或者构词法方面的基本细节。例如，在讨论“限定性”（determination；见 2.6）时，提醒读者名词被标示为限定性名词，其中一种方式是添加作为前缀的定冠词。所有的初级语法书都解释了定冠词的词法细节，或以各种例子来说明冠词所呈现的不同形式如何取决于它所标示的名词，因此本书没有就此再做重复说明。相反，在必要的地方，我们指导读者去温习初阶语法书。[1] 我们还完全省略

1 若要了解更多词法方面的内容，初阶学生可以参考“How Hebrew Words Are Formed”，在 Landes 2001,7-39; Garrett 和 DeRouchie 2009, 366-370； 以及 Silzer 和 Finley 2004, 91-97。高阶读者可以参考 Blau 2010, 156-286，尤其是名词部分可参考 Fox 2003。

了某些理论性和复杂的语法问题，或者在某些情况下对这类问题做简要的总结，这些问题经常使中阶学生难以理解标准的语法参考书。但是为了给更高程度的学生和学者提供我们认为特别有益的、额外的背景信息，我们会在脚注中对这类问题作出更多讨论。我们试图以这种方式来创作一本易于使用、程度适宜的书籍。

基本上，本书所定义和阐释的语法主要与摩西五经的延伸叙述和历史书所用的语言有关，也适用于先知书和圣卷的散文部分。有时这一语言被人称为古典圣经希伯来文（Classical Biblical Hebrew）。[2] 有时我们会对后期圣经希伯来文（Late Biblical Hebrew，LBH）做更进一步的观察，以便了解大部分被掳后写成的圣经书卷（历代志上下、以斯拉—尼希米记、以斯帖记、但以理书、部分诗篇、雅歌、传道书以及其他部分经文）。[3] 尽管后期圣经希伯来文有一些独特性，但是与圣经希伯来文也有很多共性。因此，在某些举例中，我们既采用了圣经希伯来文，也采用了后期圣经希伯来文，以演示希伯来文这一语言在某一语法特征上的一贯性。

---

2 “BH”将始终用来指“Biblical Hebrew”。其他缩写可在 Billie Jean Collins, Bob Buller, and Johhn Kutsko, eds., *The SBL Handbook of Style: For Biblical Studies and Related Disciplines,* 2nd ed. (Atlanta: SBL Press, 2014), 216-260 中找到。

3 这份清单只是罗列了部分书卷，主要是因为学者们在某些问题的诠释上没有达成共识。我们对 BH 和 LBH 的划分主要基于被广为接受的 BH 三分法，即根据语言使用的历史时期或阶段，将其分为远古（archaic）、标准（standard）和晚期（late）；见 Kutscher 1982, 12; Sáenz-Badillos 1993, 50-75 和 112-129。第一阶段包括远古希伯来文最古老的刻文（epigraphic）片段以及圣经中的一些诗体篇章。我们所谓的“语言的第一阶段”，仅用于对语言历史的背景讨论，对 BH 和 LBH 的划分主要相对于语言的标准阶段和后期阶段。有关这些划分的更多内容，可参考 Schniedewind 2013; Naudé 2010; Rooker 1990; Polzin 1976, 1-2 以及 Miller-Naudé and Zevit 2012 中的文章。把圣经希伯来文分为远古、标准、过渡时期（transitional）和晚期的观点，可参考 Lam and Pardee 2016; Gianto 2016; Hornkohl 2016; Morgenstern 2016。

2 名词（Nouns） 6

语言就像人一样，与家族或者家庭中其他成员彼此相关。旧约的语言，即圣经希伯来文，属于一个为人所知的更大语系——闪语。与早期闪语相比较，学者们得出一个结论，即圣经前希伯来文（prebiblical Hebrew）几乎与所有公元前第二千年的闪语一样，名词具有格变系统（即词形变化，inflecxions），其格变与印欧语系相对应。[1] 字尾用来标示主格（nominative，相当于英语的主语或者主格，单数以 - *u*、复数以 - *ū* 和双数以 - *ā* 为结尾）、形容词格变与所有的介词连用（相当于英语的所有格，以 - *i*，- *ī* 和 - *ay* 结尾的所有格），而宾格（accusative，以 - *a*，- *ī* 和 - *ay* 作为结尾）也有很多副词性用法。然而，词尾的格变在第一千年的所有西北闪语(Northwest Semitic languiages)中几乎完全消失了，而且在所有经证实的希伯来语（attested Hebrew）中，它们也确

1 阿卡德语（Akkadian）的大多数方言中都保留了词格的变化，如同古典阿拉伯语（Classical Arabic）一样。西北闪语中的亚摩利语（Amorite）、乌加列语（Ugaritic）和亚玛拿文本（Tell Amarna，所有文本全都写成于公元前第二千年）中迦南语（Canaanite）的词汇都保留了格变性的词尾。关于迦南抄写员所写的亚玛拿书信中保留的格变形式，可以参看 Rainey 的重要讨论（1996, 1:161-170），只是需要注意他更倾向于“相依”格变（dependent case），而不是“所有格”（genitive）。

实消失了。[2]

7 圣经希伯来文以不同的方式对格变词尾的消失作出补偿，最基本的是以单词的次序（如同现代英语那样）和透过句法关系，以及介词的用法来补偿。所以，分辨主格很大程度上要借助单词的顺序而没有其他标记。所有格是以附属关系（见 2.2）为标记，而宾格的分辨主要是借助限定性直接宾语的标志（definite direct object marker）אֶת־/אֵת 以及其他句法关系（见 2.3）。在考虑圣经希伯来文的名词用法时，要常常记得名词的形式和用法之间的区别。由于缺乏字尾格变形式，“所有那些最初是字形变化的范畴现在都主要成为句法范畴”。[3] 换言之，此处用来描述名词用法的分类曾经可以借着名词的字形变化或者实际拼写形式来识别，但是现在字形中没有识别标志，其用法主要通过句法或者名词在短语和从句中与其他词类的排列关系来识别。当名词失去其字尾格变，希伯来文就找到其他方式来表达这些用法。

我们用**主格**（nominative）、**所有格**（genitive）和**宾格**（objective）等术语描述的是圣经希伯来文名词的**作用（或用法）**（function），而不是其**形式**（form）。我们能够借助与其他闪语之间的比较来追溯古老的希伯来语中这三种格变运用的历史，但是一些专家认为，

---

2 Blau 2010, 266-270; Garr 1985,61-63; Sáenz-Badillos 1993, 23; Moscati 1980, 94-96; Bergsträsser 1983, 16-17; Harris 1939, 59-60; Joüon and Muraoka 2006, 255-256; Bauer and Leander 1991, 522-523. 更为早期的语法学家认为，用于某些特定名词以指示方向的、非重读的希伯来文字尾 ה ָ- 是古代宾格词尾格变（例如，אַ֫רְצָה，该字尾被称为指向性的 ה ָ- 或场景性的 ה ָ-，即 *he locale*）的遗留形式。然而，乌加列语中除了宾格以 - *a* 为结尾之外，还有独立的副词性后缀 - *h*，毫无疑问地显示了希伯来文中 *he locale* 并不是宾格词尾格变的遗留形式（Waltke and O’Connor 1990, 185; Seow 1995, 152-153; 若了解更为久远的观点，可参看 Kautzsch 1910, 249）。最接近圣经希伯来文格变的是人称代词（参看 van der Merwe, Naudé, and Kroeze 1999, 191）。

3 Joüon and Muraoka 2006, 410.

在描述圣经希伯来文句法的时候，应该全部放弃这些格变名称（尤 8
其是“主格”）。[4] 我们的目标是要识别和描述名词的**作用**。因为圣经希伯来文名词的用法在句法意义上具有与其母语一样明确的“格变”，因此，用“主格”“所有格”和“宾格”这三个术语来区别这三个格变的作用仍然是有帮助的。[5] 我们将在适当情况下介绍这些用法的其他称呼以帮助高阶程度的学生。

2.1 主格（Nominative）

因为名词的格变在字形上没有标记，因此只能借助名词或者代词的词序、名词与动词在性和数上的一致性（虽然有很多例外），或者借助上下文语意来分辨主格。一般而言，主格可以分为以下几个类别。[6]

2.1.1 主语（Subject） 9

名词或代词作为动作的主语：בָּרָא אֱלֹהִים，“神创造了”（*God*

4 例如，Jan Kroeze 接受以“主语”来称呼 2.1.1 中这类主格用法，但是建议采用下述术语来替代其他的格变形式用词：用“系动词补语”（copula-complement）代替“谓语主格”（predicate nominative, 2.1.2），以“受众”（addressee）代替“呼格”（vocative, 2.1.3），以“中断格”（dislocative）代替“独立主格”（nominative absolute, 2.1.4）；Kroeze 2001, 47。另有人提出以“格变关系”（case relations）来描述圣经希伯来文中出现的主语、宾语和定语等语义范畴；Cook and Holmstedt 2013, 134-135。然而，采用格变系统——主格、所有格、宾格，或许能够“比单独用严格的功能分析更有效”（Levinson 2008, 98）地说明名词用法的特征。如果读者还记得我们是在描述这些名词的**句法**(syntactical)功能而不是其语法意义上的语素(morpheme)，我们相信采用传统术语会更有帮助，并能使读者比较该名词在圣经希伯来文和其他语言中的用法。保留了字形变化和功能的与圣经希伯来文同源的古代语言，包括古典阿拉伯语、阿卡德语和乌加列语；Joüon and Muraoka 2006, 410。

5 需要记得的是：代词也具有这三种用法。

6 van der Merwe, Naudé, and Kroeze 1999, 247-249; Kautzsch 1910, 451-455; Waltke and O'Connor 1990, 128-130; Lambdin 1971a, 55; Chisholm 1998, 61; Williams and Beckman 2007, 11-12.

created; 创 1:1），וַיֹּאמֶר אֱלֹהִים，“神说”（And *God* said; 创 1:3）。同样地，当名词或代词与状态动词（stative verb）连用时，名词或代词可以作为状态动词的主语：מָלְאָה הָאָרֶץ חָמָס，“地上满了强暴”（*the earth* is filled with violence；创 6:13）。

很少见且令人惊讶的是，经常作为限定性直接宾语（definite direct object，DDO；见 2.3）标志的小品词 אֵת/אֶת־ 也会用于主语名词。该小品词的这种用法（据统计在圣经中出现了 27 次），让人猜测圣经希伯来语具有其他闪语中的作格（ergative）用法——不及物动词的主语与及物动词的宾语可以采用同样的标记。[7] 然而，圣经希伯来语的名词是否有作格用法仍有疑问，而其中某些带有 אֵת/אֶת־ 的句子也可做其他解释。[8] 中阶学生只需要在研读 DDO 与主格名词的用法时对此有所注意。

2.1.2 谓语主格（Predicate Nominative）* （系动词补语，Copula-complement）

名词或者代词等同于系动词（明显的或隐含的）的主语：יְהוָה מֶלֶךְ，“YHWH 是王”（YHWH *is king*；诗 10:16）。在这个例子中，作**主语**的名词（见 2.1.1）是“YHWH”，而谓语主格是“王”。在某些语法书中，谓语主格也被称为“系动词补语”（copula-complement）。

7 Barton 提供了下述可能是作格用法的例子：创 4:18, 17:5, 21:5, 27:42; 民 3:46, 5:10, 35:6, 35:7; 申 11:2, 15:3；书 22:17；士 20:44, 20:46；撒上 17:34, 26:16；撒下 11:25；王下 6:5, 10:15；代下 31:17；尼 9:19, 9:34；耶 36:22；结 10:22, 17:21, 35:10, 44:3；但 9:13; Barton 2012, 33。可比较 Waltke and O'Connor 1990, 182-183。

8 Blau 2010, 24-25 和 266-267; 有时称为限定性宾格 (determinative accusative)，Williams and Beckman 2007, 24。

* 单词“Predicate”在一些语法书中译为“述语”或“表语”。——译者注

谓语功能的主格通常出现在身份识别（identification）子句 10
中，这种句子的词序通常是主语—谓语：אֲנִי יְהוָה，“我是 YHWH”（I *am YHWH*；出 6:2），אַתָּה הָאִישׁ，“你是那人”（You *are the man*；撒下 12:7）。[9] 然而，这种描述性（description）子句词序是可变的，主语—谓语顺序也是如此：מִשְׁפְּטֵי־יְהוָה אֱמֶת，“YHWH 的诸典章是真实的”（the ordinances of YHWH *are ture*；诗 19:10，和合本 19:9）。谓语主格是名词性子句中的一种（见 5.1.1, a）。

2.1.3 呼格（Vocative）（呼吁，Addressee）

名词指向一个具体的说话对象，通常带有定冠词（definite article；见 2.6.2）：הִנֵּה הַחֲנִית הַמֶּלֶךְ，“这是那矛，王啊！”（here is the spear, *O king*；撒上 26:22 *Ketib*。[*]）就概念而言，呼吁指向明确的对象，是限定性的，但实际上在经文中定冠词常被省略。[10]

呼格名词在句法上独立于所在的子句，常与显示直接引语的第二人称代词（或人称词尾）一起出现：חֵי־נַפְשְׁךָ הַמֶּלֶךְ，“按照你的性命【起誓】，王啊！”（as your soul lives, *O King*；撒上 17:55）；דְּבַר־סֵתֶר לִי אֵלֶיךָ הַמֶּלֶךְ，“王啊，我有一件机密事奏告你”（I have a secret message for you, *O King*；士 3:19）。第二人称也可以用命令式来表达：הוֹשִׁיעֵנוּ אֱלֹהֵי יִשְׁעֵנוּ，“拯救我们的神啊，救我们！[**]”（Save us, *O God* of our salvation；代上 16:35），

9 Andersen 1970, 31-34.

10 Joüon and Muraoka 2006, 476. 对于这么多呼格名词不带定冠词，有人倾向于“用作呼格的普通名词可以是限定性的，也可以是不定性的”；Miller 2010。但是我们选择描述这种情况为“呼格常常最主要的是透过上下文语境来确定”。

* “*Ketib*”指写的字形。——译者注

** “救我们”在原文是用命令式表达强烈的祈求语气。——译者注

הוֹשִׁיעָה יְהוָה,“YHWH 啊！求你现在就拯救!* ”（Save now, *O YHWH*；诗 12:2，和合本 12:1）。

2.1.4 独立主格名词（Nominative Absolute）（中断格，Dislocation）

名词和跟随其后的句子被打断（有时是因插入从属子句或者同
11 位语），然后由作为句子主语的代词恢复其连接：
יְהוָה הוּא הָאֱלֹהִים，“YHWH，他是神”（*YHWH, he* is God；王上 18:39）；הָאִשָּׁה אֲשֶׁר נָתַתָּה עִמָּדִי הִוא נָתְנָה־לִּי מִן־הָעֵץ וָאֹכֵל，“你所赐给我、和我在一起的那女人，她把树上的果子给我，我就吃了。”（The *woman*, whom you gave to be with me, *she* gave me fruit from the tree, and I ate；创 3:12）。独立主格名词通常指向上下文中已经出现的名词或者从句。

这种结构有多种名称，例如，破格（casus pendens，拉丁语的“悬挂格”[hanging case]）、中断格结构（dislocated construction）和强调标志（focus marker）。[11] 后面接续的句子中，用来再次提及前面名词或者代词的成分可以称为复指（resumptive）成分。此外，单词的中断格用法并不限于主格（主语），宾语中断格将在后面讨论（见 2.3.1, f）。

最后，我们必须注意区别中断格与单纯的单词前置用法（见 5.1.2, b.2）。单词前置是为了强调某事物，或者为了引入某事物，或者因

---

* 原文用命令式表达强烈的祈求语气。——译者注

11 Khan 1988, xxvi-xxviii; Naudé 1990; Joüon and Muraoka 2006, 551-554; Moshavi 2010, 81-83; Waltke and O'Connor 1990, 76-77. 对破格的讨论，见 Holmstedt 2014, 118-124 中左中断格（left-dislocation）条目，或者 Korchin 2015 对前中断格（front dislocation）的讨论。

为再次提及之前出现的事物，而将一个名词（主语或者宾语）置于动词之前。[12]

2.2 所有格（Genitive）

在圣经希伯来文中，两个名词之间的关系大部分是通过与其他语言中具类似作用的、我们所谓的“所有格”结构来表达的。英语通常用“的”（of）来表达两个名词之间的所有格关系。例如，在短语“the daughter of the king”（这王的女儿）中，名词“king”
（王）是作为所有格来修饰“daughter”（女儿）。因此，所有格关 12
系通常表示拥有的含义：“the king's daughter”（这王的女儿）。然而，在圣经希伯来文中，除了拥有关系，所有格可以更广泛地表示多种含义。例如，“真理的话”（the word of truth）不是意为“属于真理的话”（truth's word），而是指“真的话”（the true word）。[13]

圣经希伯来文名词的功能并不是透过字形（例如，字尾）来标识。正如 2.1 所示，通常只能透过词序和上下文来确定谁是主语。在希伯来文中，所有格关系在语法上是以名词的附属状态来区别的，处于附属状态的两个（或更多）名词被结合在一起形成一个附属结构或者**附属链**（construct chain）。在这种**附属名词 + 所有格**（construct + genitive）结构中，所有格以某种方式来修饰附属名词（附属结构中的首个单词），通常是作为**定语性形容词**（attributive

12 Holmstedt 2014, 115-118; van der Merwe, Naudé, and Kroeze 1999, 346-349; Long 2013, 179-184.

13 英语中名词与名词组成的复合结构（例如,“笔记本”[notebook] 和“机场”[airport]）和所有格记号“'s”（例如,“耶利米的告白”[Jeremiah's confession]）的用法，类似于希伯来文中的附属短语（Waltke and O'Connor 1990, 141）。

adjective）。[14] 语法书描述这一结构所用的术语是多样化的，有的将首个单词称为“附属状态词”（status constructus），将最后的单词称为“后置的附属词”（postconstructus）。[15] 附属状态名词失去其主要重音，有时会导致元音缩减。中阶学生需要回顾初阶语法中有关附属名词因为失去重音而发生主重音缩减的规则。[16]

13 下述罗列的项目包括了所有格修饰其前面的名词或者形容词的最常见用法。要记得所有格关系也可以透过介词带宾语或者名词带人称词尾的方式来表达，下面所列的用法也适用于这些方式。[17]

2.2.1 表达拥有（Possessive）

所有格可以表达附属名词的所属关系：בֵּית יְהוָה，“YHWH 的殿”（the temple *of YHWH* 或 *YHWH's* temple；王上 6:37）；צִבְאוֹת יְהוָה，“YHWH 的军队”或者“属于 YHWH 的军队”（the hosts *of YHWH* 或 hosts *possesed by YHWH*；出 12:41）。所有格拥有的也可以是身体的一部分：[18] שִׂפְתֵי־מֶלֶךְ，“王的嘴”（lips *of a king* 或 a *king's* lips；箴 16:10）；也可以是某种特征：

14 Joüon and Muraoka 2006, 434-448；Waltke and O'Connor 1990, 136-160; Kautzsch 1910, 410-423, 尤其是 416-419; Williams and Beckman 2007, 13-18; Chisholm 1998, 62-64; van der Merwe, Naudé, and Kroeze 1999, 197-200。有关刻文希伯来文中的所有格，可见 Gogel 1998, 240-245。

15 或是用希伯来文 נִסְמָךְ（supported，被支持者）来指附属名词，以 סֹמֵךְ（支持者，supporter）来指所有格名词，在这种情况下，所有格关系被称为 סְמִיכוּת（支持关系，support）；van der Merwe, Naudé, and Kroeze 1999, 192。

16 Lambdin 1971a, 70; Fuller and Choi 2006, 61-67; Seow 1995, 117-122; Cook and Holmstedt 2013, 64（以及附录 A 的 a5-a6）; Webster 2009, 27-31; Pratico and Van Pelt 2001, 97-107。

17 Waltke and O'Connor 1990, 138.

18 Waltke and O'Connor's "genitive of inalienable possession" (145).

הַדְרַת־מֶלֶךְ, “君王的荣耀”（the glory *of a king* 或 a *king’s* glory；箴 14:28）。

所有权的指向也可以相反，导致出现被拥有的所有格（possessed genitive），在这类情况中，所有格名词被附属名词所拥有：בַּעַל־הַבַּיִת, “那家的主人”（the owner *of the house* 或 *the house’s* owner；出 22:7，和合本 22:8）；יְהוָה צְבָאוֹת, “万军的 YHWH”或“拥有万军的 YHWH”（YHWH *of hosts* 或 YHWH *who possesses hosts*；撒上 1:11）。

2.2.2 表达关系（Relationship）

所有格表示与附属名词有关系的人物：בְּנֵי הַמֶּלֶךְ, “这王的众子”（the *king’s* sons；撒下 13:23）；בֶּן־דָּוִיד, “大卫的儿子”（the son *of David* 或 *David’s* son；代上 29:22）。这种所有格通常与人称代词词尾连用：אָחִי, “我的哥哥”（*my* brother；创 20:13）。人际关系所有格通常用于亲属关系，虽然其他的社会关系也有可能。[19]

2.2.3 作为主语（Subjective） 14

所有格作为附属名词所表达的动词性概念的主语：יֶשַׁע אֱלֹהִים, “神的救恩”（the salvation *of God*；诗 50:23）；דְּבַר־יְהוָה, “YHWH 的话”（*YHWH’S* word；创 15:1）；חָכְמַת שְׁלֹמֹה, “所罗门的智慧”（*Solomon’s* wisdom；王上 5:10，和合本 4:30）。

---

19 Waltke and O’Connor 1990, 145.

2.2.4 作为宾语（Objective）

所有格作为附属名词所表达的动词性概念的宾语：יִרְאַת יְהוָה，“对 YHWH 的敬畏”（the fear of *YHWH*；诗 19:10，和合本 19:9），שֹׁד עֲנִיִּים，“被压迫者所受的暴力”（the violence of the *oppressed* 或 the violence done to the *oppressed*；诗 12:6，和合本 12:5）。有时所有格与附属名词所隐含之动作的承受者是一致的：מְטַר־אַרְצְךָ，“降雨在你的地上”（rain *for your land*；申 28:12）。

在行动所有格（action genitive）中，动作的指向发生反转，所有格表达的是动词性概念，动作是指向附属名词的：עַם עֶבְרָתִי，“我所恼怒的百姓”（the people of *my wrath* 或 the people who are the *objects of my wrath*；赛 10:6）。

2.2.5 定语用法（Attributive）*

定语所有格（attributive genitive）表达的是附属名词的性质或者属性。在翻译的时候，所有格通常作为形容词：גִּבּוֹר חַיִל，“大能的勇士”（a man of *worth* 或 a *valorous* man；士 11:1）；אֵשֶׁת חַיִל，“贤德的女子”（a woman of *worth* 或 a *valorous* woman；得 3:11）；הַר־קָדְשׁוֹ，“他的圣山”（the mountain of *his holiness* 或 *his holy* mountain；诗 48:2，和合本 48:1）；מֶלֶךְ הַכָּבוֹד，“荣耀的王”（the king of *glory* 或 the *glorious* king；诗 24:7）；שִׂמְחַת עוֹלָם，“永远的喜乐”（joy of *perpetuity* 或 *everlasting* joy；赛 61:7）。

---

* 一些语法书翻译为“属性用法”，本书采用更贴近中文读者的“定语用法”。——译者注

附属名词 -אִישׁ, -בַּעַל, -בֶּן 通常与所有格一起出现，来表达某种特质的拥有者，这是圣经希伯来文对缺少真正的形容词所做的补偿用法：[20] אִישׁ הַדָּמִים, “流人血的人”（a man *of blood* 或 a 15
blood thirsty man；撒下 16:7）；אִישׁ דְּבָרִים, “能言的人”（a man *of words* 或 an *eloquent* man；出 4:10）；בֶּן־מָוֶת, “死亡之子”（the son *of death* 或 one *who deserves death*；撒上 20:31）；בֶּן־חֲמֵשׁ מֵאוֹת שָׁנָה, “五百岁的儿子”或“五百岁”（a son *of five hundred years* 或 *five hundred years old*；创 5:32）；בְּנֵי־בְלִיַּעַל, “邪恶之子”或“邪恶的人”（sons *of villainy* 或 *villainous* individuals；申 13:14，和合本 13:13）；בַּעַל כָּנָף, “翅膀的主人”或“有翅膀的生物”（master *of wings* 或 *winged creature*；箴 1:17）。

2.2.6 详细说明（Specification）

详细说明所有格（specification genitive）是定语所有格的反转，是以形容词性附属名词的特质或者属性来说明所有格的特征：קְשֵׁה־עֹרֶף, “硬着颈项的”（stiff *of neck* 或 stiff-*necked*；出 32:9）；יְפֵה־תֹאַר, “身形俊美的”（attractive *of shape* 或 *good-looking*；创 39:6）；טְמֵא־שְׂפָתַיִם, “嘴唇不洁的”（unclean *of lips* 或 unclean *with regard to the lips*；赛 6:5）；אֶרֶךְ אַפַּיִם, “鼻子（愤怒之源）长长的”或“忍耐怒气的”（long *of nostrils* [as source of anger] 或 patient *with regard to anger*；出 34:6）。详细说明所有格也可被称为“解释性所有格”（epexegetical genitive）。[21]

20 Joüon and Muraoka 2006, 439-440.
21 Waltke and O'Connor 1990, 151.

2.2.7 表示起因（Cause）

附属名词可以是所有格的起因：רוּחַ חָכְמָה，“智慧的灵”或“生发智慧的灵”（the spirit of *wisdom* 或 the spirit *that causes wisdom*；出 28:3）；起因关系也可能是反方向的，即所有格名词被视为附属名词的起因：חוֹלַת אַהֲבָה，“因爱成病”（sick *of love* 或 sick *because of love*；歌 2:5）；מְזֵי רָעָב，“因饥荒消瘦的人”（those exhausted *of hunger* 或 exhausted people *because of hunger*；申 32:24）。[22]

16

2.2.8 表示目的（Purpose）

所有格表达了附属名词所提及事物的预期用途：צֹאן טִבְחָה，“将（待）宰的羊”（sheep *of slaughter* 或 sheep *intended for slaughter*；诗 44:23，和合本 44:22）；אַבְנֵי־קֶלַע，“投石”或“用作投掷的石头”（slingstones 或 stones *intended for the sling*；亚 9:15）。

与**目的**这一概念密切相关的是**结果所有格**（genitive of result），所有格表达的是附属名词所隐含动作的结果：מוּסַר שְׁלוֹמֵנוּ，“使我们得平安的惩罚”（the chastisement *of our welfare* 或 the chastisement *that resulted in our peace*；赛 53:5）；כּוֹס הַתַּרְעֵלָה，“使人东倒西歪的爵”（the cup *of staggering* 或 the cup *which results in staggering*；赛 51:17）。

---

22 这种起因所有格（causational genitive）中，动作从所有格指向附属名词，这与 2.2.9 方式所有格（genitive of means）非常接近；Joüon and Muraoka 2006,439; Waltke and O'Connor 1990, 146 及其注释 22。

2.2.9 表示方式（Means）

所有格是附属名词所隐含的动作得以执行的方式和手段：חַלְלֵי־חֶרֶב，“被刀杀”或“那些被刀杀的人”（wounded *of the sword* 或 those wounded *by the sword*；赛 22:2）；שְׂרֻפוֹת אֵשׁ，“被火焚毁”（burned *of fire* 或 burned *with fire*；赛 1:7）；טְמֵא־נֶפֶשׁ，“因死尸不洁净”或“因接触死尸而不洁净”（impure *of a corpse* 或 impure *by reason of contact with a corpse*；利 22:4）。

当所有格是人，就成为施动所有格（genitive of agency），与主格所有格（subjective genitive；见 2.2.3）类似：מֻכֵּה אֱלֹהִים，“被神击打”（stricken *by God*；赛 53:4）。[23]

2.2.10 表示材料（Material）

所有格作为构成附属名词的材料：אֲרוֹן עֵץ，“木柜”（an ark *of wood* 或 a *wooden* ark；申 10:1）；כְּלֵי־כֶסֶף，“银器”（vessels *of silver* 或 *silver* vessels；创 24:53）；שֵׁבֶט בַּרְזֶל，“铁杖”（a rod *of iron* 或 an *iron* rod；诗 2:9）。

2.2.11 表示量度（Measure） 17

所有格表示附属形式的数量词所量度的对象：שְׁנֵי בָנִים，“两个儿子”（two *sons*；创 10:25）；שִׁבְעַת יָמִים，“七天”（seven *days*；创 8:10）。两个常见的不属于数词而具有数字含义的是 כּוֹל/

23 施动所有格被视为主语所有格的一种变化形式，可见于 Waltke and O’Connor 1990, 143。

כֹּל/ כָּל־（全部）以及 רֹב/ רוֹב（许多）；这两个词都可以附属形式出现：רֹב דָּגָן，“许多五谷”（plenty *of grain*；创 27:28），בְּכָל־לְבַבְכֶם，“你们的全心”（all *your heart*；撒上 7:3）。

要特别注意 כָּל־/ כֹּל/ כּוֹל，该词在圣经中的使用非常普遍（超过 5400 次），而且根据语法的不同有微妙的差别，如下所述。[24]

(a) **表达整体（Holistic）**——以附属形式与限定性单数名词连用表示全部：וּבְכָל־הָאָרֶץ，“在全地上”（and in *the whole* earth；创 1:26）；כָּל־יִשְׂרָאֵל，“全以色列人”（*all* Israel；申 1:1）。[25]

(b) **表达包含（Inclusive）**——以附属形式与限定性复数名词连用表示包括所有成员：כָּל־הַגּוֹיִם，“所有国家”（*all* the nations；赛 2:2）；כָּל־הַמְּלָכִים，“所有国王”（*all* the kings；书 9:1）。כָּל־/ כֹּל/ כּוֹל 与限定性单数集体名词或者表示种类的名词连用时，意义上没有什么区别，但是具有量化的含义：כָּל־הַיּוֹם，“所有日子”（*all* the days；创 6:5）；וְכֹל הָאָדָם，“所有人”（*all* humans；创 7:21）；כָּל־הַצֹּאן，“所有羊群”（*all* the flocks；创 33:13）。

(c) **表示分布（Distributive）**——以附属形式与非限定性单数名词连用表示“每一个”（every, each）：כָּל־בְּכוֹר，“每一个头

24 Kautzsch 1910, 411; Joüon and Muraoka 2006, 485-486; *HALOT* 2:474-475; *DCH* 4:402-412; Georg Sauer, *TLOT* 2:614-616; Bauer and Leander 1991, 267-268.

25 需要记得的是，诗体中这类定冠词在任何情况下都可以被省略。

生的”（*every* firstborn；出 11:5）；בְּכָל־יוֹם，“在每一天”（in *every* day；诗 7:12）。

（d）副词用法（Adverbial）——在某些句法结构中，尤其是 18
在介词 בְּ 或 כְּ（见 4.1.5, i 和 4.1.9）之后，כּוֹל/ כֹּל/ כָּל־ 表示副词性的“完全地、绝对地”（precisely, exactly）：
וַיַּעַשׂ מֹשֶׁה כְּכֹל אֲשֶׁר צִוָּה יְהוָה אֹתוֹ，“摩西完全地按照 YHWH 所吩咐的做了每一件事”（Moses did everything *exactly* as YHWH had commanded him；出 40:16）；
בְּכָל־הַדֶּרֶךְ אֲשֶׁר צִוָּה יְהוָה אֱלֹהֵיכֶם אֶתְכֶם תֵּלֵכוּ，“你必须完全地跟随 YHWH 你神所吩咐你的道路”（you must follow *precisely* the path that YHWH your God has commanded you；申 5:33）；
כְּכֹל הַדְּבָרִים הָאֵלֶּה וּכְכֹל הַחִזָּיוֹן הַזֶּה，“完全按照这些话，而且完全按照这异象”（*exactly* according to these words and *exactly* with this vision；撒下 7:17）。

（e）表示限制（Restrictive）——在另外一些句法结构中，尤其是与否定小品词 אַל 或 לֹא（分别见 4.2.3 以及 4.2.11）连用，或者与表示不存在的小品词 אַיִן（见 4.4.1）连用，表达排除所修饰的名词：לֹא תֹאכְלוּ מִכֹּל עֵץ הַגָּן，“【神说过】‘你们不能吃这园中任何树上的果子吗？’”（[Did God say,] ‘You shall not eat from *any* tree in the garden?’；创 3:1）；כָּל־מְלָאכָה לֹא־יֵעָשֶׂה，“所有的工作都不可以做【即‘没有工作得以被做’】”（*no* work shall be done；出 12:16）。

2.2.12 表示阐释（Explicative）

所有格属于附属名词所表示的一般类型或种类中的特定一员，通常是专有名词：נְהַר־פְּרָת，“幼发拉底河”（the river *Euphrates*；创 15:18）；אֶרֶץ מִצְרַיִם，“埃及地”（the land *of Egypt*；创 41:19）；גַּן־עֵדֶן，“伊甸园”（the garden *Eden*；创 2:15）；בְּתוּלַת יִשְׂרָאֵל，“童贞女以色列”（Virgin *Israel*；摩 5:2）；בַּת־צִיּוֹן，“锡安的女儿”（Daughter *Zion*；王下 19:21）。注意，阐释所有格（explicative genitive）翻译成英语时通常不必译出“的”（of）。

2.2.13 最高级（Superlative）

附属名词表示所有格所指事物中最好、最重要或者最大的部分：מִבְחַר קְבָרֵינוּ，“我们坟地中最好的”（the choice *of our graves* 或
19 the choicest *of our graves*；创 23:6）。所有格名词的复数形式常与该名词的单数附属形式一起出现，来表达最高级：קֹדֶשׁ קָדָשִׁים，“圣洁中的圣洁”或“至圣”（holy *of holies* 或 most holy；出 29:37）；מֶלֶךְ מְלָכִים，“诸王之王”（king *of kings* 或 *the greatest* king of all；结 26:7）；שִׁיר הַשִּׁירִים，“歌中之歌”（the song *of songs* 或 *the choicest* song；歌 1:1）。[26]

---

26 当神的名字作为所有格出现时，具有类似的含义（虽然这尚未被广泛接受）：כְּגַן־יְהוָה，“像一个极美的园子”（like a *splendid* garden）（直译：YHWH 的一个园子，a garden *of YHWH*；赛 51:3）；תַּרְדֵּמַת יְהוָה，“沉睡”（a *very deep* sleep）（直译：YHWH 的沉睡，a deep sleep *of YHWH*；撒上 26:12）。有关以神的名字来表达最高级的用法可见 Thomas 1954, 209-224; Thomas 1968, 12-24; 以及 Brin 1992, 115-118。

2.3 宾格（Accusative）

正如我们前面所言，希伯来文名词的宾格用法不像希腊语或拉丁语那样借助字形来体现，而是透过其他语法特征来表达。限定性直接宾语标记 אֵת/אֶת־（也被称为 nota accusativi）的用法就属于这种语法特征，尽管该标记并不能涵盖名词用作宾格的所有形式。[27] 在后期圣经文本中，介词 לְ 用作限定性直接宾语的标记，可能是由于亚兰语的影响。[28] 在下述希伯来文例句中，有些宾格是以动词人称词尾后缀的形式出现；而另一些例句中，宾格是以介词宾语的形式出现，因为很多圣经希伯来文动词是用特定的介词来标记宾语（例如，动词 עָזַר 和介词 לְ 搭配，“帮助”；动词 דָּבַק 和介词 בְּ 搭配，“紧贴”；动词 נִלְחַם 和介词 בְּ 搭配，“战斗”）。[29] 这些例句的译文看起来也 20
许极其简单，但其希伯来文却呈现出标记直接宾语有多种形式。

前面我们看到所有格名词透过与其他名词组成捆绑结构（bound construction）（或借助介词）来修饰这些名词。而此处讨论用作宾格的名词，它们用来修饰动词，要么是作为动词的直接宾语，要么是作为动词的副词性修饰成分。圣经希伯来文的宾格除了限定性直接宾语之外，都缺少清晰的标志，但是通过与其他以字尾作为宾格标记（例如，单数形式以 *-a* 为结尾，复数形式以 *-ī* 为结尾，双数形式以 *-ay* 为结尾，可回顾本章第一段落的讨论）的闪语做比较，

---

27 虽然 DDO 确实用于标记动词宾语，但是它的用法并非总是一贯性的。它常常与专有名词一起出现，一贯性地不与非限定性名词一起出现，但是对于限定性名词，偶尔也会不出现。对于为什么 DDO 不与某些限定性名词一起出现，尽管在语篇和句法方面可以发现一些不太确定的回答，仍没有令人满意的解释；见 Bekins 2014 和 Garr 1991。

28 Joüon and Muraoka 2006, 418; Kautzsch 1910, 366. 参见哀 4:5；诗 145:14；结 8:24；代下 25:10。

29 见 van der Merwe, Naudé, and Kroeze 1999, 240 和 Waltke and O'Connor 1990, 192。

可以确认圣经希伯来文的宾格用法。下面提供了圣经希伯来文中出现的最常见的宾格用法。[30] 我们把这些用法分为两组，第一组列出的是动词宾语，宾格作为动词动作的承受者。第二组罗列的是副词性宾格形式，宾格修饰与动词动作有关的周边环境。

2.3.1 宾语（Object）（名词补语，Noun Complements）[31]

宾格最简单的形式就是作为及物动词的直接宾语（direct object）：בָּרָא אֱלֹהִים אֵת הַשָּׁמַיִם וְאֵת הָאָרֶץ, "神创造天地"（God
21 created *the heavens* and *the earth*；创 1:1），צִוָּה יְהוָה אֶת־מֹשֶׁה, "YHWH 吩咐摩西"（YHWH commanded *Moses*；出 40:32）。[32] 然而，宾格宾语的复杂性取决于动词本身的性质。下面是几种可能的情况。

（a）被影响的（Affected）宾语——宾语在动词动作发生之前已经存在，或者独立于动词的动作而存在，是动作施动的目标：וַיַּרְא אֱלֹהִים אֶת־הָאוֹר, "然后神看见了光"（and God saw *the light*；创 1:4）；וַיַּעְזָר־לוֹ, "然后他帮助了他"（and he helped

---

30 Joüon and Muraoka 2006, 410-434; Meyer 1992, 412-420; Waltke and O'Connor 1990, 161-186; Kautzsch 1910, 362-376; Williams and Beckman 2007, 18-25; Chisholm 1998, 64-66; van der Merwe, Naudé, and Kroeze 1999, 241-247.

31 正如我们所看到的，圣经希伯来文中宾语在字形上没有标记。因此，有些语法学家倾向于避免使用类似"直接宾语"和"副词性宾语"这样的名称，因为这些名称被认为是不合时宜且具误导性。相反，这些语法和参考工具很可能更倾向于将这两种现象称为"名词性补语"（nominal complements）和"名词性附加成分"（nominal adjuncts）。Cook and Holmstedt 2013, 132-133; van der Merwe, Naudé, and Kroeze 1999, 241-245; 相关讨论也可见于 Waltke and O'Connor 1990, 162-163。

32 限定性直接宾语基本上是这种宾语宾格（accusative of object）的标记，虽然偶尔也与某些副词性宾格一同出现；Joüon and Muraoka 2006, 414。

him；撒下 21:17）；יְבָרֶכְךָ יְהוָה וְיִשְׁמְרֶךָ，“愿 YHWH 赐福给你、保护你”（May YHWH bless *you* and keep *you*；民 6:24）。

(b) **被影响而存在的（Effected）宾语**——宾语在动词动作发生之前不存在，是该动作引发其存在，因此是动作所产生的结果：נִלְבְּנָה לְבֵנִים，“让我们来做砖”（let us make *bricks*；创 11:3）；כִּי תִקְנֶה עֶבֶד עִבְרִי，“当你买一个希伯来人奴仆（when you purchase *a Hebrew slave*；出 21:2）；[33] זֹרֵעַ זֶרַע，“结种子”（yielding *seed*；创 1:29）。[34] 被影响而存在的宾语通常与“出自名词的动词”（denominative verbs，其宾语与该动词同字根）一起出现，但这类宾语并不仅限于所谓的同源宾格（如，出 21:2 所示）。这种宾语相对于动作而言是具像和外在的，因此与内在宾格（internal accusative，如下所述）形式不同。

(c) **内在宾语（Internal）**——抽象名词作为动词的宾语，并 22
且在大部分情况下表示与动词一样的动作：[35] פָּחֲדוּ פָחַד，“他们大大地害怕【字面意思：他们害怕了一个害怕】”（they were overcome *with fear*［literally: they feared a *fear*］；诗 14:5）。

---

33 在这个例子中，“购买”这动作把一个人的身份从自由人变成奴仆。关于“被影响的宾语”和“被影响而存在的宾语”之间的区别，如何对诠释产生重要洞见的一个极佳例子，可见 Levinson 2008。

34 这一短语在其他地方（תִּזְרַע אֶת־אַרְעֲךָ；申 11:10，以及比较 22:9）不是“受到影响而存在的宾语”，正如上下文所清晰表达的以及所有语法所公认的，种子是在播种之前就存在，不是由播种这一动作的影响而产生的。因此，不是每一个同源宾格（cognate accusative）都是受到影响而存在的宾格。Joüon and Muraoka 2006, 420; Waltke and O’Connor 1990, 166。

35 进一步了解可见 Joüon and Muraoka 2006, 420-421；Kautzsch 1910, 366-367 以及 Waltke and O’Connor 1990, 167。

宾语也可以在动词之前：חֵטְא חָטְאָה יְרוּשָׁלַםִ, “耶路撒冷犯了大罪【字面意思：犯了一个犯罪】”（Jerusalem sinned *grievously* [literally: sinned a *sin*]；哀 1:8）。正如这两个例子所显示的，宾语是与动词同字根的名词（所以理论上属于同源宾格），一般而言是非限定性的；而且正如下面例子所显示的，通常由一个定语性形容词（attributive adjective）来修饰：וַיֶּחֱרַד יִצְחָק חֲרָדָה גְּדֹלָה, “以撒就大大地战兢【字面意思：战兢了一个大大的战兢】”（and Isaac trembled *violently* [literally: trembled a great *trembling*]；创 27:33）；וַיַּךְ יְהוָה בָּעָם מַכָּה רַבָּה מְאֹד, “YHWH 用极重的灾祸击打百姓【字面意思：用极大的击打击打了百姓】”（and YHWH struck the people with a very great plague [literally: struck...with a very great *striking*]；民 11:33）。

具像名词 קוֹל（声音）呈现出内在宾格（internal accusative）的特殊用法。虽然该词没有相对应的动词，但是在与表达声音传递的动词一起出现时，似乎呈现出类似内在宾格的用法（Joüon and Muraoka 2006, 422；Kautzsch 1910, 367-368）。因此，我们发现该词是作为动作性名词（noun of action）的内在宾格与 קָרָא, בָּכָה, זָעַק 和 עָנָה 连用，并且通常如同内在宾格那样带有修饰语：וְעָנוּ הַלְוִיִּם וְאָמְרוּ אֶל־כָּל־אִישׁ יִשְׂרָאֵל קוֹל רָם, “然后利未人要向以色列众人高声说”（Then the Levites shall declare *in a loud voice* to all the Israelites；申 27:14）；וַיְבָרֶךְ אֵת כָּל־קְהַל יִשְׂרָאֵל קוֹל גָּדוֹל, “然后他【所罗门】大声为以色列全会众祝福”（and he [Solomon] blessed all the assembly of Israel *with a loud voice*；王上 8:55）。

（d）**补语宾格（Complement）**——宾语是与某些不及物动词连用的名词，这些不及物动词原来的意义被修饰而呈现出及物动词的新含义（Kautzsch 1910, 368-370；Waltke and O'Connor 1990, 168）。通常带补语宾格的动词有 רִיב, יָכֹל, חָפֵץ, רָצָה 和 23
שָׁכַב。举例，רִיבוּ אַלְמָנָה，"为<u>寡妇</u>辨屈"（plead for *<u>the widow</u>*；赛 1:17）；פֶּן־יֹאמַר אֹיְבִי יְכָלְתִּיו，"免得我的仇敌说：'我胜过了<u>他</u>'"（lest my enemy say, 'I have prevailed *<u>against him</u>*'；诗 13:5，和合本 13:4）；חָפֵץ בְּךָ הַמֶּלֶךְ，"王喜悦<u>你</u>"（the king is delighted *<u>with you</u>*；撒上 18:22）。

这种用法大多是发生在 Qal 词干，但有时也会见到反身词干（Niphal 和 Hithpael）带这类宾格：וַיִּתְפָּרְקוּ כָּל־הָעָם אֶת־נִזְמֵי הַזָּהָב אֲשֶׁר בְּאָזְנֵיהֶם，"百姓就都从他们的耳朵上摘下<u>金环</u>"（and all the people took off *<u>the rings of gold</u>* from their ears；出 32:3）。其他动词包括表达穿脱衣服的动词（לָבַשׁ, פָּשַׁט, עָדָה）、表示充满和空虚的动词（מָלֵא, נִזְרַע, שָׁרַץ, שָׂבֵעַ, גָּבַר, פָּרַץ, נָזַל, 等等）和表示居住的动词（יָשַׁב, גּוּר, שָׁכַב），有时也带补语宾格。[36]

（e）**双宾语宾格（Double Object Accusative）**——衍生词干中使役词干（Piel 和 Hiphil）和某些动词有时不止带一个宾语。[37] 通常所带的两个宾格名词都是直接宾语，意即双宾语宾格，尽管有时两个宾语中的第二个是补语宾格或副词性宾格（adverbial

---

36 细节可见 Kautzsch 1910, 367-370。

37 详情可见 Kautzsch 1910, 370-372; Joüon and Muraoka 2006, 422-425; Waltke and O'Connor 1990, 173-177 以及 van der Merwe, Naudé, and Kroeze 1999, 243-244。

accusative）。对于后者，我们可以称之为复杂的宾格（complex accusative）。

(e.1) 在使役句子中，有的动词在 Qal 词干为及物动词，那么当以 Piel 词干和 Hiphil 词干出现时，通常需要带两个宾语名词。典型的情况是，使役动作的主语（通常是一个人）被用作第二宾语：לִמַּדְתִּי אֶתְכֶם חֻקִּים וּמִשְׁפָּטִים, “我教导了你们律例和典章（I have taught *you statutes and ordinances*；申 4:5）【字面意思：我使你们（使役动作的主语 / 第二宾语）学习了律例和典章（第一宾语）】（I have caused *you* to learn *statutes and ordinances*）”；וַיַּאֲכִלֵנִי אֵת הַמְּגִלָּה הַזֹּאת, “他【YHWH】就使我（使役动词的主语 / 第二宾语）吃这书卷（第一宾语）”（and he [YHWH] fed me this scroll，或 and he caused *me* to eat *this scroll*；结 3:2）。这种双宾语用法常见于表示充满和空虚、穿脱衣服以及其他使役动
24 词结构中。然而，在一些情况下，第一宾语并不是做直接宾语而是副词性宾语（见 2.3.2）：מִלֵּא אֹתָם חָכְמַת־לֵב, “他【YHWH】使他们（使役动词的主语 / 第二宾格）满有技巧（第一宾格）”（He caused *them* to be full *of skill*；出 35:35）。

(e.2) 某些动词不一定是使役动词，但其性质也要求带双宾语。制作（making）、形塑（forming）、命名（naming）以及数算（counting）等词通常需要双宾语，其中第二宾语通常是副词性宾语：[38] וַיִּבְנֶה אֶת־הָאֲבָנִים מִזְבֵּחַ, “然后他建造这些石头（第一宾语）成为一个祭坛（第二宾语）”（and he built *the stones into an altar*；王上 18:32）；וַיִּיצֶר יְהוָה אֱלֹהִים אֶת־הָאָדָם עָפָר, “然

38 见 2.3.2.f 和 2.3.2.g 的材料宾格和成果宾格。

后，YHWH 神形塑了一个土（第二宾语）人（第一宾语）”（Then YHWH God formed *man of dust*；创 2:7）；קָֽרְאָה שְׁמוֹ דָּן，“她称呼他的名字（第一宾语）但（第二宾语）”（she called *his name Dan*；创 30:6）。此外，表示说话和给予的动词通常也需要带双宾语：וַיִּתֶּן־לָנוּ אֶת־הָאָרֶץ הַזֹּאת，“而且他【YHWH】给了我们（第一宾语）这地（第二宾语）”（and he［YHWH］gave *us this land*；申 26:9）；

וָאֲצַוֶּה אֶתְכֶם בָּעֵת הַהִוא אֵת כָּל־הַדְּבָרִים אֲשֶׁר תַּעֲשׂוּן，“而且，那时，我吩咐了你们（第一宾语）当做的所有事（第二宾语）”（And I commanded *you* at that time *all the things* that you should do；申 1:18）。

（f）独立宾格或宾语中断格（Accusative Absolute, Object Dislocation）——对于破格（也被称为中断格）的相关讨论可见独立主格（见 2.1.4）。中断格在宾语中较少见，而且有一定争议。下面例子似乎可以表明动词宾语的中断格：

הָאָרֶץ אֲשֶׁר אַתָּה שֹׁכֵב עָלֶיהָ לְךָ אֶתְּנֶנָּה，“你所躺卧的那地，我将把它赐给你”（*the land* on which you lie I will give *it* to you；创 28:13）；שָׂרַי אִשְׁתְּךָ לֹא־תִקְרָא אֶת־שְׁמָהּ שָׂרָי כִּי שָׂרָה שְׁמָהּ，“至于撒莱，你的妻子——你不要喊她的名字撒莱，相反撒拉将是她的名字”（*As for Sarai, your wife* — you shall not call *her* name Sarai, but Sarah shall be her name；创 17:15）。

25 2.3.2 副词性或状语性宾格（adverbial accusatives）（名词附加成分，Noun Adjuncts）[39]

有些宾格名词除了可以作为一个动词的简单直接宾语(见2.3.1)，还可间接地从属于这个动词。这类宾格名词不是直接受到动词影响的人物或者事物，反而更多地是修饰某个动作或境况发生时的环境。换而言之，它们是发挥副词（或状语）作用的宾格。[40]

(a）表示地点（Place）——地点宾格名词与表示移动或居住的动词连用来指出地点：צֵא הַשָּׂדֶה，“出去到田野”（go out [into] *the field*；创 27:3）；יָצָא אַשּׁוּר，“他出发去亚述”（he went [into] *Assyia*；创 10:11）；וַיֵּרְדוּ כָל־יִשְׂרָאֵל הַפְּלִשְׁתִּים，“所有的以色列人就下到非利士人【那里】”（and all Israel went down [to] *the Philistines*；撒上 13:20）；וַתֻּקַּח הָאִשָּׁה בֵּית פַּרְעֹה，“于是那女人【撒莱】被带进法老的家里”（and the woman [Sarai] was taken [into] *Pharaoh's house*；创 12:15）；וַיַּעֲמֹד פֶּתַח הָאֹהֶל，“然后他【YHWH】站在帐篷门口”（and he [YHWH] stood [at] *the doorway of the tent*；民 12:5）。地点也可能是具体描述动词动作的空间范围：וַיִּרְדֹּף אַחֲרָיו דֶּרֶךְ שִׁבְעַת יָמִים，“他就在他后面追赶了七天的路程”（and he pursed after him *a seven-day journey*；创 31:23）；וַנֵּלֶךְ אֵת כָּל־הַמִּדְבָּר הַגָּדוֹל וְהַנּוֹרָא הַהוּא，

---

39 关于以名称“名词附加成分”（nominal/noun adjuncts）代替“副词性或状语性宾格”，请参见 Cook and Holmstedt 2013, 132-133; van der Merwe, Naudé, and Kroeze 1999, 241-245; 以及相关讨论见于 Waltke and O'Connor 1990, 162-163。

40 关于副词性或状语性宾格的更多内容，可见 Joüon and Muraoka 2006, 425-430; Kautzsch 1910, 372-376; Waltke and O'Connor 1990, 169-173; Williams and Beckman 2007, 24-25; van der Merwe, Naudé, and Kroeze 1999, 244-245 以及 Chisholm 1998, 64-65。

“我们就走了整个大而可怕的旷野”（and we went [through] *all that great and terrible wilderness*；申 1:19）。有时地点宾格与没有特定位置要求的动词连用：וְאַתָּה תִּשְׁמַע הַשָּׁמַיִם，“你就亲自【在】天上垂听”（and you yourself will hear [in] *heaven*；王上 8:32）。

正如人所料，这类句法关系也可以称为介词短语（见 4.1 以及 Kautzsch 1910, 377-384）而不是地点或者时间宾格。另外，圣经希伯来文也可以用表示地点的 *he*（*he locale*）（出现在某些名词末尾的非重读的 *-āh*，用来表示方向或者地点，也称为“指向性 *he*” 26
[directive *he*]）而不是地点宾格来指出地点：[41] אַרְצָה כְּנַעַן，“向迦南地”（*toward the land* of Canaan；创 11:31）；יָרְדוּ אֲבֹתֶיךָ מִצְרָיְמָה，“你的列祖下去埃及”（your ancestors went down *to Egypt*；申 10:22）；אֶל־זִקְנֵי הָעִיר הַשָּׁעְרָה，“去在城门口的长老们那里”（to the elders of the city *at the gate*；申 22:15）。这个 *-āh* 曾被认为是宾格词尾原始形式的遗留，但是乌加列语也被发现有独立的副词性后缀 *-h*，证明圣经希伯来文的 *-āh* 词尾不只是宾格词尾的残留形式，似乎末尾的 *-h* 曾经是一个古老的副词性词尾，尽管它前面的元音 *a* 可能仍反映了最初的宾格形式。[42]

（b）表示时间（Time）——宾格名词定位行动的时间或者说明动作持续的时间：וָאָבֹא הַיּוֹם אֶל־הָעָיִן，“然后我今天到了水泉【那里】”（and I came *today* to the spring；创 24:42）；יְהוָה בֹּקֶר תִּשְׁמַע קוֹלִי בֹּקֶר אֶעֱרָךְ־לְךָ，“YHWH 啊！在清晨的时候，

41 Hoftijzer 1981; Joüon and Muraoka 2006, 256-258. 对于 *he locale* 的字形和一般用法，见 Lambdin 1971a, 51-52; Seow 1995, 152-153; Ellis 2006, 271; Hackett 2010, 201-202; Webster 2009, 84; 以及其他初阶语法书。

42 Blau 2010, 269.

求你听我的声音；在早晨的时候，我要向你陈明我的案情”（O YHWH, *in the morning* you hear my voice; *in the morning* I plead my case to you；诗 5:4）；
אָנֹכִי מַמְטִיר עַל־הָאָרֶץ אַרְבָּעִים יוֹם וְאַרְבָּעִים לָיְלָה, “我要降雨在地上四十昼夜”（I will send rain on the earth *forty days and forty nights*；创 7:4）；אָגוּרָה בְאָהָלְךָ עוֹלָמִים, “让我永远住在你的帐篷里”（Let me abide in your tent *forever*；诗 61:5）。

(c) **表示方式（Manner）**——宾格名词是非限定性名词，描述执行动作或者达到某种境况的方式：וַיִּשְׁכֹּן יִשְׂרָאֵל בֶּטַח, “所以以色列将安然居住”（and Israel will dwell *in safety*；申 33:28）；דִּבְרֵי הַנְּבִיאִים פֶּה־אֶחָד טוֹב אֶל־הַמֶּלֶךְ, “众先知异口同声地对王说吉祥话”（the words of the prophets *with one accord* are favorable to the king；王上 22:13）；וַיַּעַן כָּל־הָעָם קוֹל אֶחָד, “众百姓同声回答”（and all the people answered *with one voice*；出 24:3）。形容词和分词也可以用作方式宾格：
27 וַיָּבֹא יַעֲקֹב שָׁלֵם עִיר שְׁכֶם, “雅各就平安地进了示剑城”（and Jacob came *safely* into the city of Shechem；创 33:18）；[43] וְאָנֹכִי הוֹלֵךְ עֲרִירִי, “我一直没有孩子”（and I go *childless*；创 15:2）；קוֹל דּוֹדִי הִנֵּה־זֶה בָּא מְדַלֵּג עַל־הֶהָרִים, “我良人的声音，看哪，他蹿越山岭而来”（the voice of my beloved; behold he comes *leaping* upon the mountains；歌 2:8）。

(d) **表示状态（State）**——宾格是非限定性名词，描述动词动

43 注意此例句中还有第二宾格，即地点宾格——示剑城。

作发生时**主语**的性质、状态或者品质：[44]

וַיֵּצֵא הַמַּשְׁחִית מִמַּחֲנֵה פְלִשְׁתִּים שְׁלֹשָׁה רָאשִׁים, “突击兵以三队从非利士人的营中出来”（And raiders came out of the camp of the Philistines *in three companies*；撒上 13:17）；

וַאֲרָם יָצְאוּ גְדוּדִים, “亚兰人成群地出去”（and the Arameans went forth *as maurading bands*；王下 5:2）；

שְׁבִי אַלְמָנָה בֵית־אָבִיךְ, “作为寡妇居住在你父亲的家”（remain *as a widow* in your father's house；创 38:11）。[45]

这种宾格也可以描述动作发生时**宾语**的性质、状态或者品质：

וַאֲנִי הִנְנִי מֵבִיא אֶת־הַמַּבּוּל מַיִם, “我【YHWH】正亲自使众水之洪水降临”（and I myself [YHWH] am bringing a flood *of waters*；创 6:17）；תִּדְרְכִי נַפְשִׁי עֹז, “我的灵啊，你当努力前行”（march on, my soul, *in strength*；士 5:21）；

הִרְאַנִי יְהוָה אֹתְךָ מֶלֶךְ עַל־אֲרָם, “YHWH 已经向我显示你将作为王统治亚兰”（YHWH has shown me that you will be *king* over Aram；王下 8:13）。

就如方式宾格，状态宾格的作用也可以借由形容词或者分词来表达：אֵרֵד אֶל־בְּנִי אָבֵל שְׁאֹלָה, “我要下到阴间，悲哀地下到我儿子那里”（I will go down to the grave to my son *mourning*；创 37:35）；אֲנִי מְלֵאָה הָלַכְתִּי, “我满满地出去”（I went away *full*；得 1:21）；וַיִּשְׁמַע מֹשֶׁה אֶת־הָעָם בֹּכֶה, “然后摩西听到百姓哀哭着”（and Moses heard the people *weeping*；民 11:10）。

---

44 宾格的这类用法类似于方式宾格，一些语法学者将两者整合对待（参见 Kautzsch 1910, 374-375）。

45 注意这个例子包含两个宾格，第一个是状态宾格（寡妇），第二个是地点宾格（父亲的家）。

（e）**表示详细说明（Specification）**——宾格名词进一步说明或者阐述动词的动作，否则动作的描述将是笼统或者模糊的：[46]
28 חָלָה אֶת־רַגְלָיו，“他脚上患了病”（he was diseased *in his feet*; 王上 15:23）；לֹא נַכֶּנּוּ נָפֶשׁ，“我们不可打他致死【字面意思：涉及生命】”（we must not strike him *to death* [literally: *with respect to life*]；创 37:21）；רַק הַכִּסֵּא אֶגְדַּל מִמֶּךָּ，“只是论到宝座，我比你大”（it is only［with respect to］*the throne* that I shall be greater than you；创 41:40）；וּנְמַלְתֶּם אֵת בְּשַׂר עָרְלַתְכֶם，“而且你们要割掉你们包皮的肉”（and you shall be circumcised［with respect to］*the flesh of your foreskins*；创 17:11）。

（f）**表示材料（Material）**——这种宾格表示动词动作所使用的物质、材料。[47] 宾格的这种用法通常与“制作”“塑造”或“建造”等动词有关，这些动词通常带双宾语，第一个宾语是宾语宾格（object accusative；见 2.3.1），第二个是材料宾格（accusative of material）：וַיִּרְגְּמוּ אֹתוֹ כָל־יִשְׂרָאֵל אֶבֶן，“于是全以色列人用石头打他”（and all Israel stoned him *with stones*；约 7:25）；
וַיִּיצֶר יְהוָה אֱלֹהִים אֶת־הָאָדָם עָפָר，“于是 YHWH 神用尘土造了人”（and YHWH God formed man *from dust*；创 2:7）；
וְעָשִׂיתָ שְׁנַיִם כְּרֻבִים זָהָב，“而且你要做两个金的基路伯”（and you shall make two cherubim *of gold*；出 25:18）；

46 也称为解释性宾格（epexegetical accusative）或限定性宾格（accusative of limitation）。

47 对这一宾格以及下一宾格（成果宾格）的更多了解，可见 Kautzsch 1910, 371-372 和 Waltke and O'Connor 1990, 174-175。

וַיַּעַשׂ אֶת־הַמְּכֹנוֹת עֶשֶׂר נְחֹשֶׁת, “他也做了十个铜座”（and he made ten stands *of bronze*；王上 7:27）。

有时, 仅凭字形无法确定两个名词之间是所有格关系(见2.2.10)、宾语关系（见 2.3.2, f）还是同位语关系（见 2.4.3）。[48]

(g) 表示成果（Product）——宾格表示动词动作的结果。宾格的这种用法通常用于“制作”（使得, make）、“准备”或“塑形”等动词, 这些动词常带双宾语, 第一个宾语是宾语宾格（见 2.3.1）, 第二个宾语是成果宾格（accusative of product）:

וַיָּשֶׂם אֶת־בָּנָיו שֹׁפְטִים לְיִשְׂרָאֵל, “于是他【撒母耳】使他的儿子们作以色列的士师”（and he [Samuel] made his sons *judges* over Israel；撒上 8:1）；וַיִּבְנֶה אֶת־הָאֲבָנִים מִזְבֵּחַ, “他就把这些石头建成一个坛”（and he built the stones *into an altar*；王上 18:32）； 29
וְלָקַחְתָּ סֹלֶת וְאָפִיתָ אֹתָהּ שְׁתֵּים עֶשְׂרֵה חַלּוֹת, “你要取细面并烤成十二个饼”（and you shall take choice flour, and bake it *into twelve cakes*；利 24:5）。

2.4 同位语（Apposition）

圣经希伯来文中, 名词除了三个主要的格式功能（主格、所有格和宾格）, 也有同位语用法。同位语是指名词简单并列（juxtaposition）, 以使第二个名词（即同位语, apposition）修饰或解释说明第一个名词（即先行词, leadword）。[49] 用作同位语

48 Joüon and Muraoka 2006, 431; Waltke and O'Connor 1990, 173.
49 代词也可以作为先行词出现（Waltke and O'Connor 1990, 232-233; Williams and Beckman 2007, 29; and van der Merwe, Naudé, and Kroeze 1999, 230）。

的名词一般在性、数和限定上保持一致，在句法上承担同样的功能，指向同一个人物、地点或者事物。同位语通常会被译为形容词或者介词短语。[50] 下面内容包括了同位语最为常见的用法。[51]

2.4.1 子类（Species）

同位语表示先行词所属的种类或者子类：זְבָחִים שְׁלָמִים，“平安祭”【字面意思：祭物，平安祭】（*peace-offrings* [literally: sacrifices, *peace-offerings*]；出 24:5）。这种用法常见于先行词是人而且是普通名词时：אִישׁ כֹּהֵן，“一个祭司”【字面意思：一个男人，一个祭司】（*a priest* [literally: a man, *a priest*]；利 21:9）；אִישׁ מִצְרִי，“一个埃及人”【字面意思：一个男人，一个埃及人】（*an Egyptian* [literally: a man, *an Egypitan*]；出 2:11）；הַנַּעַר הַנָּבִיא，“那少年先知”【字面意思：那少年，那先知】（the
30 young *prophet* [literally: the young man, *the prophet*]；王下 9:4）；אֲנָשִׁים אַחִים，“兄弟们”【字面意思：男人们，兄弟们】（*brothers* [literally: men, *brothers*]；创 13:8）。

2.4.2 定语用法（Attributive）

同位语表示先行词的性质或者属性。翻译时，常把同位语翻译成形容词：אֲמָרִים אֱמֶת，“真实的话”【字面意思：话语，真实】（*true* words [literally: words, *truth*]；箴 22:21）；

---

50 Kautzsch 1910, 423-427; Waltke and O'Connor 1990, 226-234; Joüon and Muraoka 2006, 448-452; van der Merwe, Naudé, and Kroeze 1999, 228-230; Williams and Beckman 2007, 26-27.

51 重复性同位语（repetitive apposition）的强调用法和分配用法可见 Waltke and O'Connor 1990, 233-234 以及 van der Merwe, Naudé, and Kroeze 1999, 230。关于希伯来文刻文中的同位语可见 Gogel 1998, 237-240。

אֲנָשִׁים בְּנֵי־בְלִיַּעַל, “可憎的人”【字面意思：男人们，恶行之子】（*villainous* individuals [literally: mens, *sons of villainy*]；申 13:14）；אֱלֹהִים אֱמֶת, “真神”（the *true* God；耶 10:10）；דְּבָרִים נִחֻמִים, “安慰的话”（*comforting* words；亚 1:13）；לָשׁוֹן רְמִיָּה, “诡诈的舌头”（a *deceitful* tongue；诗 120:2）。

2.4.3 材料用法（Material）

同位语表示先行词的材料构成。与定语用法类似，在翻译时同位语常译为形容词：הָעֲבֹתֹת הַזָּהָב, “金绳子【字面意思：那绳子，那金子】”（*gold* cords [literally: the cords, *the gold*]；出 39:17）；הַבָּקָר הַנְּחֹשֶׁת, “那铜牛”（the *bronze* oxen；王下 16:17）；הָאֶבֶן הַבְּדִיל, “那合金的石头”（the *alloy* stone，即测锤；亚 4:10）；מְצִלְתַּיִם נְחֹשֶׁת, “铜钹”（*brass* cymbals；代上 15:19）。同位语有时会省略定冠词：הַמַּבּוּל מַיִם, “众水之洪水”（the flood [of] *waters*；创 6:17）；אֲשֵׁרָה כָּל־עֵץ, “用各种木头做的亚舍拉”（Asherah *made of every kind of wood*；申 16:21）。

2.4.4 量度用法（Measure）

同位语表示被测量的事物，在这种情况下，先行词是测量单位：סְאָה־סֹלֶת, “一细亚【测量固体所用的单位】面粉”（a seah [unit of dry measurement] of *flour*；王下 7:1）；כִּכְּרַיִם כָּסֶף, “二他连得银子”（two *silver* talents；王上 16:24）。

同位语的测量用法并不特别常见，但仍有一种变化用法，即数字的量度用法。在这种用法中，同位语表示被数算的事物，数字是

31 先行词: שִׁבְעָה בָנִים וְשָׁלוֹשׁ בָּנוֹת, “七个儿子和三个女儿”（seven *sons* and three *daughters*；伯 1:2）；חֲמִשָּׁה אֲנָשִׁים, “五个男人”（five *men*；王下 25:19）；שִׁבְעִים בָּנִים, “七十个儿子”（seventy *sons*；士 8:30）；שְׁנֵים הֶעָשָׂר אִישׁ, “那十二个男人”（the twelve *men*；书 4:4）。[52] 然而，有时顺序会反过来，数字是同位语，而先行词表示被数算的事物。这常见于数字清单：
עִזִּים מָאתַיִם וּתְיָשִׁים עֶשְׂרִים רְחֵלִים מָאתַיִם וְאֵילִים עֶשְׂרִים, “母山羊二百，公山羊二十，母绵羊二百，公绵羊二十”（*two hundred* female goats and *twenty* male goats, *two hundred* ewes and *twenty* rams；创 32:15，和合本 32:14）；
בָּקָר שְׁנַיִם אֵילִם חֲמִשָּׁה עַתֻּדִים חֲמִשָּׁה כְּבָשִׂים בְּנֵי־שָׁנָה חֲמִשָּׁה, “两只公牛，五只公绵羊，五只公山羊，五只一岁的公羊羔”（*two* oxen, *five* rams, *five* male goats and *five* male lambs a year old；民 7:17，比较民 28:19）。

2.4.5 阐释用法（Explicative）[53]

同位语属于先行词所指一般范畴中的某个特定成员，一般为先行词提供专有名词: הַמֶּלֶךְ שְׁלֹמֹה, “所罗门王”（King *Solomon*；王上 1:34）；הַנָּהָר פְּרָת, “幼发拉底河”（the River *Euphrates*；代上 5:9）；הָאָרֶץ כְּנָעַן, “迦南”【字面意思: 这地，即迦南】（*Canaan* [literally: the land, i.e., *Canaan*]；民 34:2）。有时同位语和先行词的顺序会对调，这种情况下同位语说明类别，而先行词作为专有名

52 可比较 2.2.11 所有格的量度用法。
53 阐释性所有格（explicative genitive）比阐释性同位语（explicative apposition）更为常见（见 2.2.12 以及 Joüon and Muraoka 2006, 450）。

词：שְׁלֹמֹה הַמֶּלֶךְ，“所罗门王”（*King* Solomon；代上 29:24）。[54]

先行词表示亲属关系时同位语就变成关系性同位语：

אֶת־אָחִיו אֶת־הָבֶל，“他的兄弟亚伯”（his brother *Abel*；创 4:2）。此处顺序同样可以对调：הֶבֶל אָחִיו，“亚伯他的兄弟”（Abel *his brother*；创 4:8）。[55]

2.5 形容词（Adjectives） 32

可能如你所料，希伯来文中形容词可以修饰名词。圣经希伯来文的名词和形容词在字形上并没有区别（虽然形容词没有双数形式）。[56] 名词和形容词之间的区别在于单词固有的含义及其句法功能。大多数初阶语法书都详细且非常清晰地讲述了形容词的用法，所以此处仅总结形容词的句法特征。[57]

形容词是借着描述名词的状态或者处境来修饰名词。下面内容包括形容词最常见的用法。对于下述内容更详细的了解，可参考相关语法书。[58]

---

54 当同位语是专有名词而带介词或者 DDO（אֵת/אֶת־）时，通常同位语和先行词都带这些小品词（particle）。如果先行词是专有名词并带这些小品词，同位语则不重复再带这些词。见 Waltke and O'Connor 1990, 232; Joüon and Muraoka 2006, 450; Kautzsch 1910, 425 以及 Williams and Beckman 2007, 28-29。

55 比较关系性所有格（见 2.2.2）。

56 当修饰双数名词时，使用形容词的复数形式（van der Merwe, Naudé, and Kroeze 1999, 231）。有时，形容词的元音模式会与名词有所不同。

57 Lambdin 1971a, 13-15; Cook and Holmstedt 2013, 93-94; Hackett 2010, 28-29; Webster 2009, 67-72; Seow 1995, 72; pratico and Van Pelt 2001, 61-64; Kittel, Hoffer, and Wright 1989, 251; Kelley 1992, 45-47; Weingreen 1959, 32-33; Long 2013, 68-79.

58 Kautzsch 1910, 427-432; Waltke and O'Connor 1990, 255-271; Joüon and Muraoka 2006, 487-492; Meyer 1992, 371-376; Horsnell 1999, 193-201; Chisholm 1998, 66-67; van der Merwe, Naudé, and Kroeze 1999, 230-237; Williams and Beckman 2007, 30-34. 刻文中的形容词，见 Gogel 1998, 202。

2.5.1 定语用法（Attributive）

形容词描述名词的某种性质。定语用法的形容词与其所修饰的名词组成词组，来承担一个句法功能。形容词处于所修饰名词的同位语的位置，通常在名词之后，并在性、数和限定性上与名词保持一致：אִישׁ גָּדוֹל，“一个大人物”（a *great* man；王下 5:1）；אִשָּׁה חֲכָמָה，“一个智慧的女人”（a *wise* woman；撒下 14:2）；הָעִיר הַגְּדֹלָה，“那大城”（the *great* city；创 10:12）。

33 如果被修饰的名词是另一个名词的附属名词，定语用法的形容词要跟在整个所有格结构之后：אִישׁ אֱלֹהִים קָדוֹשׁ，“一个圣洁的神人”（a *holy* man of God；王下 4:9）。当形容词的性与两个名词都一致时，修饰哪一个名词就变得不明确，只能通过更大范围的上下文来确定。名词后面用作定语的形容词也可能是一连串，通常指示性形容词出现在最后：הָהָר הַטּוֹב הַזֶּה，“这好的山地”（*this good* hill country；申 3:25）；הַגּוֹי הַגָּדוֹל הַזֶּה，“这大国”（*this great* nation；申 4:6）。[59]

定语用法的形容词很少出现在所修饰名词之前，这种情况多数发生在与数字和רַבּוֹת/רַבִּים 连用时，可能是因为“很多”被视作功能上类似于数字：רַבִּים צַיָּדִים，“很多猎人”（*many* hunters；耶 16:16）。

定语用法的形容词有时会省略定冠词，也许是因为某些形容词被视为本身具有限定作用（例如，רַבִּים 和 אַחֵר 以及数字一，即 אֶחָד）：

---

59 若要更详细了解两个或者三个形容词修饰一个名词的句法特征，可见 Kautzsch 1910, 428。

אֲחִיכֶם אַחֵר，“你们的另一个兄弟”（your *other* brother；创 43:14）；הָרֹאשׁ אֶחָד，“一群”（*one* company；撒上 13:17）；הַגּוֹיִם רַבִּים，“许多国”（*many* nations；结 39:27）。另有一些时候，所修饰的名词本身是限定性的，因此不必带冠词，即使形容词仍保留有冠词：יוֹם הַשִּׁשִּׁי，“第六日”（the *sixth* day; 创 1:31）。

2.5.2 谓语用法（Predicate）

形容词对一个名词作出某种宣称，翻译中以动词“是”来表达。谓语形容词通常在所修饰的名词之前，并且在性、数上与名词保持一致，但通常是非限定性的：גָּדוֹל עֲוֹנִי[60]，“我的惩罚是太大的”（my punishment *is great*；创 4:13）；טוֹב הָעֵץ，“那树是好的”（the tree *was good*；创 3:6）；צַדִּיק יְהוָה，“YHWH 是义的”（YHWH *is righteous*；诗 145:17）；יָשָׁר דְּבַר־יְהוָה，“YHWH 的话是正直的” 34
（the word of YHWH *is upright*；诗 33:4）。

谓语形容词（predicate adjective）通常用于表达名词句（见 5.1.1, b）。

2.5.3 实名词用法（Substantive）

形容词作为名词，通常带有定冠词：הַחֲכָמִים，“那些技巧熟练的人【字面意思：那些智慧人】”（*the skillful* men [literally: *the wise men*]；出 36:4）；尽管有时没有定冠词，例如，חֲכָמִים，“智慧人”（*wise men*；伯 5:13）。

形容词作为实名词具有普通名词的任何一种常见用法：作为主

60 时态的翻译须取决于希伯来文上下文。

格（הַקָּטֹן, “那个年轻人”，*the young one*；创 42:13）、作为所有格关系中的名词（בֵּית גָּדוֹל, “大房子【字面意思：大人物的房子】”，*great* house［literally: house of a *great one*］；王下 25:9）[61]、作为宾格（אֶת־הַצַּדִּיק,“这义人”, *the righteous*; 传 3:17）、作为同位语（צַדִּיק עַבְדִּי, “那义者，我的仆人”，*the righteous one*, my servant；赛 53:11），或者作为介词宾语（וְעַל־קַל נִרְכָּב, “我们要骑在快马上”【字面意思：我们要骑在那飞快者之上】，we will ride upon *swift horses*［literally: upon a *quick one*］；赛 30:16）。

2.5.4 比较级和最高级用法（Comparative and Superlative）

希伯来文的形容词不像英语那样以词形变化（例如，big-bigger-biggest，great-greater-greatest，等等）来表达修饰的程度。相反, 圣经希伯来文是在句法变化中用形容词来表达比较级和最高级。

(a) **比较级（Comparative）**——使用介词 מִן 和比较中处于
35 劣势的一方来表达比较级（见 4.1.13, h）。介词 מִן 指出用作比较的基准，通常形容词不带定冠词：חָכָם אַתָּה מִדָּנִיֵּאל, “你比但以理更有智慧”（you are *wiser than Daniel*；结 28:3 *Qere*【*Qere* 即用于读的字形——译者注】）; גָּבֹהַּ מִכָּל־הָעָם, “比所有人都高”（*taller than all the people*；撒上 9:2）；עַז מֵאֲרִי, “比一头狮子更强壮”（*stronger than a lion*；士 14:18）; גָּדוֹל יְהוָה מִכָּל־הָאֱלֹהִים, “YHWH

61 可见 2.2.6 表达详细说明的所有格。

比所有的神都大”（YHWH is *greater than all gods*；出 18:11）。[62]

有时比较级表示就达成目标而言，条件太多或者太少：[63]

כִּי־כָבֵד מִמְּךָ הַדָּבָר，“因为这工作对你而言太重”（for the task is *too heavy* for you；出 18:18）；מְעַט מִכֶּם，“对你们而言太小的事情”（*too slight a thing* for you；赛 7:13）。在这种用法中，介词 מִן 可以连结于附属不定式而不是名词：גָּדוֹל עֲוֹנִי מִנְּשֹׂא，“我的惩罚太大以至于无法承担”（my punishment is *too great* to bear；创 4:13）；הָיָה רְכוּשָׁם רָב מִשֶּׁבֶת יַחְדָּו，“就住在一起而言，他们的财物太多”（Their property had become *too great* for them to live together；创 36:7）；

כִּי־מִזְבַּח הַנְּחֹשֶׁת אֲשֶׁר לִפְנֵי יְהוָה קָטֹן מֵהָכִיל אֶת־הָעֹלָה，“因为 YHWH 面前的铜坛太小以至于无法容纳燔祭”（For the bronze altar which was before YHWH was *too small* to hold the burnt offering；王上 8:64）。

（b）最高级（Superlative）——当形容词被限定，无论是以定冠词、所有格结构[64]，还是以人称代词词尾的形式限定，都可以表达最高级：הַקָּטָן，“【八个儿子中】那最小的”（*the youngest* [of eight sons]；撒上 16:11）；קְטַן בָּנָיו，“他儿子们中那最小的”（*the*

62 有时，即使没有介词 מִן 仍表达比较的含义；有时形容词会被状态动词取代。在某些例子中，要根据上下文来确定是否有比较的意图（见 Kautzsch 1910, 430-431）。

63 见 Waltke and O'Connor 的“能力比较”（comparison of capability）（1990, 266）以及 Joüon and Muraoka 的“简略比较”（elliptical comparison）（2006, 490）；也可见 Kautzsch (1910, 430)。

64 也就是说，形容词作为实名词，在与一个名词组成的紧密关系中作为附属名词，例如，גְּדֹלֵי הָעִיר，“这城最尊贵的人们”（*the greatest men* of the city；王下 10:6）。

youngest of his sons；代下 21:17）；מִגְּדוֹלָם וְעַד־קְטַנָּם，“从他们的最大的到他们的最小的”（*from the greatest of them* to *the least of them*；拿 3:5）。

表示最高级的形容词可能很少见带介词 בְּ 及名词：הַיָּפָה בַּנָּשִׁים，
36 “众女子中那最美丽的”（*the most beautiful* among women；歌 1:8）；הָאִישׁ הָרַךְ בְּךָ，“你【们】中间最有教养的男人”（*the most refined person* among you；申 28:54）。[65]

2.6 限定性（Determination）

圣经希伯来文中，除非另有标志，否则名词都是非限定性的（Indeterminate，Indefinite）。有三种方式可显示一个名词是限定性的：a) 名词前面有冠词；b) 名词带有人称词尾；c) 与限定性名词组成附属结构的附属名词。[66] 专有名词或者其他名称名词是赋予某个具体的人物或者事物名称，所以它们本身是限定性的，不需要其他限定性标记。

一般而言，非限定性名词侧重于在语篇中引入新的未知事物，或者聚焦于人物、地点或者事物的类别或特质，而限定性名词则侧重独一无二的特别身份。尽管圣经希伯来文中没有不定冠词（indefinite

65 最高级可以用其他很多方式来表达，包括以所有格表达最高级（见 2.2.13, e）、重复、在形容词之后使用 מְאֹד 或 עַד־מְאֹד，或在形容词之后使用 מִכָּל־/מִכֹּל。见 Joüon and Muraoka 2006, 491; Horsnell 1999, 198-201; Kautzsch 1910, 431-432; Waltke and O’Connor 1990, 267-271; van der Merwe, Naudé, and Kroeze 1999, 236-237 以及 Williams and Beckman 2007, 34。关于绝对最高级（absolute superlative，胜过同类中其他所有人）和相对最高级（comparative superlative，在某些特殊素质或景况方面胜过其他人），见 Ben Zvi, Hancock, and Beinert 1993, 192 以及 Waltke and O’Connor 1990, 267-271。

66 这三种情况下，限定性标记会引起字形的改变，这方面的内容可参考初阶语法书。

article），但是数词“一”（אַחַת/אֶחָד）常用于表达非限定性，尤其是在士师记、撒母耳记和列王纪中（见 2.7.1, b）。[67] 通常需要翻译为“某个”：וַיְהִי אִישׁ אֶחָד מִן־הָרָמָתַיִם，“有某个从拉玛琐非来的人”（There was a *certain* man from Ramathaim；撒上 1:1）。

圣经希伯来文定冠词的用法与英文定冠词的用法类似，但是也有一些不同之处。在下面所述情况中，英语的限定性通常无法对应希 37
伯来文的限定性。因此，重要的是不要期望对希伯来文中名词的限定性做字面的、字对字的翻译，否则将导致蹩脚甚至错误的措辞。此外，由于定冠词在古典希伯来文（Classical Hebrew）的历史中是后期发展起来的，[68] 大体上，诗体较少使用定冠词，这是与散文的一个关键区别。例如，זָכַר לְעוֹלָם בְּרִיתוֹ דָּבָר צִוָּה לְאֶלֶף דּוֹר，“他纪念了他的约直到永远，他所吩咐的话直到千代”（He has remembered his covenant to eternity, *the word* which he commanded to a thousand generations；诗 105:8）；הַדָּבָר אֲשֶׁר דִּבַּרְתָּ עַל־עַבְדְּךָ וְעַל־בֵּיתוֹ הָקֵם עַד־עוֹלָם，“你所说的关于你的仆人和他的家的话，求你坚定到永远”（*The word* which you spoke concerning your servant and his house, confirm it forever；撒下 7:25）。

下面的分类对于考虑圣经希伯来文定冠词的用法非常有益。[69]

---

67 Joüon and Muraoka 2006, 480-482；也见于 Waltke and O'Connor 1990, 251-252; Pratico and Van Pelt 2001, 49 以及 van der Merwe, Naudé, and Kroeze 1999, 187。

68 圣经希伯来文定冠词是公元前第一千年早期的一个创新（Garr 1985, 89），可能首先用于标记定语性形容词的限定性，然后才用于标记名词的限定性（Pat-El 2009 并参考 Barr 1989）。也可参考 Joüon and Muraoka 2006, 474; Seow 1995, 157; Andersen and Forbes 1983, 165-169。

69 Meyer 1992, 367-370; Joüon and Muraoka 2006, 473-487; Waltke and O'Connor 1990, 235-252; Kautzsch 1910, 401-413; Chisholm 1998, 72-75; van der Merwe, Naudé, and Kroeze 1999, 187-191; 比较希伯来文刻文，可见 Gogel 1998, 235-237。

2.6.1 指称用法（Referential）（Anaphoric，回指）

带有定冠词的名词可用于指出文中已经提及或引入的人或事：וַיֹּאמֶר אֱלֹהִים יְהִי אוֹר וַיְהִי־אוֹר׃ וַיַּרְא אֱלֹהִים אֶת־הָאוֹר כִּי־טוֹב，"神说，要有光，就有了光。神看那光是好的"（God said, 'Let there be light,' and there was light. And God saw that *the light* was good；创 1:3-4）；וַיִּקַּח בֶּן־בָּקָר...וַיִּקַּח חֶמְאָה וְחָלָב וּבֶן־הַבָּקָר，"他就取了一个牛犊……然后他取了凝乳、牛奶和那牛犊"（And he took a calf...then he took curds and milk, and *the calf*；创 18:7-8）。如果人或者物是众所周知的，就不必提前提及：וַיִּטְמֹן אֹתָם יַעֲקֹב תַּחַת הָאֵלָה אֲשֶׁר עִם־שְׁכֶם，"然后雅各把它们【外
38 邦神明】藏在示剑附近的那棵橡树底下"（and Jacob hid them [the foreign gods] under *the oak* that was near Shechem；创 35:4）。

当思考圣经希伯来文中定冠词的作用时，考虑"可识别性"（identifiability）和"既定性"（givenness）可能会有帮助。也就是说，既定实体是众所周知的，而语篇中新的事物是未知的。[70] 指称定冠词用于语篇中大家知道的事物，而新引入的事物通常是非限定的。在下面的例子中，前半句引入一个非限定名词，同样名词在后半句中被提到时是限定性的：

וַיַּרְא אִשָּׁה רֹחֶצֶת מֵעַל הַגָּג וְהָאִשָּׁה טוֹבַת מַרְאֶה מְאֹד，"他从房顶上看到一个女人在洗澡；这个女人非常漂亮"（he saw from the roof *a woman* bathing; *the woman* was very beautiful；撒下 11:2）。

---

70 Bekins 2013, 227.

2.6.2 呼格用法（Vocative）

名词带有定冠词可以表示对特定人的呼吁（见 2.1.3）：בֶּן־מִי אַתָּה הַנָּעַר, “年轻人啊，你是谁的儿子？”（Whose son are you, *young man*?; 撒上 17:58）; הוֹשִׁעָה הַמֶּלֶךְ, “王啊！求你拯救。”（Help, *O King*; 撒下 14:4）。[71]

2.6.3 命名用法（Naming）

定冠词能够把一个普通名词标记为一个专有名词。由于专有名
词意指特定的人物、地点或者事物，所以通常不带定冠词：מֹשֶׁה,
“摩西”（Moses; 出 2:10）; דָּוִד, “大卫”（David; 得 4:22）;
יְהוָה, “YHWH”（创 2:4）。然而，有些名词（或原始名称）处于
向专有名词转化的过程中：[72] הַגִּבְעָה, “基比亚【字面意思：那山】”
（*Gibeah*; 士 19:14）; הַיְאֹר, “那尼罗河【字面意思：那河流】”（*the* 39
Nile; 创 41:1）; הַיַּרְדֵּן, “那约但河【字面意思：那河流】”（*the*
Jordan; 创 13:10）; הַלְּבָנוֹן, “黎巴嫩【字面意思：那白的（诸山？）】”
（*Lebanon {the white* [mountains?] }; 书 9:1）。

与命名用法有关的是定冠词的专指（solitary）用法（见 2.6.4），在这种用法中，用来指称独特人物、地点或者事物的称呼，正逐渐转变为一个名字：הָאֱלֹהִים, “神【字面意思：那神】”（God [literally: *the God*]; 创 5:22）。

定冠词的族群（gentilic）用法也与命名用法有关，通常用于集

71 然而，呼吁用法也频繁省略定冠词（见 Meyer 1992, 369-370; Kautzsch 1910, 405; Joüon and Muraoka 2006, 476），这种情况如此之多，以至于有人倾向于将呼格名词，要么视为非限定性名词，要么视为限定名词（Miller 2010）。

72 Joüon and Muraoka 2006, 473-474; Meyer 1992, 370.

体名词（以单数形式）：הַכְּנַעֲנִי, “迦南人”（*the Canaanites*；创 10:18），但是有时也用于复数形式：הָעִבְרִים, “希伯来人”（*the Hebrews*；创 40:15）。

2.6.4 专指用法（Solitary）

定冠词指出唯一的人物、地点或者事物：הַכֹּהֵן הַגָּדוֹל, “大祭司”（*the high priest*；书 20:6）。这类名词可能指出于常识而众所周知的事物：הַשֶּׁמֶשׁ, “太阳”（*the sun*；创 15:12）；הַיָּרֵחַ, “月亮”（*the moon*；申 4:19）；אֵת הַשָּׁמַיִם וְאֵת הָאָרֶץ, “诸天和地”（*the heavens and the earth*；创 1:1）。

某些称呼是众所周知特指某个独一无二的人物，也可以带定冠词：הַמֶּלֶךְ דָּוִד, “大卫王【字面意思：这王，大卫】”（*the King* David；撒下 5:3）；יְחִי הַמֶּלֶךְ שְׁלֹמֹה, “愿所罗门王【字面意思：这王，所罗门】万岁”（*the King* Solomon；王下 1:34）；הַשָּׂר, “族长”（*the chief*；代上 15:5）。[73]

2.6.5 表示类别（Generic）

名词带定冠词可以表示一群人或一类事物：הַגָּמָל, “骆驼”（*the*
40 *camel*；利 11:4）；בָּאֵשׁ, “用火”（*with the fire*；书 11:9）；הָרָעֵב, “这饥饿的人”（*the hungry*；赛 29:8）。

复数名词的类别用法，指该类别所包含的所有个体：הָרְשָׁעִים, “恶人”（*the wicked*；诗 1:4）；הַכּוֹכָבִים,“诸星”（*the stars*；创 1:16）；הַגּוֹיִם, “列国”（*the nations*；创 10:32）。

---

73 尽管在后期圣经希伯来文中，名词 הַשָּׂר 似乎单独与冠词连用成为一个头衔，但它也可用作各种机构以及军队和皇室的头衔（*HALOT* 3:1351-1352）。

定冠词标记抽象名词的用法也与表达类别有关：הַמְּלוּכָה，“王位”（*the kingship*；撒上 11:14）；וַיִּמָּלֵא אֶת־הַחָכְמָה וְאֶת־הַתְּבוּנָה וְאֶת־הַדַּעַת לַעֲשׂוֹת כָּל־מְלָאכָה בַּנְּחֹשֶׁת，“他【户兰】在制作铜艺上充满技能、聪明和知识”（he [Hiram] was full of *skill*, *intelligence*, and *knowledge* in working bronze；王上 7:14）。

2.6.6 用作指示词（Demonstrative）

当定冠词与表示当下时间的名词连用时具有“指出”的作用，即用作指示词。[74] 冠词的这种指示用法通常呈现出副词的功能：אֲנַחְנוּ אֵלֶּה פֹה הַיּוֹם כֻּלָּנוּ חַיִּים，“今日在这里的我们这些活人”（all of us here alive *today*；申 5:3）；לִינוּ פֹה הַלַּיְלָה，“今夜你们留在这里”（Stay here *tonight*；民 22:8）；הַשָּׁנָה אַתָּה מֵת，“今年你会死”（*this year* you will die；耶 28:16）；חָטָאתִי הַפָּעַם，“这次我犯罪了”（*this time* I have sinned；出 9:27）。

2.6.7 用作物主代词（Possessive）

定冠词有时用来指出名词的拥有者，在翻译中需要译为物主代词：וְהַחֲנִית בְּיַד־שָׁאוּל，“扫罗手里拿着他的矛”（Saul had *his spear* in his hand；撒上 18:10）；וַיִּשְׁתַּחוּ יִשְׂרָאֵל עַל־רֹאשׁ הַמִּטָּה，“以色列在他的床头上下拜”（Israel bowed himself on the head of *his bed*；创 47:31）；וַיָּקָם מֵעַל הַכִּסֵּא，“他【伊矶伦王】从他的座位

74 希伯来文定冠词通常被认为起源于具有指示作用的前缀代词，在圣经希伯来文中偶尔出现的指示用法被解释为一种历史的遗留。但是可见 Pat-El 2009。更早期的讨论见 Blau 1976, 43; Kautzsch 1910, 404; Bergsträsser 1983, 23-24; Garr 1985, 87-89; Lambdin 1971b, 315-333 以及 Barr 1989。

上站起来”（He [King Eglon] rose from *his seat*；士 3:20）。

41 ### 2.6.8 关联用法（Associative）

定冠词可用于语篇中没有提前介绍过，但因与上下文中另一个人、地点或事物的联系而可以推断出来的实体：[75]

וַיִּשְׁחֲטוּ שְׂעִיר עִזִּים וַיִּטְבְּלוּ אֶת־הַכֻּתֹּנֶת בַּדָּם，“他们【约瑟的哥哥们】杀了一只山羊，然后将那件长衣蘸入那血【前面所说之山羊的血】中”（and they [Joseph’s brothers] slaughtered a goat, and dipped the robe in *the blood* [of the goat just mentioned]；创 37:31）。

2.7 数词（Numerals）

圣经希伯来文中的数字是用单字表示的，而不是像英语那样用阿拉伯数字符号（所以是“三十二”而不是“32”）。[76] 数词大部分源自实名词，但句法多样。因此，数字“一”最常见的功能是作为形容词，跟在所修饰名词的后面，并在性上与名词保持一致。但是数字“二”到“十”用作名词的同位语时（见 2.4.4），可在所修饰名词的前面或者后面；也可以以附属状态（见 2.2.13）出现在名词之前。虽然数字“二”在性上与所修饰的名词保持一致，但从数字“三”到“十”，在修饰阳性名词时采用阴性字形，修饰阴性名词时采用阳性字形。[77] 所有的圣经希伯来文初阶语法书都会解释和列举数词

75 关于圣经希伯来文定冠词的关联用法之定义和讨论，见 Bekins 2013。

76 圣经时代的大部分语言都采用数字符号，虽然乌加列语像圣经希伯来文一样更倾向于将数字完全拼写出来（Segert 1984, 52-54）。

77 希伯来文数字这种令人费解的特点仅限于基数词。双位数字 11 到 19 的个位数在性上仍然保持与所修饰名词相反这特点，而十位上的“十”则与所修饰的名词在性上保持一致。

的这一句法特征，因此，此处仅提供数字的其他一些用法。[78] 42

数词按照字形变化分为基数词和序数词。

2.7.1 基数词（Cardinal Numbers）

(a) 表达量度（Measure）——表示所修饰名词的数量：

שְׁלֹשָׁה בָנִים, “三个儿子”（*three* sons；创 6:10）；שְׁלֹשָׁה אֲנָשִׁים, “三个男人”（*three* men；创 18:2）；עָרִים שְׁתַּיִם, “两座城市”（*two* cities；书 15:60）。

(b) 表达不确定性（Indetermination）——数字“一”（אֶחָד 或 אַחַת）可以在非限定名词之后表明未具名的个体：

וַיְהִי אִישׁ אֶחָד מִן־הָרָמָתַיִם, “有一个以法莲人”（There was *a certain* man of Ramathaim；撒上 1:1）；אִשָּׁה אַחַת, “一个女人”（*a certain* woman；士 9:53）；נָבִיא אֶחָד, “一个先知”（*a certain* prophet; 王上 20:13）。这种用法有时也呈现出一种细微的强调意味，在英语中通常以“一个”（single）或“同一个”（same）来表达：

שְׁנֵים עָשָׂר עֲבָדֶיךָ אַחִים אֲנַחְנוּ בְּנֵי אִישׁ־אֶחָד, “我们——你的仆人们——是十二个兄弟，是同一个人的儿子”（We, your servants, are twelve brothers, the sons of *the same* man；创 42:13）；בְּיוֹם אֶחָד, “在同一天里”（on *the same* day；撒上 2:34）；בְּבַיִת אֶחָד, “在同一个房子”（in *the same* house；王上 3:17）。

---

78 Schneider 2016, 68-69 和 158-169; Kautzsch 1910, 286-292 和 432-437; Meyer 1992, 204-211; Joüon and Muraoka 2006, 492-497; Waltke and O'Connor 1990, 272-289; van der Merwe, Naudé, and Kroeze 1999, 263-270。

(c) 表达倍数（Multiplication）——基数词可以表达所修饰名词的倍数。“四”和“七”的倍数被证实采用阴性双数形式的词尾：[79] וְאֶת־הַכִּבְשָׂה יְשַׁלֵּם אַרְבַּעְתָּיִם, “他就应该四倍赔偿这羊羔”（and he shall restore the lamb *four times over*；撒下 12:6）；שִׁבְעָתַיִם,
43 “七倍”（*sevenfold*；创 4:15）。[80] 有时，“二”的阴性双数也可以用作“两次”：אַחַת דִּבַּרְתִּי וְלֹא אֶעֱנֶה וּשְׁתַּיִם וְלֹא אוֹסִיף, “我说了一次，我不回答。两次，就不再说”（I have spoken once, and I will not answer; *twice*, but I will not again；伯 40:5）；פַּעַם וּשְׁתָּיִם, “一次或两次”（once or *twice*；尼 13:20）。

单数也可以用于倍数，通常与 פַּעַם 或 פְּעָמִים 连用来表达“次、倍”：[81] שָׁלֹשׁ פְּעָמִים בַּשָּׁנָה, “一年三次”（*three times* a year；出 23:17）；שֶׁבַע פְּעָמִים, “七次”（*seven times*；创 33:3）；וְיָסַפְתִּי לְיַסְּרָה אֶתְכֶם שֶׁבַע עַל־חַטֹּאתֵיכֶם, “因为你们的罪，我要加重七倍来继续惩罚你”（and I will continue to punish you *sevenfold* for your sins；利 26:18）；מֵאָה פְּעָמִים, “一百倍”（*one hundredfold*；撒下 24:3）。

(d) 表达分布（Distribution）——基数词重复往往表达一种分布的含义：שְׁנַיִם שְׁנַיִם בָּאוּ אֶל־נֹחַ אֶל־הַתֵּבָה, “两个两个地，他们来到挪亚那里进入方舟”（*Two by two*, they came to Noah

---

79 事实上，这词尾可能是副词性的，而不是实际意义上的双数（Joüon and Muraoka 2006, 301）。

80 这些形式采用阴性，可能是因为省略了 פַּעַם 或 פְּעָמִים，即“倍”（Kautzsch 1910, 436）。

81 *HALOT* 3:952；也见于 רֶגֶל（*HALOT* 3:1185）和 יָד（*HALOT* 2:388, *DCH* 4:82）。当 פַּעַם 以双数形式（פַּעֲמָיִם）出现而不带数字时则有所不同（民 20:11）。

into the ark；创 7:9）。重复的数词可以用连词 waw 连接起来：וְאֶצְבְּעֹת יָדָיו וְאֶצְבְּעֹת רַגְלָיו שֵׁשׁ וָשֵׁשׁ，“六个指头在他手上，六个指头在他脚上”（*Six* fingers on his hands, and *six* fingers on his feet；撒下 21:20）。分布的含义也可以借着数词及其宾语的重复来表达：שְׂרָפִים עֹמְדִים מִמַּעַל לוֹ שֵׁשׁ כְּנָפַיִם שֵׁשׁ כְּנָפַיִם לְאֶחָד，“在他上方有撒拉弗站立，各有六个翅膀”（Seraphim stood above him, each one having *six wings*；赛 6:2）。数字带前缀介词 ל 也可以表示分布的含义：וְסַרְנֵי פְלִשְׁתִּים עֹבְרִים לְמֵאוֹת וְלַאֲלָפִים，“非利士人的首领成百上千地前进”（And the lords of the Philistines were marching *by the hundreds and by the thousands*；撒上 29:2）。

(e) **表达连续（Succession）**——当提及一个小的项目列表中的第一个时，基数词“一”（אֶחָד 或 אַחַת）可作为序数词：
וַיְהִי־עֶרֶב וַיְהִי־בֹקֶר יוֹם אֶחָד，“有晚上，有早晨；第一日”（And 44
there was evening, and there was morning; the *first* day；创 1:5）；הַטּוּר הָאֶחָד，“第一行”（the *first* row；出 39:10）。

2.7.2 序数词（Ordinal Numbers）[82]

序数表示连续或者顺序，尤其是在日期的表达方式中：[83]
בַּיּוֹם הָרִאשׁוֹן，“第一日”（on the *first* day；出 12:15）；

---

82 序数词用作形容性形容词，在名词之后，并且在性和限定性上与名词保持一致（见 2.5.1）。数字 10 以上的序数词没有独立字形（对数词字形更多的了解，可复习初阶语法书）。

83 然而，在日期的表达中经常使用基数词而不是序数词（Kautzsch 1910, 435; Waltke and O'Connor 1990, 284-286）。

בִּשְׁנַת הַתְּשִׁיעִית לְהוֹשֵׁעַ, “在何细亚<u>第九</u>年”（in the <u>*ninth*</u> year of Hoshea；王下 17:6）；וּבִשְׁנַת אַחַת עֶשְׂרֵה שָׁנָה לְיוֹרָם, “在约兰<u>第十一</u>年”（in the <u>*eleventh*</u> year of Joram；王下 9:29）；בֵּן שֵׁנִי, “<u>第二个</u>儿子”（the <u>*second*</u> son；创 30:7）。

3 动词（Verbs） 45

圣经希伯来文没有严格意义上的**时态**（tenses）。这里的意思是，希伯来文并不借着特别的字形变化将一个动作或者状态定位于某个时间之内。当然，这并不意味着希伯来文完全不能表达时间关系，它表达时间关系是借助各种句法和语境特征，而不是借着动词的词形变化，也不是借着语法上的时态系统。

声称“圣经希伯来文没有时态”时要小心。这里我们表达的是对希伯来文动词系统总体特征的主要观点，但是学者们对此的观点并不一致。中阶学生需要留意我们此处所说的“式态系统”（aspect system）只是描述圣经希伯来文动词运作的一种方式。[1] 有些人更喜欢说希伯来文确实表达了时态，尽管所用的方式并不够完整。[2] 关

---

1 较早的语法学家认为“完成”（perfect）表示过去的时间，而“不完成”（imperfect）表示现在—将来，因此希伯来文确实使用了时态系统。但在过去的一个世纪里，这种观点被目前对“式态”（aspect）而不是“时态”（tense）的理解所取代。见 Cook 2012, 77-175; Bauer and Leander 1991, 268-278; Bergsträsser 1962, 2.9-10; Endo 1996; Cohen 2013; Sáenz-Badillos 1993, 73; Waltke and O'Connor 1990, 346-347; Chisholm 1998, 85-86; Emerton 2000b, 191-193 和 van der Merwe, Naudé, and Kroeze 1999, 141-143。［也有译著将“aspect”翻译为“观点”，例如，萧俊良：《希伯来文〔圣经〕语法教程》，费英高、鲁思豪译（上海：华东师范大学出版社，2008），127。本译著跟随傅约翰，将“aspect”翻译为“式态”，来区别于体现时间的“时态”。见傅约翰：《简明古代希伯来文词法、语法、句法》（北京：中国戏剧出版社，2006），35。——译者注］

2 Blau 2010, 189-202; Joüon and Muraoka 2006, 326-330；更为强调的观点见 Rainey 1986, 7 和 1988；以及 Zevit 1988 和 1998, 39-48。

46 于圣经希伯来文动词是时态系统还是式态系统，这一长期争论难以解决且被错误定义了。最好是把“要么时态，要么式态”的争论放在一边，认识到古代语言使用各种方式将事件具体地置于时间框架中，而且圣经希伯来文是在向后来被称为拉比希伯来文（Rabbinic Hebrew，在公元前 2 世纪中叶到大约公元 200 年之间使用的口语）的完整的时态系统过渡。[3]

所以，中阶学生首先要将圣经希伯来文动词的主要特征视为式态，而不是词法精确的时态系统。这种**式态**系统首先表示时间方面的概况，其次表达动作的类型。第一类语法范畴（*Aspekt*）将动作分别为未限定的和进程中的（“完成”或“不完成”）。第二类语法范畴（*Aktionsart*）以语态（voice）、动态性（fientivity）、及物性（transitivity）、起因（causation）和各种反身（reflexive）来指出动词的类型。[4] 后者（*Aktionsart*）以动词词干为标记，前者（*Aspekt*）以动词词形变化为标记。

3.1 词干（Stem）

所有的希伯来文动词都由词干构成，而词干是由动词字根（一般由三个辅音字母构成）以及规则地添加在字根之上的元音和词缀
47 （前缀和后缀）模式所组成的。这些词干赋予每一个字根不同的含

3 因为不承认时态和语态在大多数语言的动词系统中都是交织在一起的，以及这不是一个简单的“非此即彼”的二元对立问题；导致这一争论有时会变得更加严重。Huehnergard 1988, 20-21; 并见 Cook 2008a, 16; Cook 2012, 268-271; Long 2013, 110-112。关于拉比希伯来文的年代，见 Sáenz-Badillos 1993, 166-173。

4 这种式态性阐释（意即 *Aspekt*，“动作的概况”；以及 *Aktionsart*，“动作的类型”）是遵循现代语言学理论（例如，Comrie 1976），而且已成为圣经希伯来文学者的主要观点（Long 2013, 102-114; Waltke and O'Connor 1990, 346-350；不同观点可见 Zevit 1998, 41-48）。

义。[5] 这些词干中最简单的是 Qal 词干或“轻”（light）词干，其他词干即所谓的衍生词干是根据在 Qal 词干上增加被动、反身、各种使役以及其他不同的含义而不同。一般而言，Qal 和 Niphal 词干没有起因成分，这有别于其他词干。Piel，Pual 和 Hithpael 带有“受动含义的起因成分”（causation with a patiency nuance），而 Hiphil 和 Hophal 代表“施动含义的起因成分”（causation notion with an agency nuance）或“主动参与的起因成分”（causation notion with active participation）。[6]

3.1.1 Qal 词干（G 词干）

Qal[7] 词干是“简单主动”词干。主要主语（primary subject）是主动语态（见附录中的纵向坐标）。由于 Qal 词干没有起因因素，所以没有**次要主语**（secondary subject）（附录 B 中横向坐标的第一列）。因此，该词干是“简单的”。

(a) 动态动词（Fientive）——描述动作、运动或状态的改变。[8] 动态动词可以是及物动词（transitive）（לָקַח אֹתוֹ אֱלֹהִים，“神把他取去了”［God *took* him；创 5:24］，

---

5 在语法书中，这些词干有不同的名称：衍生词干（derived stems）、模式（patterns）、主题（themes）、族系（stirpes）或希伯来文名称“*binyanim*”即结构（structures）。更多有关词干模式的细节可见初阶语法书。

6 Waltke and O'Connor 1990, 355. 学生应该记住，这里总结的派生词干的含义是确定的，但是没有到“可以预测的程度”；Blau 2010, 227。

7 Qal 也被称为“G 词干”（德语 *Grundstamm*，“基本词干”）。这一动词系统在其他闪语中有不同的名称，以致很难对其汇总起来做研究。学者们使用标准化的符号列表来表达语言的词干，从而促进跨语言间的比较。我们会在每个词干的名称之后的圆括号内附上其符号。高阶学生可在传统的词干名称之外了解其符号标记。

8 由于术语“主动”（active）通常用来表示语态，因此此处采用“动态”（fientive）来表示这一动作类型（Waltke and O'Connor 1990, 363）。

וַיִּיצֶר יְהוָה אֱלֹהִים אֶת־הָאָדָם, “YHWH 神造了人” ［YHWH God
48 *formed* humanity；创 2:7］），或不及物动词（intransitive）
(וְגַם־הַרְבֵּה נָפַל מִן־הָעָם וַיָּמֻתוּ, “但是也有很多人仆倒死亡” ［but also many of the people *fell* and died；撒下 1:4］；
וְאָבַד כָּל־בֵּית אַחְאָב, “亚哈的全家都要灭亡” ［the whole house of Ahab shall *perish*；王下 9:8］）。有几个动态动词既是及物动词，也是不及物动词，如下面例子中 מלא 所示：
וְהֶעָנָן מָלֵא אֶת־בֵּית יְהוָה, “云彩充满了YHWH 的殿” （the cloud *filled* the house of YHWH；王上 8:10）；כִּי יִמְלְאוּ יָמֶיךָ, “当你的日子满了” （when your days are *complete*；撒下 7:12）。[9]

(b) 状态动词（Stative）——描述主语的状态或者品质。在英语译文中，状态动词和用作谓语的形容词通常没有区别：
וַיִּכְבַּד לֵב פַּרְעֹה, “法老的心笨重”（and Pharaoh’s heart *was heavy*；出 9:7）；וַתִּקְטַן עוֹד זֹאת בְּעֵינֶיךָ, “然而，这在你眼中是微不足道的” （And yet, this *was insignificant* in your eyes；撒下 7:19）；
אֲנִי זָקַנְתִּי, “我老了” （*I am old*；书 23:2）。

3.1.2 Niphal 词干（N 词干）

Niphal 词干是“简单关身–被动”和“简单反身”词干。主要主语的语态是关身–被动或反身（见附录中的纵轴）。因为没有使役

9 及物动词和不及物动词之间的区别，没有动态动词和状态动词的区别重要，因为状态动词可以是及物动词，也可以是预期的不及物动词。因此，类似“着装”（to dress）和“穿上”（to don）（לבשׁ）、“满的”（be full）和“充满”（to fill）（מלא）等状态动词可以是及物动词（Joüon and Muraoka 2006, 329）。

含义，Niphal 词干没有次要主语（附录 B 横轴方向第一列）。因此，这词干是“简单的”。

Niphal 词干最初是简单反身词干，即 Qal 词干的反身词干。当 Qal 词干的被动含义不再使用，Niphal 词干渐渐也获得了 Qal 词干的被动含义。[10] 语法学家有时用“关身–被动”（medio-passive）这一表达来指 Niphal，尽管 Waltke 和 O’Connor 认为是“关 49
身–反身（medio-reflexive）概念”，并且从其延伸出四种特别的含义（1990, 380）：a) 关身的（middle）；b) 被动的（passive）；c) 形容的（adjectival）（简单形容［simple adjectival］、进入的［ingressive］、动词性形容的［gerundive］）；以及 d）双重状况的（double-status）（反身的［reflexive］、受益的［benefactive］、相互的［reciprocal］、允准的［tolerative］、使役–反身的［causative-reflexive］）。他们进一步说明：“在 Niphal 的所有特定用法中，我们发现一个共同的概念，即动词所表达的动作或状态影响着主语或其利益。用法 1, 2 和 3 合理地与关身概念相关，而其他用法与反身的概念相关。甚至在双重状态的用法中，即主语既是施事者又是受事者的情况下，主要表达的还是主语受到动作影响。”[11] 下面语意范畴对于 Niphal 词干动词的分类很有帮助。

(a) 被动（Passive）——通常是 Qal 词干的被动形式。虽然这不一定是其基本含义，却是其最简单含义。所以，“קָבַר”（埋葬）

10 Blau 2010, 217, 227-228; Joüon and Muraoka 2006, 138. 另外，有关 Niphal 独立于最初之反身用法的关身–被动的主要用法，见 Kaufman 1994, 572-573 以及 Boyd 1994。由于圣经希伯来文中被动和反身并不总是有清晰的标志，其具体含义取决于上下文，有时 Niphal 和 Hithpael（见 3.1.5）含义相同；Benton 2012。

11 Waltke and O’Connor 1990, 380. Niphal 词干的主要用法是主动动词的关身–被动，以及状态动词的鼓励式；Kaufman 1994。

和“אכל”（吃）在 Niphal 词干中可能意为“被埋葬”和“被吃”：שָׁם אֶקָּבֵר,“我会在那里被埋葬”（there *I will be buried*；得 1:17）；בְּבַיִת אֶחָד יֵאָכֵל,“它要在一间房子里被吃掉”（in one house *it shall be eaten*；出 12:46）。

希伯来文 Niphal 词干属于“不完全被动”（incomplete passive, Lambdin 1971a, 176）用法。英语中的被动语态是一种语法结构而不属于动词含义的范畴。因此，“学生们朗读课文”有被动结构“课文被学生们朗读”。当我们说“不完全被动”，意指这种被动语态减弱了对动作施动者的关注：“课文被朗读了”。说话者并不关注
50 动作的施行者。所有的希伯来文被动语态都属于这种类型，并不存在用某种语法结构来指出具体施动者。[12]

(b) 关身（Middle）——那些常用于被动的动词也可以用于**类似主动**（quasi-active）的含意，但其宾语同时也用作主语。不像“不完全的被动语态”，关身动词在形式上是主动的，但是其含义（即语态）就某种程度而言却相反。主动动词的宾语变成了关身动词的主语。例如，在英语中，“她打开了大门”中动词“打开”是主动及物动词，但是在“大门打开了”中，“大门”现在变成了关身动词的主语：[13] נִפְתְּחוּ הַשָּׁמַיִם,“天开了”（the heavens *opened*；结 1:1）；וַתִּבָּקַע הָאָרֶץ בְּקוֹלָם,“大地因他们的声音裂开了”（the earth *split* with their sound；王上 1:40）；וַיֵּרָא אֵלָיו יְהוָה,“YHWH 向他显现”（YHWH *appeared* to him；创 18:1）。[14]

---

12 不常见的完全被动的例子，见申 33:29；创 9:6, 11；出 12:16；撒上 25:7。
13 关于这个例子，见 Huehnergard 2000, 361。
14 关于将此例作为关身语态，以及将其视为反身或被动语态的讨论，见 Kaufman 1994, 573。

(c) 反身（Reflexive）——动作是针对或者关于自己。因为动作的主语同时也是动作的宾语（动作承受者），因此 Niphal 的这种用法可以被称为“双重状况”用法。[15] 在许多语言中，会添加反身代词来阐明宾语，但希伯来文的 Niphal 词干动词不需要添加反身代词。

在大部分反身用法中，主语和宾语都指向同一人或事物：וְאִנָּקְמָה מֵאוֹיְבָי，“我要在敌人身上报我的仇”（and *I will avenge myself* on my enemies; 赛 1:24）; וְנִמְכַּר־לָךְ לֹא־תַעֲבֹד בּוֹ עֲבֹדַת עָבֶד，“（如果）他们把自己卖给你，你不可以让他们像奴仆那样工作”（[If] *they sell themselves* to you, you shall not make them serve as slaves；利 25:39）。反身动词也可能与介词短语一起出现，例如 51
常常出现的 Niphal 命令式短语：הִשָּׁמֶר לְךָ，“你要为自己守护自己（guard yourself *for yourself*）”，或“多加小心”（*take great care*；出 34:12）; בִּי נִשְׁבַּעְתִּי נְאֻם־יְהוָה，“‘我指着自己起誓，’YHWH 宣告说”（‘*I have sworn by myself*,’ declares YHWH；创 22:16）。

另外，反身也可以表示允准（tolerative reflexive）：[16] אִדָּרֵשׁ，“我要允许自己被求问”（*I will allow myself to be enquired*；结 36:37）；וְנֶעְתַּר לָהֶם וּרְפָאָם，“他要回应他们【字面意思：他要允许自己被祈求】并且要医治他们”（*He will respond* to them [literally: *he will allow himself to be entreated*] and heal them；赛 19:22）；נִדְרַשְׁתִּי לְלוֹא שָׁאָלוּ נִמְצֵאתִי לְלֹא בִקְשֻׁנִי，“我允许自己被那些没有求问的人寻见，我允许自己被那些没有寻找的人

---

15 按照 Waltke and O’Connor 所用术语（Waltke and O’Connor 1990, 387-391），动词主语既是动作的执行者，也是动作的承受者。

16 Williams and Beckman 2007, 58; Waltke and O’Connor 1990, 389-390.

寻到”（*I permitted myself to be sought* by those who did not inquire, *I permitted myself to be found* by those who did not seek；赛 65:1）。相互结构（reciprocal construction）可以视为反身的复数变化形式：וַיֵּאָסְפוּ אֵלָיו כָּל־בְּנֵי לֵוִי，“于是，所有利未的子孙集合（他们自己）到他周围”（and all the children of Levi *gathered (themselves) around* him；出 32:26）。尤其是在字根 ידע，Niphal 词干表示一种使役–反身的含义，类似于 Hithpael 词干：וְנוֹדַע יְהוָה לְמִצְרַיִם，“YHWH 将使他自己被埃及人所认识”（and YHWH will *make himself known* to the Egyptians；赛 19:21）；וּשְׁמִי יְהוָה לֹא נוֹדַעְתִּי לָהֶם，“但是我的名字 YHWH，我没有使自己被他们认识”（but by my name YHWH, *I did not make myself known* to them；出 6:3）。

(d) 状态（Stative）——描述动词动作所引发的主语的状态：[17]וּבְיוֹם הַשַּׁבָּת יִפָּתֵחַ，“在安息日，【门】将是敞开的”（on the Sabbath day [the gate] *shall be opened*；结 46:1）；וְאַל־תֵּעָצֵבוּ，“不要忧伤”（do not *be grieved*；尼 8:11）。Niphal 表达状态通常相当于简单地形容某个状态，也常常翻译成被动语态。例如，动词 נִשְׁבַּר 可以译为“被击碎”（to be broken）或“碎片的”（to be in pieces）：כִּי־נִשְׁבְּרוּ לִפְנֵי־יְהוָה，“因为他们在 YHWH 面前被击碎了”（for *they were broken* before YHWH；代下 14:12，和合本 14:13）。[18]

---

17 Lambdin 之“结果性质的”（resultative）（1971a, 177）。

18 有些 Niphal 动词几乎没有相对应的 Qal 字干（例如，נִלְחַם 和 נִסְתַּר）。其他 Niphal 动词可能有“进入的–状态的”（ingressive-stative）的含义，描述进入某种状态，而不是正处于这样的状态中（例如，某些情况下 נִבָּא 的用法；见 Ben Zvi, Hancock, and Beinert 1993, 120）。

3.1.3 Piel 词干（D 词干） 52

Piel 词干是“主动的状态使役 / 使役”（factitive/causative active）词干，带有受动含义（见附录对于动作类型和语态的定义），而且是希伯来文词干中用法最难理解的词干。[19] 一位著名学者提醒，对该词干的用法寻求一种统一的、最核心的理解是徒劳的：“试图找出一个单一的……解释来说明 D 词干所有变化的用法是毫无意义的。它仅仅是一种词干形式。”[20]

传统上，Piel 词干被认为具有对意义进行加强的作用。较早的语法将此概念定义为“急切地使自己忙于所指的动作”，甚至把 Piel 动词的第二根音重复作为这种强化的外在表现。[21] 然而，根据当今对闪语更深入的理解来看，不能再视 Piel 的基本和主要作用是强调。[22] 此外，长期以来，人们一直假定，由于衍生词干的字形是
建立在 Qal 这基础形式之上，所以这些词干的语义用法和功能可以 53
主要通过与 Qal 的关联（作为 Qal 词干的加强、Qal 词干的使役、Qal 词干的被动，等等）来定义。我们现在认识到，尽管许多动词的 Qal 词干和 Piel 词干之间可能存在这种语义关联，但并非总是如此，

---

19 Joüon and Muraoka 2006, 140.

20 Kaufman 1996, 282. 也见 Joosten 的结论：Piel 的不同作用不能被简化为一个根本的基础功能（Joosten 1998, 227）。

21 Kautzsch 1910, 141；并且可见 Blau 1976, 52; Bauer and Leander 1991, 323-329; Martin-Davidson 1993, 136-137。有观点认为中间辅音字母双写与意义强化无关，这一观点可能需要根据最近语言学对符号（iconicity）方面的研究，即语言的符号性质方面的著作重新考虑（参见 Kouwenberg 1997）。

22 自从 20 世纪中叶以来，Piel 被广泛认为是希伯来动词系统的关键。Albrecht Goetze 通过对阿卡德语 D 词干具影响力的考查，开启了对新方法的讨论，随后，Ernst Jenni（1968）考查了 Albrecht Goetze 的工作对于西闪语研究的重要意义。有关这些进展的有益调查，可见 Waltke and O'Connor 1990, 354-359; Fassberg 2001, 243-244。对于 Goetze 观点的注意事项，可见 Kaufman 1996, 281-282。

而且每个词干都应该被视为独立的。[23] 很多 Piel 动词根本不能放在后面所做的分类中。在某些情况下，有的动词可能在 Qal 和 Piel 词干中都有出现，但其意义并没有明显区别。

Piel 经常表达一种状态的产生。因此，Piel 着重于动作的起因和结果，虽然带有受动含义（patiency nuance）而不是施动含义（agency nuance，就如 Hiphil）；所关注的不是发生在主语身上的事件，而是借此事件主语进入什么状态。它实际上是一种形容性的使役谓语。Jenni 的重要研究提出，Piel 和 Hiphil 之间的一个基本区别，乃是强加的状态（形容性的）和强加的动作（动词性的）之间的区别。[24] 所以，以动词 חָיָה（“活”的 Qal 形式）为例，其 Piel 形式意为“使其成为活的”，而其 Hiphil 形式意为“使其活”。区别在于使得**成为**（to be）某事还是使得**做**（to do）某事。具体而言，对于 Qal 词干不及物动词，我们用术语“状态使役的（factitive）”来表示导致某种状态的原因（以区别于导致某个事件的原因或“使役的”，即 causative）。[25] Piel 这种表达状态的使役用法不考虑过
54 程，而是指产生可由形容词来描述的状态。宾语对动作的经历是“偶然事件”（表示性质或者状态对于所牵涉的人或事物来说不是必须的）。对于一些 Qal 词干的及物动词而言，其 Piel 形式是**结果性质的**（resultative），意即该形式表示产生基本字根所指动作的结果，该动作可用形容性的方式来表达，而不考虑事件的实际过程。[26] 在我们的分析中，采纳 Waltke 和 O’Connor 的做法，为 Hiphil 词干保留“使役”（causative）用法，后者是指引起一个动作而不是一

23 Richter 1978-80, 73.

24 Jenni 1968，也可见 Lambdin 1969, 388-389。不同观点可见 Joosten 1998 和 Fassberg 2001, 243-244。

25 “factitive”来自拉丁语 factitare，“经常做”“练习”“宣告（某人）成为……”。

26 Waltke and O’Connor 1990, 400.

种状态。在 Piel 中，使役动作的宾语处于承受动作所带来的影响的状态，因此某种程度而言，是被动的性质（见附录 B 中横向坐标的第二列）。

下面的语义范畴对 Piel 动词分类有所帮助。

(a) 状态使役（Factitive）——令那些在 Qal 词干中呈现为不及物用法的动词（大部分是状态动词，虽然也有一些动态动词是不及物的）转换为及物动词的用法。借着转化 Qal 词干的不及物动词为及物动词，Piel 状态使役动词表示导致某种状态的诱因（而不是导致某个动作的诱因，见 3.1.6, a 中的 Hiphil 使役部分）。所以，典型的 Qal 不及物动词变为 Piel 状态使役动词的是：[27] וּבְיָדְךָ לְגַדֵּל，“而且是在你的手中使其成为尊大”（and it is in your hand *to make great*；代上 29:12）；וַאֲגַדְּלָה שְׁמֶךָ，“而且我将使你的名为大”（and *I will make* your name *great*；创 12:2）；אֲנִי יְהוָה מְקַדִּשְׁכֶם，“我 YHWH 使你们成为圣洁”（I YHWH *sanctify* you；出 31:13）；יְהוָה מֵמִית וּמְחַיֶּה，“YHWH 杀人生命也使人活命”（YHWH kills and *brings to life*；撒上 2:6）；וַיְאַבְּדֵם יְהוָה，“YHWH 毁灭了他们”（YHWH *destroyed* them；申 11:4）。

这种用法经常有结果性质的（resultative）含义，意思是 Piel 可以导致一种与 Qal 及物动词的动作概念相对应的状态（或“结果”）：[28] 55

27 Waltke and O'Connor 1990, 400-404; Joüon and Muraoka 2006, 143-145; Seow 1995, 173-175; Lambdin 1971a, 193-195. 这些字根通常会转变为使役性 Hiphil 动词，可能会展示出以下关系：Qal 不及物动词 :: Piel 状态使役动词 :: Hiphil 使役动词（参见 Waltke and O'Connor 1990, 400）。

28 Waltke and O'Connor 1990, 404-410; Lambdin 1971a, 193; van der Merwe, Naudé, and Kroeze 1999, 80-81. 因此，大概情况如下：Qal 及物动词 :: Piel 结果性动词 :: Hiphil 使役动词（参见 Waltke and O'Connor 1990, 404）。有关亚玛拿书信中迦南方言之 Piel 的类似用法，可见 Rainey 1996, 2:138-168。

שִׁבֵּר אֶת־הַמַּצֵּבֹת, “他打碎了柱子”（*he broke down* the pillars; 王下 18:4）; לִמַּדְתִּי אֶתְכֶם חֻקִּים וּמִשְׁפָּטִים, “我已经教导你们律例和典章”（*I have taught* you statutes and ordinances; 申 4:5）。

(b) 出自名词的动词（Denominative）——表示从名词（noun）或实名词（substantive）衍生而来的动词概念。名词形式是基本形式，动词是从名词派生出来的次级形式。Piel 是这类动词最常出现的词干（虽然这类词也可见于 Hithpael 和 Hiphil 词干）：
לֹא־נָפַל דָּבָר אֶחָד מִכֹּל דְּבָרוֹ הַטּוֹב אֲשֶׁר דִּבֶּר בְּיַד מֹשֶׁה עַבְדּוֹ, “借着他的仆人摩西所说一切美好的应许【字面意思：话】，一句话都没有落空”（not one *word* has failed of all his good promise [literally: word], which *he spoke* through his servant Moses; 王上 8:56）; זַמְּרוּ לַיהוָה בְּכִנּוֹר בְּכִנּוֹר וְקוֹל זִמְרָה, “要用琴歌颂YHWH，用琴和诗歌的声音歌颂他”（*Sing praises* to YHWH with the lyre, with the lyre and the sound of *melody* [literally: *praise song*]; 诗 98:5）。

(c) 动作重复（Pluralitive）—— 表示 Qal 词干所表达动作的重复。很多 Piel 动词反映出动作的多重、重复或者忙碌。Piel 的这种用法可指时间上的反复（iterative），或者空间上的多重（pluralic），而且通常带有一种加强（intensive）含义，尽管在大多数情况下这一加强用法很难确定：[29] כָּל־הַיּוֹם קֹדֵר הִלָּכְתִּי, “我整日哀恸地走来走去”（all day long *I go around* mourning; 诗 38:7，和合本

29 Waltke and O'Connor 1990, 414-416; Seow 1995, 174; Lambdin 1971a, 194.

38:6）；בְּחֻקּוֹתַי יְהַלֵּךְ，“（义人）遵行我的律例【字面意思：他在我的律例中走来走去】”（[the righteous individual] *follows* my statutes [literally: *he walks about* in my statutes]；结 18:9）；וְנוֹעַ יָנוּעוּ בָנָיו וְשִׁאֵלוּ，“愿他的儿女流离失所而乞讨【字面意思：反复请求】”（May his children wander about and *beg* [literally: *ask repeatedly*]；诗 109:10）；הָרֵס תְּהָרְסֵם וְשַׁבֵּר תְּשַׁבֵּר מַצֵּבֹתֵיהֶם，“你要彻底拆毁它们，要打碎它们的柱像”（you shall utterly demolish them and *break in pieces* their pillars；出 23:24）。

(d) 宣告（Declarative）——包括某种公告、言语性宣告 56
（delocution）或者估测性评估，尽管这些动词的确切性质及其与状态使役意义之间的关系仍存在争议：חָפַצְתִּי צַדְּקֶךָּ，“我渴慕以你为义【字面意思：宣告你为义】”（I desire *to justify you* [literally: *to declare you righteous*]；伯 33:32）；מִנִּסְתָּרוֹת נַקֵּנִי，“清洁我【字面意思：宣告我无罪于】隐藏的过失”（*clear me* [literally: *declare me innocent*] of hidden faults；诗 19:13）；טָמֵא יְטַמְּאֶנּוּ הַכֹּהֵן，“祭司要宣告他是不洁的”（the priest shall *pronounce him unclean*；利 13:44）。

如前所述，Piel 的一些用法不能被归类，事实上，某些 Piel 动词在含义上与 Qal 词干相同，或者具有与 Qal 词干等效的简单活动的含义：בִּקֵּשׁ יְהוָה לוֹ אִישׁ כִּלְבָבוֹ，“YHWH 已经为自己寻找一个合心意的人”（YHWH has *sought* for himself a man after his own heart；撒上 13:14）；וַיַּעַשׂ נֹחַ כְּכֹל אֲשֶׁר צִוָּה אֹתוֹ אֱלֹהִים כֵּן עָשָׂה, “挪亚按照神所吩咐的，都照样做了”（Noah did according to all that God had *commanded* him, so he did；创 6:22）。

3.1.4 Pual 词干（Dp 词干）

Pual 词干是“被动的状态使役 / 使役”（factitive/causative passive）词干，带有受动含义（见附录对于动作类型和语态的定义），是对应 Piel 词干的被动词干。因此，虽然是被动语态，它仍有 Piel 词干的四种用法（状态使役 / 结果性质、出于名词的动词、动作重复、宣告）。

(a) 状态使役 / 结果性质（Factitive/resultative）——
כְּתֵפֹת עָשׂוּ־לוֹ חֹבְרֹת עַל־שְׁנֵי קְצוֹותוֹ חֻבָּר, “他们为以弗得作相连的肩带，它的两头被连接起来”（They made attaching shoulder pieces for it [i.e., the ephod]; *it was attached* at its two ends；出 39:4）；וְהַפִּשְׁתָּה וְהַשְּׂעֹרָה נֻכָּתָה, “麻和大麦都被毁坏了”（The flax and the barley were *ruined*；出 9:31）。

(b) 出自名词的动词（Denominative）——
וְאָכְלוּ אֹתָם אֲשֶׁר כֻּפַּר בָּהֶם, “他们要吃那些用以使罪被赎的食物”（and they shall eat them [i.e., the food] by which *atonement is made*；出 29:33）。

57 (c) 动作重复（Pluralitive）——
וְאֵת שְׂעִיר הַחַטָּאת דָּרֹשׁ דָּרַשׁ מֹשֶׁה וְהִנֵּה שֹׂרָף, “当时摩西急切地

询查作赎罪祭的公山羊，但是它已经被焚烧了”（Then Moses diligently inquired about the goat of the sin offering, and *it was burned up*；利 10:16）。

(d) 宣告（Declarative）——
אֵלֶּה בִקְשׁוּ כְתָבָם הַמִּתְיַחְשִׂים וְלֹא נִמְצָאוּ וַיְגֹאֲלוּ מִן־הַכְּהֻנָּה, “这些人查考族谱的记录，却找不着，因此对于祭司职任而言他们被算为不洁净”（These searched their genealogical records, but they could not be found; so *they were considered unclean* for the priesthood；拉 2:62）。

Pual 的一个显著特点是该词干中分词出现的比率很高。[30] 在 Pual 的所有字形中，分词形式不少于 40%，其中大部分表示，一个人或者一件事有新情况在其中达成或者为之达成：
וְהִנֵּה יָדוֹ מְצֹרַעַת כַּשָּׁלֶג, “看哪！他的手长了大麻风，像雪那样白”（and behold, his hand *was leprous*, as white as snow；出 4:6）；
רָשָׁע מַכְתִּיר אֶת־הַצַּדִּיק עַל־כֵּן יֵצֵא מִשְׁפָּט מְעֻקָּל, “恶人围绕义人，所以审判被颠倒”（Wickedness surrounds the righteous; therefore, judgment comes forth *perverted*；哈 1:4）；
וּמֵהֶם מְמֻנִּים עַל־הַכֵּלִים וְעַל כָּל־כְּלֵי הַקֹּדֶשׁ, “他们中又有一些人被分派去管理器具和圣所所有的器皿”（And some of them *were appointed* over the vessels and all the vessels of the sanctuary；代上 9:29）。

30 Waltke and O'Connor 1990, 418-419.

3.1.5 Hithpael 词干（HtD 词干）

Hithpael 词干是“反身的状态使役 / 使役”（factitive/causative reflexive）词干，带有受动含义（见附录对于类型和语态的定义）。Hithpael 的基本含义首先是对应于 Piel 的双重状态（反身-相互，reflexive-reciprocal）词干，其次是作为一种被动形式。[31] Hithpael 动词是不及物动词，与同字根的 Qal、Piel 或者 Hiphil 的主动含义相比，Hithpael 动词通常带有反身或者相互的含义。[32]
58 下述语意范畴有助于对 Hithpael 动词进行分类。

(a) **反身（Reflexive）**——动词的主语也是隐含的宾语。换句话说，尽管直接宾语并不明确，却同时也是动词的主语：הִתְחַבְּאוּ，“他们隐藏了自己”（*they hid themselves*；撒上 14:11）；וַיִּתְחַבֵּא הָאָדָם וְאִשְׁתּוֹ מִפְּנֵי יְהוָה，“那人和他妻子从 YHWH 面前隐藏了自己”（the man and his wife *hid themselves* from the presence of YHWH；创 3:8）；הַכֹּהֲנִים לֹא־הִתְקַדְּשׁוּ，“那些祭司们没有自洁”（the priests had not *sanctified themselves*；代下 30:3）。

有些动词字根，其 Hithpael 反身词干的主语并不是动词的直接宾语（可能文中已清楚表明直接宾语），而是动词的**间接宾语**（indirect object）：[33] וַיִּתְפַּשֵּׁט יְהוֹנָתָן אֶת־הַמְּעִיל，“约拿单给自己脱下外袍”（Jonathan *stripped himself* of the robe；撒上 18:4）。

---

31 Joüon and Muraoka 2006, 147-148; Waltke and O'Connor 1990, 424-432; Kautzsch 1910, 149-151; Chisholm 1998, 82; van der Merwe, Naudé, and Kroeze 1999, 82-84; Lambdin 1971a, 248-250.

32 Lambdin 1971a, 249.

33 Waltke and O'Connor 1990, 430; Seow 1995, 298.

(b) 相互（Reciprocal）——表示两个或两个以上的主语彼此之间的相互作用：לְכָה נִתְרָאֶה פָנִים，“来吧，让我们彼此直面相见”（Come, let us *look one another* in the face；王下 14:8）；הִתְקַשְּׁרוּ עָלָיו עֲבָדָיו，“他的仆人共谋反对他”（his servants *conspired with one another* against him；代下 24:25）；וָאֶשְׁמַע מִדַּבֵּר אֵלָי，“我听到有人对我说话”（I heard *someone speaking* with me；结 43:6）。

(c) 反复（Iterative）——表示重复的动作：לַהַט הַחֶרֶב הַמִּתְהַפֶּכֶת，“旋转【字面意思：重复转动】之剑的火焰”（the flame of a *revolving* sword [literally: *turning repeatedly*]；创 3:24）；וַיִּתְאַבֵּל עַל־בְּנוֹ יָמִים רַבִּים，“他就为他儿子哀恸了很多日子”（and *he mourned* for his son many days；创 37:34）；אֶת־הָאֱלֹהִים הִתְהַלֶּךְ־נֹחַ，“挪亚与神同行”（Noah *walked* with God；创 6:9）。[34]

(d) 出自名词的动词（Denominative）——表示与名词或实名词有关的、衍生的动词概念：
וּבִנְבִיאֵי שֹׁמְרוֹן רָאִיתִי תִפְלָה הִנַּבְּאוּ בַבַּעַל וַיַּתְעוּ אֶת־עַמִּי אֶת־יִשְׂרָאֵל，“在撒玛利亚的先知中，我看见一件可厌的事：他们奉巴力的名说预言，而且使我的子民以色列走错了路”（Among the *prophets* of Samaria I saw a disgusting thing: *they prophesied* by Baal and 59
led my people Israel astray；耶 23:13）；

---

34 关于 הלך 在 Hithpael 词干的特别含义以及该词可能是从一个阿卡德用语借用进希伯来文的，见 Waltke and O'Connor 1990, 427-449.

וַיִּתְאַנַּף יְהוָה מְאֹד בְּיִשְׂרָאֵל, "YHWH 向以色列人大大发怒"（YHWH was very *angry* with Israel；王下 17:18）。

3.1.6 Hiphil 词干（H 词干）

Hiphil 词干是"使役主动"（causative active）词干，带有施动含义（见附录对于类型和语态的定义）。不像 Piel 词干的使役用法关注的是导致某种状态或情况，Hiphil 的使役用法表达的是动作发生的原因。Piel 使役用法虽然具有受动含义（也就是说，宾语被动地转入一种新状态或新情况），但其用法倾向于聚焦在动作所导致的结果。Piel 动词的主语使得其宾语发生变化，进入一种新的状态或者情况（见 3.1.3, a 中 Piel 词干的状态使役和结果使役用法）。相反地，Hiphil 词干使役用法一般是与事件的起因有关，故此带有施动含义。在 Hiphil 词干使役用法中，宾语参与在动词字根所表示的事件中。[35]

一般而言，一个 Hiphil 动词基本的使役含义取决于动词字根的具体类型，并且通常取决于该字根在 Qal 词干中的含义及其在 Qal 词干中是否及物动词。

下面的语义范畴有助于对 Hiphil 动词进行分类。

(a) 使役（Causative）——使得动词在 Qal 词干或 Niphal 词干中的意义发生。但是这种使役用法根据所涉及的动词字根的性质呈现出多种不同的含义。

（a.1）Qal 及物动词在 Hiphil 词干中通常会变成"双重及物"

35 Jenni 1968, 20-52; Waltke and O'Connor 1990, 433-436; Joüon and Muraoka 2006, 150-152.

（doubly transitive）的用法，即动词带两个宾语：使役宾语和动词字根所表达的动作概念的宾语。[36] 在下面取自申命记 3:28 的例子中，使役宾语被译为“他们”，而动作概念的宾语是“那地”： 60
וְהוּא יַנְחִיל אוֹתָם אֶת־הָאָרֶץ, “他【约书亚】要使他们继承那地”（and *he [Joshua] will cause* them *to inherit* the land）。

但有时会省略第二宾语【此处指使役宾语——译者注】而只留下一个单及物动词（singly transitive）谓语。这通常发生在使役宾语是人，或是抽象名词、言语行为时：[37]
לֹא תָרִיעוּ וְלֹא־תַשְׁמִיעוּ אֶת־קוֹלְכֶם, “不要大声呼喊或令【人】听到你们的声音”（Do not shout or *cause* your voice *to be heard*; 书 6:10）。因此，在 Qal 词干中作为及物动词但可能不带宾语的动词，在 Hiphil 词干中可能是单及物动词或双重及物动词：
וַאדֹנָי הִשְׁמִיעַ אֶת־מַחֲנֵה אֲרָם קוֹל רֶכֶב קוֹל סוּס קוֹל חַיִל גָּדוֹל, “主使亚兰人的军队听到马车的声音、马匹的声音、大军的声音”（And the Lord *had caused* the Aramean army *to hear* the sound of chariots, and of horses, the sound of a great army; 王下 7:6）。在此例中，שׁמע 带两个宾语：亚兰人的军队和声音。但在 Hiphil 使役用法中，这同一个字根也可能只带一个宾语：מִשָּׁמַיִם הִשְׁמַעְתָּ דִּין, “你从天上发出审判”【直译是“你从天上使【人】听判断”，此处使役宾语“人”被省略——译者注】（From the heavens *you uttered* judgment; 诗 76:9）。

（a.2）Qal 和 Niphal 词干的不及物动词成为 Hiphil 词干单及

---

36 术语“双重及物”是取自 Lambdin (1971a, 211)。Waltke 和 O’Connor 提及“三重谓语”（three-place predicates），指的是一个主语和两个宾语（Waltke and O’Connor 1990, 441）。

37 Waltke and O’Connor 1990, 442-443.

物动词（singly transitive），即只带一个宾语。[38] 这类动词中最常见的是大量表达动作的 Qal 词干不及物动态动词：

אֲנִי יְהוָה אֲשֶׁר הוֹצֵאתִיךָ מֵאוּר כַּשְׂדִּים, "我是 YHWH，曾带你从迦勒底的吾珥出来"（I am YHWH who *brought you* from Ur of the Chaldeans；创 15:7）；וַיָּשֶׁב יְהוָה עֲלֵהֶם אֶת־מֵי הַיָּם, "YHWH 使海水回到他们身上"（and YHWH *brought back* the waters of the sea upon them；出 15:19）。

Qal 词干状态动词的字根也倾向于在 Hiphil 词干中用作单及
61 物动词。此处术语"表达状态的使役"（facititive）可以用来指
Hiphil 词干把动词及物化的性质，正如 Piel 词干的这一用法：[39]

אַל־תַּקְשׁוּ לְבַבְכֶם, "不要使你们的心刚硬"【及物化直译：不要硬着你们的心——译者注】（Do not *harden* your hearts；诗 95:8）；אֲנִי אַקְשֶׁה אֶת־לֵב פַּרְעֹה, "我要使法老的心刚硬"【及物化直译：我要刚硬法老的心——译者注】（I will *harden* Pharaoh's hearts；出 7:3）；הוֹבִישׁ יְהוָה אֶת־מֵי יַם־סוּף, "YHWH 使芦苇海的水干了"【及物化直译：YHWH【吹】干了芦苇海的水——译者注】（YHWH *dried up* the waters of the Sea of Reeds；书 2:10）；וַתַּגְדֵּל חַסְדְּךָ, "你使你忠贞的慈爱为大【或'你已经彰显出来你忠贞的慈爱'】"（*you have made great [or magnified]* your loyal kindness；创 19:19）。

38 Waltke and O'Connor 1990, 436-441; Lambdin 1971a, 212.

39 Seow 1995, 182. 对于 Piel 状态使役和 Hiphil 词干将 Qal 状态动词词根及物化为使役，在这两者之间较难坚持某种区别，可见 Waltke and O'Connor 1990, 437-438。总体上，他们总结为：Piel 状态使役动词"在事件之外直接关注处境的结果"，而 Hiphil 则"指向过程"。

(b) **状态（Stative）**——在 Qal 中作为状态动词的动词字根，在 Hiphil 词干中作为不及物性质的使役动作，动作是由主语承担的：[40] וּפַרְעֹה הִקְרִיב，“法老临近”（and Pharaoh *drew near*；出 14:10）；וַתָּזִדוּ，“你们变得放肆”（*and you became presumptuous*；申 1:43）。

有时，Hiphil 状态动词是进入性的（ingressive），即表示进入某种状态或境况，并在这种状态或境况中持续下去：חֲנֹךְ לַנַּעַר עַל־פִּי דַרְכּוֹ גַּם כִּי־יַזְקִין לֹא־יָסוּר מִמֶּנָּה，“训练年轻人走正确的路，当他变老的时候，他也不偏离”（Train a youth in the right way to live, and when *he grows old*, he will not depart from it；箴 22:6）。

另有一些时候，直接将宾语省略而只在 Hiphil 词干中留下字根的不及物含义：[41] הִקְשִׁיב בְּקוֹל תְּפִלָּתִי，“他【神】留意【字面意思：侧（耳）】我祷告的声音”（*He [God] has given heed* [literally: *inclined* (the ear)]to the sound of my prayer；诗 66:19）。最后，省略宾语可能是 Hiphil 词干的某种副词性用法：[42] הֵטִיבֹתָ，“你做得好”（*you did well*；王上 8:18）；הִשְׁחִיתוּ，“他们是腐败的”（*they are corrupt*；诗 14:1）。

(c) **宣告（Declarative）**——包括某些公告、言语性宣告或者 62
评价：[43] וְהִצְדִּיקוּ אֶת־הַצַּדִּיק וְהִרְשִׁיעוּ אֶת־הָרָשָׁע，“他们【法官】将

---

40 Waltke and O'Connor 1990, 439; Joüon and Muraoka 2006, 151; Seow 1995, 183; Lambdin 1971a, 212. Waltke 和 O'Connor 提到“一重或内在及物性”（one-place or inwardly transitive）Hiphil 用法（Waltke and O'Connor 1990, 439）。

41 Joüon and Muraoka 2006, 152.

42 同上。

43 Waltke and O'Connor 1990, 438-439; Joüon and Muraoka 2006, 151; Seow 1995, 182-183.

赦免【或‘宣称义人为’】义人而且宣判【或‘宣称恶人为’】恶人”（*and they [judges] will pardon* [or *declare righteous*] the righteous and *condemn* [or *declare wicked*] the wicked；申 25:1）。

（d）**出自名词的动词（Denominative）**——表示与名词或实名词有关的、衍生的动词概念。名词形式是基本形式，而动词是名词的次级派生形式：[44] וְלֹא־הֶאֱזִין אֲלֵיכֶם, “他【YHWH】不向你们侧耳”（*and he* [YHWH] did not *give ear* to you；申 1:45）；וַיִּגַּשׁ הַפְּלִשְׁתִּי הַשְׁכֵּם וְהַעֲרֵב, “那非利士人【歌利亚】在早晨和晚上前来”（and the Philistine [Goliath] came forward *morning* and *evening*；撒上 17:16）。

（e）**允许（Permissive）**——在少数用法中，Hiphil 词干表示由主语所允许而宾语同意的动作（Lambdin 1971a, 212; Waltke and O’Connor 1990, 445）：הֶרְאָה אֹתִי אֱלֹהִים גַּם אֶת־זַרְעֶךָ, “神也允许我看见你的孩子”（God *allowed* me *to see* your children also；创 48:11）。Waltke 和 O’Connor 观察到 Hiphil 词干的其他一些与此类似的用法，翻译这些用法的主要主语和次要主语之间的关系时，需要用到多种情态动词：表达强迫（compulsion）、关注（solicitude）、宽容（toleration）和赠予（bestowal）（1990, 445-446）。

语意类别划分的其中一个困难是某些 Piel 和 Hiphil 动词在语

---

44 Waltke and O’Connor 1990, 443-445; Joüon and Muraoka 12006, 152; Lambdin 1971a, 213; Seow 1995, 182.

意上是相同的，除此之外，也有很多 Hiphil 动词完全不符合上述任何一个类别。有些字根在不同的上下文中可以是及物的，也可以是不及物的。分析词干时，把每个词干视作独立的词干来分析，而不是坚持区分其与其他衍生词干之间的联系，可能是更好的做法。

3.1.7 Hophal 词干（Hp 词干） 63

Hophal 词干是“使役–被动”（causative passive）词干，带有施动含义（见附录对于类型和语态的定义），是对应于 Hiphil 词干的被动词干。因此，虽然是被动语态，但同样具有 Hiphil 词干的五项功能（使役、状态、宣告、出自名词的动词、允许）。Hophal 词干最常见的用法是，主语被导致进入动词字根所指的事件，对比而言，Pual 词干的主语是被导致进入某种状态或者景况。

(a) 使役（Causative）——הַנֹּגֵעַ בָּאִישׁ הַזֶּה וּבְאִשְׁתּוֹ מוֹת יוּמָת，“凡是接触这个人和他妻子的必被处死”（anyone, who molests this man or his wife shall certainly *be put to death*；创 26:11）；קַח־נָא אֶת־בִּרְכָתִי אֲשֶׁר הֻבָאת לָךְ，“请收下【被】拿来给你的礼物”（please take my gift that *has been brought* to you；创 33:11）。

(b) 状态(Stative)——הֲפֹךְ יָדְךָ וְהוֹצִיאֵנִי מִן־הַמַּחֲנֶה כִּי הָחֳלֵיתִי，“转身【字面意思：转过手来】，带我离开战斗，因为我受伤了”（turn around [literally: turn your hand], and take me out of the battle, for *I am wounded*；王上 22:34）。

(c) 出自名词的动词（Denominative）——וְהָמְלֵחַ לֹא הֻמְלַחַתְּ, “你没有被用盐擦”（*you* were not *rubbed with salt*；结 16:4）；חַיַּת הַשָּׂדֶה הָשְׁלְמָה־לָךְ, “田野的野兽将与你和平相处”（the beasts of the field *will be at peace* with you；伯 5:23）。

从 Hiphil 到 Hophal 的语态变化进一步意味着在 Qal 词干是及物动词情况下，Hiphil 词干的主要主语不再被指明，因此双重及物消失。这种字根会指定一个宾语或根本没有宾语：
וַיֻּגַּד לְרִבְקָה אֶת־דִּבְרֵי עֵשָׂו, “以扫的话被告诉给利百加”（and the words of Esau *were told* to Rebekah；创 27:42）。与 Qal 词干和 Niphal 词干的不及物用法相似，Hophal 词干通常也是不及物的，所以宾语不出现：כְּמַיִם מֻגָּרִים בְּמוֹרָד, “像水冲下陡坡”（like waters *poured down* a steep place；弥 1:4）。[45]

64

3.1.8 其他衍生词干（Additional Derived Stems）

在 3.1.1—3.1.7 讲述的是圣经希伯来文动词最主要或者最基本的七种词干。此外，圣经希伯来文还有其他一些词干，主要是对应于这七种主要词干，用于弱字根动词。尤其因为 Piel、Pual 和 Hithpael 词干要求字根的第二个辅音字母双写，使Ⅱ-弱字母（Ⅱ-wāw/yōd）词根促生了一些其他的衍生词干（见附录的中间栏）。因为其辅音字母不能重复，这些Ⅱ-弱字母的字根（以及某些双字母字根）使用与 Piel、Pual 和 Hithpael 相呼应的经过变形的词干。与 Piel 相对应的词干是 Poel、Polel 和 Pilpel，与 Pual 相对应的词干是 Poal、Polal 和 Polpal，与 Hithpael 相对应的是

45 关于从 Hiphil 到 Hophal 的微妙变化，更多内容可见 Waltke and O'Connor 1990, 449-451，以及 Lambdin 1971a, 243-244。

Hithpoel、Hithpolel和Hithpalpel。[46] 中阶学生需要留意这些词干，并能在经文中分辨出这些词干与七个主要词干中的哪一种相对应。在 3.1.3—3.1.5 所描述的 Piel、Pual 和 Hithpael 的用法和含义通常适用于这些相对应的附加派生词干。

中阶学生也要充分注意到 Hishtaphel 词干的出现，这是一个使役反身词干，在圣经中出现了 170 次。这个形式很容易辨认，意思是怀着敬畏“下拜”（to bow down）【וַיִּשְׁתַּחוּ אַבְרָהָם לִפְנֵי עַם הָאָרֶץ, 65
“亚伯拉罕在那地的人民面前下拜”（Abraham *bowed down* before the people of the land；创 23:12）】，在一些上下文中的意思是“敬拜”【וַיִּקֹּד הָאִישׁ וַיִּשְׁתַּחוּ לַיהוָה, “那人低头敬拜 YHWH”（the man bowed his head and *worshiped* YHWH；创 24:26）】。[47] 大多数观点都视该字形为字根 חוה 的 Hishtaphel 形式，在乌加列语中发现了同源字根 *ḥwy* 有清楚的前缀 *hišt*，使这一观点得到加强。然而，更早的观点认为该字形属于字根 שחה 的 Hithpalel 反身词干，这一观点没有被完全排除，因为这个字根也已经在 Qal 和 Hiphil 词干中得到了证实。与此相反，大多数学者认为 שחה 这少数几次出现的形式（两次出现于 Qal，一次出现于 Hiphil），是 חוה Hishtaphel 词干的二次衍生。[48]

---

46 因为第二个根音不能重复而发生元音的补偿延长，或者发生第三个根音或整个音节的重复，具体内容可见初阶语法书，例如，Lambdin 1971a, 253-254; Pratico and Van Pelt 2001, 327, 344, 400-401; Webster 2009, 195-196; Hackett 2010, 206-208 以及 Seow 1995, 328-331。感兴趣的读者可进一步参考 Blau 1971, 147-151; Blau 2010, 237; Waltke and O'Connor 1990, 359-361 以及 Joüon and Muraoka 2006, 156-158。

47 关于 Hishtaphel 的字形可参考初阶语法书；Seow 1995, 302-303; Lambdin 1971a, 254-255; Hackett 2010, 175-176。更多内容见 Joüon and Muraoka 2006, 157-158 和 195; Waltke and O'Connor 1990, 360-361 以及 van der Merwe, Naudé, and Kroeze 1999, 139。

48 在 Emerton（1977）和 Davies（1979）之间的早期辩论仍可见于今天最好的 BH 词典；*HALOT* 收录该字在 חוה（1:296-296）之下，而 *DCH* 则收录在 שחה（8:316-319）之下。

3.2 式态（Aspect）

正如我们已经看到的，在语法范畴中，*Aspekt* 将一个行动框架视为未限定的（undefined）或进程的（“完成”［perfect］或“未完成”［imperfect］）。[49] 这两种动词的字形结构指明的是动词式态，因为可以表示动词动作或情况在时间流逝方面的概况，特别是表明动作的完成、持续或重复方面的情况。术语方面，我们保留了传统的称呼——“完成式”和“未完成式”，尽管我们希望此处的讨论能清晰说明它们指的是动词的**形式**而不是**功能**。我们已经说明圣经希伯来文动词的主要特征是式态（时态只是
66 次要特征，见本章开始的前三段），因此，采用“完成式”和“未完成式”这两个表示过去时间和现在-未来时间的术语并不够理想。也是出于这个原因，一些语法书放弃了这种简化表达，而使用 qatal 代替“完成式”，用 yiqtol 代替“未完成式”；也有一些作者喜欢用后缀构词（suffix conjugation）代替“完成式”，而用前缀构词（prefix conjugation）代替“未完成式”。[50] 读者需要注意，语法参考书也采用术语组合：Joüon 的书中采用“完成式”（perfect）和“将来式”（future）；Meyer 的书中交替使用“后缀构词”（afformative conjugation）/“完成式”和“前缀构词”（preformative conjugation）/“未完成式”；Waltke 和 O’ Connor 的书采用“后缀（完成的）”（suffix［perfective］）和“前缀（非完成的）”（prefix［non-perfective］）。虽然这些替代称呼有

---

49 回顾动词导论可见 3.0，以及 Waltke and O’Connor 1990, 479-495; Joüon and Muraoka 2006, 330-337 和 Chisholm 1998, 86。

50 见 van der Merwe, Naudé, and Kroeze 1999, 142-143 以及 Cook 2012, xi。

一定优点，但是多数语法书和字典仍然采用更简单的“完成式”和“未完成式”，并且理解这两个术语所强调的是字形而不是功能。我们将在括号中给出替代称呼以帮助读者参阅其他语法书或者字典。

3.2.1 完成式（Perfect）（*Qatal* 形式 / 后缀构词, *Qatal* Form/ Suffix Conjugation）

完成式态从外部来看待一个情况，将其视为一个完整的整体。[51] 它可以指过去、现在和将来的动作或状态，尽管它倾向于将某个情况视为一个完整的处境或时间上没有明确限定的动作（类似于希腊语中 67
“简单过去”［aorist］时态）。[52] 完成式态常用于记述过去的动作或者状态，虽然没有字形变化，但通常需要翻译为过去时态。它也可以指完成状态，即指某个事件以及该事件所导致的状态（这类似于希腊语的完成式）。下面的语义范畴有助于对完成式动词进行分类。[53]

(a) **表达完成（Complete）**——从有开始、有结束的全程角度，将动作或者状态视为一个完整的整体。通常需要翻译为英语的简单过去式、现在完成式或者过去完成式：וְלַחֹשֶׁךְ קָרָא לָיְלָה，“他称

51 仔细注意“看待某个情况为一个完整的整体”和“看待某个完成的动作或情况”之间的区别。完成式态并不意味着已经完成的动作，而是说将动作视为整体来看待，而这动作可能是发生在现在、将来和过去。如果认为第二千年西闪语中圣经希伯来文完成式态的起源，是从与阿卡德语“状态动词”（stative）或“持续状态”（permansive）加人称词尾有关的形式发展而来的，那么这种区别就更加清晰了；因此就其起源而言，完成式态可能最初就被视为一种与时间没有关系的名词句（Cook 2012, 93-120; Moscati 1980, 133; Bergsträsser 1983, 20-23; Rainey 1996, 2:347-366）。关于需要放弃以“状态动词”来说明阿卡德语中的“持续状态”，见 Huehnergard 1987, 229-232。

52 然而，在后期圣经希伯来文中，完成式态仅用于过去时间（Sáenz-Badillos 1993, 129）。

53 Kautzsch 1910, 309-313; Waltke and O’Connor 1990, 479-495; Joüon and Muraoka 2006, 330-337; Bergsträsser 1962, 2: 25-29; Chisholm 1998, 86-89; van der Merwe, Naudé, and Kroeze 1999, 144-146; Williams and Beckman 2007, 66-69.

暗为夜”（and the darkness *he called* night；创 1:5）；שָׁכַח אֵל，“神已经忘了”（God *has forgotten*；诗 10:11）；וְלֹא־יָדַע יַעֲקֹב כִּי רָחֵל גְּנָבָתַם，“雅各不知道拉结偷了它们”（Jacob did not know that Rachel *had stolen them*；创 31:32）。

(b) **表达状态（Stative）**——表示通常由状态动词来表达的状态或者景况。状态动词表达的不是“一次性完成”而结束的动作，通常要有持续的时间，因此翻译中常用英语的现在时态：יְדֵיכֶם דָּמִים מָלֵאוּ，“你们的手满了血”（your hands *are full of* blood；赛 1:15）；דְּבַר־הַתֹּעֵבָה הַזֹּאת אֲשֶׁר שָׂנֵאתִי，“我所恨恶的这可憎之事”（this abominable thing that *I hate*；耶 44:4）。

(c) **表达感受（Experience）**——以动态动词来表达心智的状态，常需要翻译为现在时态：לֹא יָדַעְתִּי，“我不知道”（*I* do not *know*；创 4:9）。常见于表达认知（ידע）或态度（אהב）的动词：שָׂנֵאתִי מָאַסְתִּי חַגֵּיכֶם，“我憎恨、鄙视你们的节期”（*I hate*, *I despise*
68 your festivals；摩 5:21）；אֲנִי יָדַעְתִּי אֶת־זְדֹנְךָ וְאֵת רֹעַ לְבָבֶךָ，“我
知道你的草率和你心里的邪恶”（*I know* your impudence and the evil of your heart；撒上 17:28）；וְזֶה־אָהַבְתִּי נֶהְפְּכוּ־בִי，“我爱的人们反过来敌对我”（the ones *I love* have turned against me；伯 19:19）。

(d) **表达修辞上的将来的动作或状况（Rhetorical future）**——生动表达将来发生或者即将发生的动作或者处境，虽然还没有发生，

但从说话者修辞的角度被认为一定发生。[54] 作为一种修饰方法，完成式态把未来的事件当做像是已经发生那样呈现，这通常需要翻译为现在时态或者将来时态：לָכֵן גָּלָה עַמִּי מִבְּלִי־דָעַת, “所以我的百姓将因无知而被掳走”（therefore my people *will go into exile* for want of knowledge；赛 5:13）；דָּרַךְ כּוֹכָב מִיַּעֲקֹב, “将有一星从雅各而出”（A star *will come out of* Jacob；民 24:17）；כִּי עַתָּה תִתֵּן וְאִם־לֹא לָקַחְתִּי בְחָזְקָה, “但是你现在就要给我，否则，我将用暴力拿去”（But you shall give it now, and if not, *I will take* it by force；撒上 2:16）；עָשִׂיתִי אֶת־הַדָּבָר הַזֶּה, “我将做这事”（*I will do* this thing；撒下 14:21）。

（e）表达格言（Proverbial）——表示不受时间限制的、通常被视为普遍真理的动作、事件或者事实。也被称为“格言完成式”（gnomic perfect），通常需要翻译为现在时态：[55]
וְתֹר וְסִיס וְעָגוּר שָׁמְרוּ אֶת־עֵת בֹּאָנָה, “斑鸠、燕子和鹤遵守当来的时令”（and the turtledove, swallow, and crane *observe* the time of their coming；耶 8:7）；יָבֵשׁ חָצִיר נָבֵל צִיץ, “草必枯干，花必凋谢”（The grass *withers* and the flower *fades*；赛 40:7）。

（f）用于表述性动作（Performative）——描述借着说话发生

---

54 通常称为预言性完成式（prophetic perfect），但是若过分区别修辞性完成式和将来未完成式（future imperfect）之间的差异，这个称呼可能会产生误导。也许更好的名称是“即将发生的完成式”（prospective perfect）；见 Andrason 2013a，关于这一问题的总结，可见 Waltke and O’Connor 1990, 465（但也见于第 490 页）以及 Joüon and Muraoka 2006, 335; Chisholm 1998, 88; van der Merwe, Naudé, and Kroeze 1999, 146（尤其是第 364 页）; Williams and Beckman 2007, 68-69。

55 然而“格言”完成式的概念已受到质疑；Webster 2014, 263-271。

69 的动作，通常需要翻译成现在时：נָתַתִּי אֹתְךָ עַל כָּל־אֶרֶץ מִצְרָיִם，“我指派你治理埃及全地”（*I appoint* you over all the land of Egpt; 创 41:41）；

בַּיּוֹם הַהוּא כָּרַת יְהוָה אֶת־אַבְרָם בְּרִית לֵאמֹר לְזַרְעֲךָ נָתַתִּי אֶת־הָאָרֶץ הַזֹּאת，“在那日，YHWH 与亚伯兰立约，说：‘我把这地赐给你的后裔’”（on that day, YHWH made a covenant with Abram saying, ‘To your descendants, *I give* this land’；创 15:18）。

3.2.2 未完成式态（Imperfect）（*Yiqtol* 形式 / 前缀构词，*Yiqtol* Form/ Prefix Conjugation）

与完成式态相比，未完成式态更少精确的时间意义。[56] 一般而言，未完成式态是从内部角度来看待动作、时间或者状态，意味着状况正在发生或处于进程中。说话者或者作者视状况仍在继续，正处于完成的过程中，是正在发生或即将发生。未完成式可以采取陈述语气，以便说话者或作者作出客观陈述而不涉及状况的起始和结束。正如完成式态，未完成式也必须以上下文来确定情况是发生在过去、现在还是将来。[57] 此外，有时未完成式可以采用虚拟语气或者假设语气，来描述一种可能发生或者有赖于某些条件而发生的依赖性状况。因此，说话者或者作者会采用未完成式来表达他视之为非特定的、习惯性的或者可能会发生的动作。

未完成式这些极其不同的各种用法，以及它与情态动词的紧密联系（见 3.3），可以部分地归因于公元前 2000 年末期希伯来文的发

56 Joüon and Muraoka 2006, 344. 尽管“未完成式”这一术语用于说明圣经希伯来文动词的式态并不完全令人满意，但为了方便叙述的缘故我们还是保留这一称呼（可回顾 3.2 部分的讨论，并见 Rainey 1986, 7 以及 1996, 2:227-228）。

57 然而，在后期圣经希伯来文中，未完成式基本上用于将来（Sáenz-Badillos 1993, 129）。

展历史。与闪语相比较的证据显示，在更为古老的希伯来文中有四种 70
形式先于圣经希伯来文的前缀形式而存在：**陈述性**（indicative）未完成式（现在-将来）yaqtulu、**虚拟式**（subjunctive）yaqtula、**祈愿式**（jussive）yaqtul，以及**过去式**（preterite）yaqtul。[58] 当希伯来文单词失去末尾的元音（大约公元前 1100 年），这些形式就变得很难区分。这可能说明了为什么圣经中未完成式词形变化既用于过去时态，也有几种“依情况而定”的用法（原始希伯来文虚拟语气的遗留用法）。此外，意志情态动词（见 3.3）显示 yaqtulu 形式和祈愿式 yaqtul 在圣经希伯来文被书写下来之前已经完全融合了。[59]

下述语义范畴有助于对未完成式动词做进一步分类。[60]

(a) **将来的动作（Future）**——描述预期的或者宣布的动作：כִּי־מֶלֶךְ יִמְלֹךְ עָלֵינוּ，“因为一个王将统治我们”（for a king *will reign* us；撒上 12:12）；אַתָּה תָּבוֹא אֶל־אֲבֹתֶיךָ בְּשָׁלוֹם，“你将平平安安地去你列祖那里”（*you shall go* to your ancestors in peace；创 15:15）。表示将来的未完成式可以用来表达就说话者或作者而言实际上已经过去，但却是在其他动作之后的动作：וַיָּבֵא אֶל־הָאָדָם לִרְאוֹת מַה־יִּקְרָא־לוֹ，“他【YHWH】把【他们】带

58 有证据进一步显示存在一种 energic 形式（见 Rainey 1986, 10-12 和 1996, 2:221-264; Joüon and Muraoka 2006, 358-359; Waltke and O’Connor 1990, 496-497）。一些学者也提到原始希伯来文（Proto-Hebrew）的祈愿式和过去式之间在重音上存在区别，尽管这一点仍有争议（尤其可见于 Zevit 1998, 49-65；可比较 Joüon and Muraoka 2006, 359）。

59 更多讨论见 Cook 2012, 118-120; Meyer 1992, 18-20, 26-27, 381-384; Waltke and O’Connor 1990, 455-478, 496-502（尤其是第 497 页）, 543-547, 566-568; Joüon and Muraoka 2006, 358-360; Sáenz-Badillos 1993, 48-49; Rainey 1986, 4-19; Smith 1991, 12。

60 Kautzsch 1910, 313-319; Waltke and O’Connor 1990, 496-518; Joüon and Muraoka 2006, 337-345; Lambdin 1971a, 100; Bergsträsser 1962, 2:29-36; Chisholm 1998, 89-94; van der Merwe, Naudé, and Kroeze 1999, 146-149; Williams and Beckman 2007, 69-73.

到这人面前要看看他会叫他们什么”（and he [YHWH] brought [them] to the man to see what *he would call* them；创 2:19）。此外，也可指将来的、先于另一个预期的行动而发生的动作：
71 וְהַעֲלִיתָ עוֹלָה בַּעֲצֵי הָאֲשֵׁרָה אֲשֶׁר תִּכְרֹת，“用你将要砍断的神柱的木头焚烧，作为燔祭”（and offer it as a burnt offering with the wood of the sacred pole that *you shall cut down*；士 6:26）。

(b) 惯例性动作（Customary）——表示规律性或者习惯性发生的动作，可能是发生在过去。这种情况下的未完成式具有反复（iterative）的意义，强调动作具有重复的性质：

כָּכָה יַעֲשֶׂה אִיּוֹב כָּל־הַיָּמִים，“这是约伯过去常常做的”（This is what Job *would always do*；伯 1:5）；

וּמֹשֶׁה יִקַּח אֶת־הָאֹהֶל וְנָטָה־לוֹ מִחוּץ לַמַּחֲנֶה，“摩西过去常常取帐篷然后支搭在营外”（Moses *used to take* the tent and pitch it outside the camp；出 33:7）。惯例性动作也可以是发生在现在的，这种情况常带有格言（proverbial）含义：בֵּן חָכָם יְשַׂמַּח־אָב，“智慧之子常使父亲欢乐”（a wise child *makes* a father *glad*；箴 10:1）。[61]

(c) 进程中的动作（Progressive）——表示当作者或者说话者说话时正在发生或者正在继续的动作。这种当下的事件或者动作通常以分词来表达，但是进程中的未完成式强调的是动作当下正在进行

---

61 对于反复用法和格言用法，Waltke 和 O'Connor 提及“过去的惯例性非完成式”（past customary non-perfective）——暗示这种情况在说话时不再适用，以及“习惯性非完成式”（habitual non-perfective）（1990, 502-503, 506）。

的性质，尤其是在疑问句中：אָנָה תֵּלֵכִי，“你正往哪里去？”（where *are you going*；创 16:8）；לָמָּה תַעֲמֹד בַּחוּץ，“你为什么现在站在外面”（why *are you standing* outside?；创 24:31）。

(d) 依情况而定的动作（Contingent）——表述有赖于上下文中其他因素而定的动作。这一用法有多种，翻译中通常需要使用情态动词。

(d1) 表达条件（Conditional）——表达条件从句中的动作：כִּי־אֵלֵךְ בְּגֵיא צַלְמָוֶת，“如果我走过黑暗谷”（If *I walk* through
the darkest valley；诗 23:4）；אִם־אֶמְצָא בִסְדֹם חֲמִשִּׁים צַדִּיקִם， 72
“如果我在所多玛找到五十个义人”（If *I find* in Sodom fifty righteous people；创 18:26）。

(d2) 表达允许（Permission）——表示主语获得允许采取某个行动，翻译时通常需要情态动词“可以”（may）：מִכֹּל עֵץ־הַגָּן אָכֹל תֹּאכֵל，“你可以随便地吃园中任何树上的【果子】”（*You may freely eat* of every tree in the garden；创 2:16）；יְהוָה מִי־יָגוּר בְּאָהֳלֶךָ מִי־יִשְׁכֹּן בְּהַר קָדְשֶׁךָ，“YHWH 啊，谁可以寄居在你的帐篷里？谁可以居住在你的圣山？”（O YHWH, who *may abide* in your tent? Who *may dwell* on your holy hill?；诗 15:1）。

(d3) 表达义务（Obligation）——表示应该做或者不应该做的动作：מַעֲשִׂים אֲשֶׁר לֹא יֵעָשׂוּ עָשִׂיתָ עִמָּדִי，“你向我做了不该做的事”（You have done things to me that *ought* not *to be done*；创 20:9）；לֹא־יֵעָשֶׂה כֵן בְּיִשְׂרָאֵל，“在以色列中不应该做这样的事”（such a thing *is not done* in Israel；撒下 13:12）。

(d4) 表达命令（Command）——表达强烈的禁令或者禁止：קִנִּים תַּעֲשֶׂה אֶת־הַתֵּבָה，“你要在方舟里做出房间”（*you shall make* rooms for the ark；创 6:14）；

כֹּל אֲשֶׁר־יָלֹק בִּלְשׁוֹנוֹ מִן־הַמַּיִם כַּאֲשֶׁר יָלֹק הַכֶּלֶב תַּצִּיג אוֹתוֹ לְבָד，“凡像狗舔水那样用舌头舔水的，你要分出他们”（all who lap the water with their tongue, just as a dog laps water, *set* them *apart*；士 7:5）。

未完成式（或非真完成式［irreal perfect］；见 3.5.2）的这种用法可能意味着说话人认为命令是持续有效的，或者是不需要立即执行的。这种用法也出现在说话者作为上级提出律法或者指示时。[62] 与否定小品词连用，未完成式的这种用法可以作为禁令，常见于法律文献中：לֹא תִּגְנֹב，“你不可偷盗”（*you shall not steal*；出 20:15）；לֹא תִשְׁמַע אֶל־דִּבְרֵי הַנָּבִיא הַהוּא，“你不可听那先知的话”（*you shall not listen* to the words of that prophet；申 13:4，和合本 13:3）。

(e) **过去的动作（Preterite）**——动词出现在 אָז，טֶרֶם 和 בְּטֶרֶם 之后时，特指过去时间的状况：

אָז יָשִׁיר־מֹשֶׁה וּבְנֵי יִשְׂרָאֵל אֶת־הַשִּׁירָה הַזֹּאת לַיהוָה，“那时摩西和以色列人向 YHWH 唱这首歌”（Then Moses and the Israelites *sang* this song to YHWH；出 15:1）；וְכֹל שִׂיחַ הַשָּׂדֶה טֶרֶם יִהְיֶה בָאָרֶץ，“【当时】地上还没有野地的植物”（and no plant of the field *was* yet in the earth；创 2:5）。

---

62 Shulman 2001.

理论上讲，这种过去式是圣经希伯来文中正在消失的第三种词 73
形变化。与其他闪语所做的比较显示，几个弱字根的短写形式——尤其是 Hiphil 前缀形式——可以用作真正的过去式，与 אָז，טֶרֶם 和 בְּטֶרֶם 连用在散文中以及不与这些词连用而出现在远古诗体中。

3.3 情态动词（Modals）

除了以字形变化来陈述事实（完成式和未完成式），圣经希伯来文也有三种表达意愿的情态动词：祈愿式（jussive）、鼓励式（cohorative）和命令式（imperative）。这些形式都分别与希伯来文的早期历史有关，因此更多地是因其功能而不是因字形变化而成为一类。这就是说，这些动词被放在一起讨论只是因为它们有类似的用法，而不是因为它们具有与其他动词不同的字形。[63] 这些情态动词一起构成了圣经希伯来文中表达意愿或者意志的多种方式。[64]

3.3.1 祈愿式（Jussive）

读者可能会想起大部分字根的祈愿式和与之相对应的未完成式在字形上并无区别。唯一例外是 Hiphil 字形、中根音为弱字母的动词的 Qal 字形以及末尾为 ה 的字根的所有词干字形。[65]

祈愿式在以第二人称或第三人称作为动作主语的句子中表达说

63 关于祈愿式有独立于未完成式的起源以及后来它们融合的假设，可见 3.2.2 的讨论。

64 Dallaire 2014; Cook 2012, 233-256; Kautzsch 1910, 319-326; Waltke and O'Connor 1990, 564-579; Joüon and Muraoka 2006, 345-350; Bergsträsser 1962, 2: 45-53; Chisholm 1998, 103-107; van der Merwe, Naudé, and Kroeze 1999, 150-153; Williams and Beckman 2007, 78-81.

65 Kautzsch 1910, 130-131; Webster 2009, 123-129; Pratico and Van Pelt 2001, 215-217; Hostetter 2000, 70, 97,140; Seow 1995, 209, 235-236, 279-281; Ross 2001, 150, 211, 261, 277.

话者的渴望、希望和命令，虽然用于第三人称更为常见。[66] 下面的语义范畴有助于对祈愿式做出分类。

(a) **命令**（Command）——在上者以祈愿式对作为主语的下级发出命令：יְהִי אוֹר，“要有光”（*let there be* light；创 1:3）；וְהָעוֹף יִרֶב בָּאָרֶץ，“让雀鸟在这地上增多”（and *let* birds *multiply* on the earth；创 1:22）；שִׁבְעַת יָמִים תּוֹחֵל עַד־בּוֹאִי אֵלֶיךָ，“你要等候七天直到我到你这里”（seven days *you shall wait* until I come to you；撒上 10:8）。

有时，这暗示“允许”：

וְיַעַל לִירוּשָׁלַםִ אֲשֶׁר בִּיהוּדָה וְיִבֶן אֶת־בֵּית יְהוָה אֱלֹהֵי יִשְׂרָאֵל，“让他上犹大的耶路撒冷，让他建造 YHWH——以色列的神——的殿”（*let him go up* to Jerusalem which is in Judah, and *let him rebuild* the house of YHWH, the God of Israel；拉 1:3）；

וּתְהִי אִשָּׁה לְבֶן־אֲדֹנֶיךָ כַּאֲשֶׁר דִּבֶּר יְהוָה，“照 YHWH 所说的，让她成为你主人的儿子的妻子”（and *let her become* the wife of your master's son, as YHWH has spoken；创 24:51）。另有一些时候，更准确地说是一种“邀请”的概念：תְּהִי נָא אָלָה בֵּינוֹתֵינוּ，“让我们之间有个誓言吧”（*let there be* an oath between us；创 26:28）。

(b) **愿望**（Wish）——在下者以祈愿式对作为主语的上级

66 在希伯来文的早期阶段，以短写的前缀词形变化形式来表达意愿可用于三种人称，但在圣经希伯来文中，祈愿式仅仅出现在第三人称和第二人称，虽然第三人称到目前为止最常见（Waltke and O'Connor 1990, 567; Joüon and Muraoka 2006, 127-128, 347-348; Chisholm 1998, 103）。此处所提供的例子大部分是第三人称的。

表达愿望：יְחִי הַמֶּלֶךְ，“愿王万岁”（*long live* the king；撒上 10:24）；וְעַתָּה יֵרֶא פַרְעֹה אִישׁ נָבוֹן וְחָכָם，“现在让法老选择【字面意思：看】一个有见识有智慧的人”（and now *let* Pharaoh *select* [literally: *see*] a man who is discerning and wise；创 41:33）。

面对在上者，说话者可以间接地提及自己，使用表示请求的祈愿式（jussive of request）：וּתְחִי נַפְשִׁי，“愿我的性命被拯救”（and *may* my life *be saved*；创 19:20）。在这种请求中，“仆人”常用来替代第一人称以表达尊敬：וְעַתָּה יֵשֶׁב־נָא עַבְדְּךָ，“现在求你让你的仆人留下”（and now please *let* your servant *remain*；创 44:33）。这类请求通常跟着小品词 נָא：יָשָׁב־נָא עַבְדְּךָ，“求让 75
你的仆人回去”（*let* your servant *return*；撒下 19:38，和合本 19:37）。有时，这用法暗示提供建议：וְיַפְקֵד הַמֶּלֶךְ פְּקִידִים，“愿王指派官员”（and *let* the king *appoint* overseers；斯 2:3）。

当用祈愿式表达希望神采取行动，则表示祷告：יֹסֵף יְהוָה לִי בֵּן אַחֵר，“愿 YHWH 增添我一个儿子”（*may* YHWH *add* to me another son；创 30:24）；יָקֵם יְהוָה אֶת־דְּבָרוֹ，“愿 YHWH 建立他的话”（*may* YHWH *establish* his word; 撒上 1:23）。

(c) 祝福（Benediction）——在上者提及神作为祈愿式的主语，来宣告对第三方的祝福：וִיהִי אֱלֹהִים עִמָּךְ，“愿神与你同在”（*may* God *be* with you；出 18:19）；יְבָרֶכְךָ יְהוָה וְיִשְׁמְרֶךָ，“YHWH 祝福你和保护你”（YHWH *bless you* and *keep you*；民 6:24）；[67]

---

67 若要更多了解亚伦祝福中的六个祈愿式动词（只有两个具有祈愿式的字形），可见 Waltke and O'Connor 1990, 566。

וְעַתָּה יַעַשׂ־יְהוָה עִמָּכֶם חֶסֶד וֶאֱמֶת, “现在愿 YHWH 向你们显明他坚定的慈爱和信实”（now *may* YHWH *show* steadfast love and faithfulness to you；撒下 2:6）。

(d) 禁止（Prohibition）——以 אַל 来表达否定的命令和愿望：[68]
וְאַל־תַּעַשׂ לוֹ מְאוּמָה, “不要对他做任何事”（*do not do* anyting to him；创 22:12）；אַל־נָא תְהִי מְרִיבָה בֵּינִי וּבֵינֶיךָ, “你我之间不要有纷争”（*let there be no* strife between you and me；创 13:8）；אַל־נָא יִחַר לַאדֹנָי, “啊，愿我主不要发怒”（O *may* the Lord *not be angry*；创 18:30）。

3.3.2 命令式（Imperative）

命令式直接以第二人称表达说话者的命令或者指示。有趣的是，你会注意到命令式仅用于表达正面的意愿，从来不用于否定的命令。此外，否定的命令式以未完成式及其前面的 אַל 或 לֹא 来表达；אַל 与
76 未完成式表达暂时的禁止（immediate prohibition；见 4.2.3），לֹא 与未完成式表达永远的禁止（per manent prohibition；见 4.2.11）。

下面的语义范畴有助于对命令式进行分类。

(a) 命令（Command）——说话者诉诸于立即的行动：
לֶךְ־לְךָ מֵאַרְצְךָ, “离开你的国家”（*go forth* from your country；创 12:1）；[69] שׁוּב אֶל־אֶרֶץ אֲבוֹתֶיךָ, “回到你列祖之地”（*return* to the

68 对于少数 לֹא 加祈愿式的用法，很难看出任何特别的意义。见 Kautzsch 1910, 322。

69 注意反身性介词 לְ 与命令式连用是常见的（见 4.1.10）。有些学者称之为介词的向心（centripetal）用法（Muraoka 1978, 495-498; Waltke and O’Connor 1990, 207-208）。

land of your ancestors；创 31:3）；בֹּא־אַתָּה וְכָל־בֵּיתְךָ אֶל־הַתֵּבָה，“你和你的全家要进入方舟”（*go into* the ark, you and all your household；创 7:1）；בֹּא דַבֵּר אֶל־פַּרְעֹה מֶלֶךְ מִצְרָיִם，“进去告诉埃及王法老”（*go*, *speak* to Pharaoh king of Egypt；出 6:11）。即时性不强的行动也可以用命令式，尽管更常见的是采用未完成式：וְכַאֲשֶׁר תִּרְאֵה עֲשֵׂה עִם־עֲבָדֶיךָ，“【那时】按照你所见到的对待你的仆人们”（and *deal [at that time]* with your servants according to what you observe；但 1:13）。那些含有请求或愿望含义的命令式也属于这一类用法：שִׁפְטוּ־נָא בֵּינִי וּבֵין כַּרְמִי，“请在我和我的葡萄园之间做判断”（*judge* between me and my vineyard; 赛 5:3)。与陈述形式所表达的命令（例如，未完成式或非真完成式，可分别查看 3.2.2, d4 和 3.5.2, c）截然不同，这些命令通常被说话者视为紧急且常是一次性的。[70]

(b) 允许（Permission）——说话者允许采取的行动，是接受命令者所希望采取的行动。命令式的这一用法常出现在上文提及实际请求（通常是表达愿望的祈愿式或鼓励式）之后：אֶעֱלֶה־נָּא וְאֶקְבְּרָה אֶת־אָבִי...עֲלֵה וּקְבֹר אֶת־אָבִיךָ，“让我上去埋葬我的父亲……上去埋葬你的父亲吧”（let me go up and bury my father... *go up* and *bury* your father；创 50:5-6）； 77
אֵלְכָה נָּא...לֵךְ לְשָׁלוֹם，“请容许我回去……平平安安地去吧”(please let me go back... *go* in peace；出 4:18）。

70 更多有关命令式和由陈述形式所表达的命令之间更为细微的区别，可见 Shulman 2001。

(c) 应许（Promise）——说话者确保命令接受者将在未来采取行动，尽管这行动本身通常超出了命令接受者的能力：[71]

עֲלֵה רָמֹת גִּלְעָד וְהַצְלַח, “上基列的拉末去<u>得胜</u>”（go up to Ramoth-Gilead and <u>*triumph*</u>；王上 22:12）；

וּבַשָּׁנָה הַשְּׁלִישִׁית זִרְעוּ וְקִצְרוּ וְנִטְעוּ כְרָמִים וְאִכְלוּ פִּרְיָם, “在第三年，<u>要耕种</u>、<u>收割</u>、<u>种植</u>葡萄园，而且<u>要吃</u>其中的果子”（and in the third year <u>*sow*</u>, <u>*reap*</u>, <u>*plant*</u> vineyards, and <u>*eat*</u> their fruit；赛 37:30）。

所有衍生词干的命令式，其长写形式可能都是由后缀 ָה-（-â）组成，这导致某些其他元音变化（Qal 词干强动词 קָטְלָה 或 קִטְלָה）。这通常被认为是写作风格或强调用法，但有人主张与命令式的常规形式在含义上并无明显区别。[72] 还有人认为当动词动作指向说话者时，可能会采用这一形式。[73] 很可能这种长形式相当于英语的“请求”（please），在下级对上级的称呼中常出现（也有例外）。[74]

同样地，小品词 נָא־ 通常会加在三种意愿情态动词（volitive modals，命令式、祈愿式和鼓励式）之后，有时似乎添加与否在意思上没有明显区别，这导致对该小品词含义的不同看法。一些作者注意到该词的逻辑内涵，认为被该词修饰的动词所表达的愿望是前
78 面所述声明或情况的逻辑结果。[75] 然而，长期以来（与拉比时代一

71 见 Waltke 和 O'Connor 对“异质性”（heterosis）的讨论，在这种用法中，一种语法形式与另一种语法形式发生交换。所以在原本预期采用“现在-将来未完成式”之处采用命令式，使应许更加被强调（1990, 572）。

72 Joüon 提出这纯粹是出于谐音效果（euphonic）（2006, 132, 349）。

73 Fassberg 1999, 7-13.

74 Kaufman 1991; Dallaire 2014, 88.

75 Lambdin 1971a, 170-171，Waltke and O'Connor 跟随此看法，见 Waltke and O'Connor, 1990, 578。

样久远)的假设认为小品词נָא־与意愿动词连用增加了“请求”的含义，这一假设可能是正确的。在大多数语境中，“请求”的意思是吻合上下文的；而在社会地位较低的人对上级讲话的语境中，它带有礼貌或服从的意思。[76]

3.3.3 鼓励式（Cohortative）

鼓励式[77]表达说话者的渴望、愿望或者命令，以第一人称作为动词的主语。一般而言，鼓励式表达某人对于行动或者处境的个人兴趣，通常带有“我认为……是个好主意”的意思。[78]下述语义范畴有助于对鼓励式的用法做出分类。

(a) **决心做某事（Resolve）**——说话者表达自己下决心在能力范围以内采取行动：אֵרֲדָה־נָּא וְאֶרְאֶה，“我一定要下去看看”（*I must go down* and see；创 18:21）；אָגִילָה וְאֶשְׂמְחָה בְּחַסְדֶּךָ，“我要因你的坚爱而欢然快乐”（*I will exult and rejoice* in your steadfast love；诗 31:8，和合本 31:7）；אָשִׁירָה נָּא לִידִידִי，“现在让我来为我所爱的唱歌”（*let me sing* now for my beloved；赛 5:1）；אֲדַבְּרָה בְּמַר נַפְשִׁי，“在心灵痛苦中我要说话”（*I will speak* in the bitterness of my soul；伯 10:1）；אָשִׁירָה וַאֲזַמְּרָה לַיהוָה，“我要向 YHWH 弹琴歌唱”（*I will sing and I will make melody*

76 我们说“在大多数语境中”是因为鼓励式是否带字尾נָא־，其含义似乎并无改变；Kaufman 1991, 198。也见于 Dallaire 2014, 88。Joüon and Muraoka 称此具有“微弱的请求含义”，在“请求”（please）之外，也大约相当于英语中的“我求（你）”（I beg [you]）或“求你可怜”（For a pity's sake!）的意思。Joüon and Muraoka 2006, 322-323.

77 关于将其称为“第一人称祈愿式”（first-person jussive）而不是鼓励式，见 Cook 2012, 237-241；Cook and Holmstedt 2013, 109。

78 Kaufman 1991, 198. 关于鼓励式多种用法分类方面的困难，见 Cook 2012, 241-243。

to YHWH；诗 27:6）。[79]

79 **(b) 愿望（Wish）**——说话者表示希望别人同意他采取某种行动：אֶעְבְּרָה בְאַרְצֶךָ，“【求你】让我从你的地经过”（*let me pass through* your land；申 2:27）；
אֵלְכָה נָּא וְאָשׁוּבָה אֶל־אַחַי אֲשֶׁר־בְּמִצְרַיִם，“【求你】让我回去，让我回到埃及的弟兄们那里”（*let me go back*, *let me return* to my kindred in Egypt；出 4:18）；אֶעְבְּרָה־נָּא וְאָסִירָה אֶת־רֹאשׁוֹ，“【求你】让我过去取下他的头”（*let me go over* and *take off* his head；撒下 16:9）；אֵלְכָה־נָּא הַשָּׂדֶה וַאֲלַקֳטָה בַשִּׁבֳּלִים，“【求你】让我去田里收集麦穗”（*let me go* to the field and *let me glean* among the ears of grain；得 2:2）。

有时，能否获得同意似乎难以确定，或者所说之事超出说话者的能力范围：אָנָּה יְהוָה אַל־נָא נֹאבְדָה בְּנֶפֶשׁ הָאִישׁ הַזֶּה，“YHWH 啊，愿我们不因这人的性命灭亡”（please, O YHWH, *do not let us perish* on account of this man's life；拿 1:14）；
עַל־מִי אֲדַבְּרָה וְאָעִידָה，“我要向谁说、警告谁呢？”（to whom *shall I speak and give warning*；耶 6:10）。

(c) 鼓励（Exhortation）——复数形式，彼此鼓励来采取行动或者在行动中互相帮助：הָבָה נִלְבְּנָה לְבֵנִים，“来吧，让我们做砖”（come, *let us make bricks*；创 11:3）；נְנַתְּקָה אֶת־מוֹסְרוֹתֵימוֹ，“让

---

79 此处为Ⅲ-ה 动词，其未完成式和鼓励式在形式上并无区别：נַעֲשֶׂה אָדָם בְּצַלְמֵנוּ，“让我们按照我们的形象造人”（*let us make* humankind in our image；创 1:26，比较创 2:18 和其他经文）。见 Kautzsch 1910, 210。

我们挣断他们的束缚”（*let us burst* their bonds asunder; 诗 2:3）；
וְנַחְשְׁבָה עַל־יִרְמְיָהוּ מַחֲשָׁבוֹת, “让我们设想计谋对付耶利米”（and *let us devise* plans against Jeremiah；耶 18:18）。

3.4 非限定性动词（Nonfinites）

希伯来文非限定性动词不受式态（*Aspekt*）影响，也就是说，它们不将动作视为未定义的或者进程中的（像完成式和未完成式的字形变化那样；见 3.2）。此外，两种希伯来文不定式都没有人称、性别或者数的标记。[80] 分词也不区分人称，但是有性和数的区别。缺少特定的变化形式，令这些非限定动词的用法比有变化形式的限定性动词和情态动词较少限制。

非限定性动词以动词字根为基础，但用法上介于动词和名词之
间。不定式是“动词性的名词”，显示出不定式的某些用法与名词 80
的用法类似，某些用法与动词类似。分词是“动词性的形容词”，
在形式上像名词具有性别和数之分，功能上像形容词。

3.4.1 附属不定式（Infinitive Construct）

附属不定式[81] 的用法最接近其他语言中不定式的用法。[82] 它既不受时间限制，也不受人称影响，意味着只有透过上下文才能确定动作的时间 / 式态特征和动作的主语。[83] 附属不定式的用法非常广泛

80 希伯来文并不是西北闪语系中唯一有两个不定式的语言（Harris 1939, 41; Garr 1985, 183-184）。

81 关于仅仅称为“不定式”（Infinitive）而不是“附属不定式”，见 Cook and Holmstedt 2013, 74。

82 Blau 1976, 47; Bergsträsser 1983, 56; Joüon and Muraoka 2006, 401.

83 Joüon and Muraoka 2006, 408-409.

和灵活，多数出现在与另一个动词的关系中。因为可以被介词支配，也可以带人称词尾，故常作为名词使用。其否定形式不是用 אַל 或 לֹא，而是用 בִּלְתִּי(לְ)。

理论上，附属不定式本身并无语义功能：“不定式的功能既可指它在子句中承担的句法功能，也可以指它与限定性动词之间的语义关系。”[84] 下述语义范畴有助于对附属不定式进行分类。[85]

(a) **名词性用法（Nominal）**——用作名词或者代替名词。因此，附属不定式可以用作主格、所有格或者宾格。[86]

81 (a.1) 附属不定式**用作主格**的例子：עֲנוֹשׁ לַצַּדִּיק לֹא־טוֹב，“强征罚款于无辜的人是不好的”（*to impose a fine* on the innocent is not good；箴 17:26）；

טוֹב שֶׁבֶת בְּאֶרֶץ־מִדְבָּר מֵאֵשֶׁת מִדְיָנִים וָכָעַס，“住在旷野比与争吵易怒的妻子同住更好”（it is better *to live* in a desert land than with a contentious and fretful wife；箴言 21:19 *Qere*）；

טוֹב תִּתִּי אֹתָהּ לָךְ，“我把她给你是好的”（it is good that *I give* her to you；创 29:19）。

(a.2) 附属不定式**用作所有格**的例子：עֵת סְפוֹד וְעֵת רְקוֹד，“哀恸的时候和跳舞的时候”（a time *of mourning* and a time *of dancing*；传 3:4）；בְּיוֹם אֲכָלְךָ מִמֶּנּוּ מוֹת תָּמוּת，“你吃的日子必

84 van der Merwe, Naudé, and Kroeze 1999, 154.

85 Kautzsch 1910, 347-352; Waltke and O'Connor 1990, 598-611; Joüon and Muraoka 2006, 401-409; Meyer 1992, 399-403; Lambdin 1971a, 128-129; Bergsträsser 1962, 2:53-60; Chisholm 1998, 77-78; van der Merwe, Naudé, and Kroeze 1999, 153-157; Williams and Beckman 2007, 81-84. 关于希伯来文刻文中的附属不定式，可见 Gogel 1998, 270-271。

86 名词用法的附属不定式可以与介词 לְ 连用以承担这些功能。

定死”（in the day *when you eat* [literally: *of your eating*] from it , you shall surely die; 创 2:17）; לֹא־עֵת הֵאָסֵף הַמִּקְנֶה, “不是牲畜聚集的时候”（it is not time for the cattle *to be gathered together* [literally:time *of being gathered together*]; 创 29:7）。这类用法也包括附属不定式多次出现在介词之后的情况（见 3.4.1, b-d, f, g）。

(a.3) 附属不定式**用作宾格**的例子: לֹא אֵדַע צֵאת וָבֹא, “我不知道怎样出入”（I do not know how *to go out or to come in*; 王上 3:7）; זְכֹר עָמְדִי לְפָנֶיךָ, “纪念我如何站立在你面前【字面意思: 我在你面前的站立】”（remember how *I stood* before you [literally: *my standing* before you]; 耶 18:20）。正如名词可用作副词性宾格（adverbial accusatives; 见 2.3.2），当附属不定式跟着一个限定性动词（通常是 Hiphil 或者 Piel 出自名词的动词），也可以承担副词的作用。这种情况下，附属不定式在英文译文中承担主要动词的作用: וַתָּרַע לַעֲשׂוֹת, “你做了恶事”（you *have done* evil; 王上 14:9）; מַדּוּעַ מִהַרְתֶּן בֹּא הַיּוֹם, “为什么你们今天来得这么快呢?”（why have you *come back* so soon today; 出 2:18）。

很多动词需要附属不定式来补充说明其含义，类似于附属不定式的宾格用法。因此，附属不定式可以作为**动词的补充成分**（verbal complement）: לֹא יוּכַל לִרְאוֹת, “他不能看”（he is not able *to see*; 创 48:10）; לֹא־יֹאבֶה יְהוָה סְלֹחַ לוֹ, “YHWH 必不愿意赦免他”（YHWH will not be willing *to pardon* him; 申 29:19）。最常见的需要不定式来补充说明的动词包括 ידע（以及其他表示观察和感知的动词）、חלל（Hiphil, 开始）、יסף（Hiphil, 继续）、בקשׁ（Piel, 寻找）、חדל（停止）、יכל（能够）、מאן（拒绝）、נתן（允许） 82

以及 אבה（愿意）。[87]

(b) 时间用法（Temporal）——借着限定动词与附属不定式的动作之间的关系来界定限定动词的动作。介词与表达时间的附属不定式配搭可以有多种用法来表示时间上的特定时刻。附属不定式与介词连用的结构尤其经常出现在 וַיְהִי 结构（见 3.5.1），而不常出现在 וְהָיָה 结构（见 3.5.2）。[88]

(b.1) 介词 בְּ 加附属不定式（见 4.1.5, b），表示不定式和限定动词的动作是**同时的**（simultaneous），可以翻译为“当……时”（as, when, while）：

בְּשׁוּב דָּוִד מֵהַכּוֹת אֶת־הַפְּלִשְׁתִּי וַתֵּצֶאנָה הַנָּשִׁים מִכָּל־עָרֵי יִשְׂרָאֵל, “当大卫杀了那非利士人回来的时候，妇女们从以色列各城里出来”（*when* David *returned* from killing the Philistine, the women came out of all the towns of Israel；撒上 18:6）；

בַּיּוֹם הַהוּא **בְּשֶׁבֶת** עַמִּי יִשְׂרָאֵל לָבֶטַח, “当我的百姓以色列安然居住的日子”（on that day *when* my people Israel *are dwelling* securely；结 38:14）。

(b.2) 介词 כְּ 加附属不定式（见 4.1.9, c），表示不定式的动作在限定动词的动作之前立即发生，可以翻译为，“当……时，就”或“一……就”（the moment when, as soon as）：

וַיְהִי **כְּבוֹא** אַבְרָם מִצְרָיְמָה וַיִּרְאוּ הַמִּצְרִים אֶת־הָאִשָּׁה כִּי־יָפָה הִוא מְאֹד, “亚伯兰一进入埃及，埃及人就看到这妇人非常美貌”（*As soon as*

---

87 van der Merwe, Naudé, and Kroeze 1999, 154，以及 Waltke and O'Connor 1990, 602。

88 Kautzsch 1910, 347-348; Ber 2008. 此处所讨论介词之外的其他几个介词，可见 Waltke and O'Connor 1990, 604-605。

Abram *entered* Egypt, the Egyptians saw that the woman was very beautiful；创 12:14）；

כִּשְׁמֹעַ עֵשָׂו אֶת־דִּבְרֵי אָבִיו וַיִּצְעַק צְעָקָה גְּדֹלָה וּמָרָה עַד־מְאֹד, “当以扫听到他父亲的话，就发出极其痛苦的嚎啕大哭”（*When* Esau *heard* his father’s words, he cried out with an exceedingly great and bitter cry；创 27:34）。与 בְּ 的用法类似，כְּ 也可以用来指同步的动作：

וַיְהִי כִרְאוֹת הַמֶּלֶךְ אֶת־אֶסְתֵּר הַמַּלְכָּה עֹמֶדֶת בֶּחָצֵר נָשְׂאָה חֵן בְּעֵינָיו, “当王看到王后以斯帖站在院内时，她就在王眼前蒙恩”（*The moment* the king *saw* Queen Esther standing in the court, she obtained favor in his sight; 斯 5:2）; וְהִיא כְפָרְחָה עָלְתָה נִצָּהּ, “它 83
一发芽的时候花就开了”（*As soon as it budded*, its blossoms came out；创 40:10，见 *BHS* 文本鉴别栏异文）。

(b.3) 介词 עַד 加附属不定式（见 4.1.15, b）表示限定动词的动作发生在附属不定式的动作发生之前，可以翻译为“直到”：

לֹא אוּכַל לַעֲשׂוֹת דָּבָר עַד־בֹּאֲךָ שָׁמָּה, “直到你到达那里我什么都不能做”（I can do nothing *until you arrive* there；创 19:22）；

בְּזֵעַת אַפֶּיךָ תֹּאכַל לֶחֶם עַד שׁוּבְךָ אֶל־הָאֲדָמָה, “你必汗流满面才得饭吃，直到你归回尘土”（By the sweat of your face you shall eat bread *until you return* to the ground；创 3:19）；

וַיֵּאָבֵק אִישׁ עִמּוֹ עַד עֲלוֹת הַשָּׁחַר, “一个人来和他摔跤，直到黎明到来”（and a man wrestled with him *until* daybreak [literally: *until the coming up of* the dawn]；创 32:25）。

(b.4) 介词 אַחֲרֵי 加附属不定式（见 4.1.1, b）表示限定动词的动作接续附属不定式的动作而发生，可以翻译为：“在……之后”(after)：

וַיִּמָּלֵא שִׁבְעַת יָמִים אַחֲרֵי הַכּוֹת־יְהוָה אֶת־הַיְאֹר,"在 YHWH 击打尼罗河之后，七天过去了。" （seven days passed *after* YHWH *had struck* the Nile; 出 7:25）; וַיְהִי אַחֲרֵי הַסִבָּם* אֹתוֹ וַתְּהִי יַד־יְהוָה בָּעִיר, "他们把它带过去之后，YHWH 的手攻击那城"（after *they brought* it *around* [that is, the ark of the covenant to Gath], the hand of YHWH was against the city；撒上 5:9，修订）。

(c) **目的用法**（**Purpose**）——表达限定动词发生的原因（最常见的是与 לְ 连用；见 4.1.10, d）：
וַיָּבֵא אֶל־הָאָדָם לִרְאוֹת מַה־יִּקְרָא־לוֹ, "他【YHWH】带【它们】到那人面前，为了看看他会叫它们什么"（and he [YHWH] brought [them] to the man *in order to see* what he would call them；创 2:19）；אֲנִי יְהוָה אֲשֶׁר הוֹצֵאתִיךָ מֵאוּר כַּשְׂדִּים לָתֶת לְךָ אֶת־הָאָרֶץ הַזֹּאת, "我是 YHWH，曾把你从迦勒底的吾珥领出来，为要赐给你这地"（I am YHWH who brought you out from Ur of the Chaldeans *in order to give* to you this land；创 15:7）；הוּא יֹצֵא לִקְרָאתֶךָ, "他正出来要迎接你"（he is coming out *in order to meet you*；出 4:14）。除了介词 לְ, 表**目的**的附属不定式也经常与 לְמַעַן（见 4.1.11, a）和 בַּעֲבוּר 一起出现（Williams and Beckman 2007, 83, 135）。

(d) **结果用法**（**Result**）——表达限定动词动作的后果或者结果。这种用法的附属不定式通常与 לְ 一起出现，可以翻译为"因此、以至、
84 所以"（and so, so as, so that）：

---

* 若采用 *BHS* 中的字形 הֵסַבּוּ，则可理解为 Hiphil, pf,3cpl。见 *DCH*: 196, 1a(3)。——译者注

וַיִּתְמַכְּרוּ לַעֲשׂוֹת הָרַע בְּעֵינֵי יְהוָה לְהַכְעִיסוֹ, "他们出卖自己去做YHWH眼中看为恶的事，所以激怒了他"（and they sold themselves to do evil in the sight of YHWH, *so provoking him to anger*；王下 17:17）；מַדּוּעַ מָצָאתִי חֵן בְּעֵינֶיךָ לְהַכִּירֵנִי, "为什么我在你眼前蒙恩，以至于【你】注意我呢？"（why have I found favor in your sight *so that [you] took notice of me*；得 2:10）；וַיְגָרֶשׁ שְׁלֹמֹה אֶת־אֶבְיָתָר מִהְיוֹת כֹּהֵן לַיהוָה לְמַלֵּא אֶת־דְּבַר יְהוָה, "所罗门废弃亚比亚他作耶和华的祭司，因此应验了YHWH的话"（and Solomon banished Abiathar from being priest to YHWH, *so fulfilling* the word of YHWH；王上 2:27）；בְּךָ בָּחַר יְהוָה אֱלֹהֶיךָ לִהְיוֹת לוֹ לְעַם סְגֻלָּה, "YHWH你的神拣选了你，所以【你】成为他特别的子民"（YHWH your God chose you *and so [you] became* his special people；申 7:6）。目的和结果之间的区别并不总是很清晰，但一般而言结果强调了连续或者进展的概念（Joüon的"连续性"（consecution）[Joüon and Muraoka 2006, 405]）。除了 לְ，附属不定式也与 לְמַעַן 一起出现。[89]

(e) **义务用法（Obligation）**——当用于无动词子句，表示承担必要的责任或者义务：[90] וְעָלַי לָתֶת לְךָ עֲשָׂרָה כֶסֶף וַחֲגֹרָה אֶחָת, "我就得要给你十舍客勒银子和一条带子了"（and I *would have had to give* you ten shekels of silver and a belt；撒下 18:11）。附属不定式的这种用法通常会带否定小品词，有时否定的义务变成禁止：

---

89 Williams and Beckman 2007, 83.

90 附属不定式的其他情态用法也可能出现在无动词的子句中，见 Waltke and O'Connor 1990, 609-610。

הֲלוֹא לָכֶם לָדַעַת אֶת־הַמִּשְׁפָּט, “你们不是应该知道公平吗？”（is it not for you *to know* justice；弥 3:1）；
אֵין לָבוֹא אֶל־שַׁעַר הַמֶּלֶךְ בִּלְבוּשׁ שָׂק, “穿麻衣的不允许进入王的门”（no one *was permitted to enter* the king’s gate clothed with sackcloth；斯 4:2）。

(f) 表达即将发生（Imminence）——在无动词的句子中，介词 לְ 加附属不定式表达预期的动作即将发生: יְהוָה לְהוֹשִׁיעֵנִי, “YHWH 很快就会拯救我”（YHWH *will soon save me*；赛 38:20）；וּבְרִיתוֹ לְהוֹדִיעָם, “他【YHWH】即将使他们认识他的约”（and he [YHWH] is *about to make known* his covenant *to them*；诗 25:14）；וְכַלָּתוֹ אֵשֶׁת־פִּינְחָס הָרָה לָלַת, “他【以利】的儿媳，非尼哈的妻子怀孕了，即将生产”（and his [Eli’s] daughter-in-law, the wife of Phinehas, was pregnant, *about to give birth*；撒
85 上 4:19）。过去时态的叙述中，对于即将发生的动作，这一结构会加上 הָיָה：וַיְהִי כַּאֲשֶׁר הִקְרִיב לָבוֹא מִצְרָיְמָה, “当他快要进入埃及的时候”（when he was *about to enter* Egypt；创 12:11）；וַיְהִי הַשֶּׁמֶשׁ לָבוֹא, “太阳快落的时候”（and as the sun was *at the point of setting*；创 15:12）；וַיְהִי הַשַּׁעַר לִסְגּוֹר בַּחֹשֶׁךְ, “黑暗中城门快要关了”（and the gate was *about to be shut* at dark；书 2:5）。

(g) 详细说明（Specification）——在动词后用介词 לְ 加附属不定式来进一步澄清或者解释前面这个动作，否则该动作会阐述得较为笼统或者含糊。用作详细说明的附属不定式需要翻译为：借着……

(by X-ing)：[91] וְאַתֶּם מוֹסִיפִים חָרוֹן עַל־יִשְׂרָאֵל לְחַלֵּל אֶת־הַשַּׁבָּת, “现在你们正借着亵渎安息日而增加对以色列的愤怒”（and you are adding to the wrath on Israel *by profaning* the sabbath；尼 13:18）；הָלַךְ אַחֲרַי בְּכָל־לְבָבוֹ לַעֲשׂוֹת רַק הַיָּשָׁר בְּעֵינָי, “他全心跟随我，借着只做我眼中看为正确的事”（he followed me with all his heart, *by doing* only that which was right in my sight；王上 14:8）。动词 שָׁמַר 之后常出现用作详细说明的附属不定式 לַעֲשׂוֹת 和 לָלֶכֶת: וְשָׁמְרוּ בְנֵי־יִשְׂרָאֵל אֶת־הַשַּׁבָּת לַעֲשׂוֹת אֶת־הַשַּׁבָּת לְדֹרֹתָם בְּרִית עוֹלָם, “以色列人要持守安息日作为永远的约，借着世世代代遵守安息日【来持守安息日】”（and the Israelites shall keep the sabbath, *by observing* the sabbath throughout their generations, as a perpetual covenant；出 31:16）；וְשָׁמַרְתָּ אֶת־מִשְׁמֶרֶת יְהוָה אֱלֹהֶיךָ לָלֶכֶת בִּדְרָכָיו, “你必须持守 YHWH 你神的要求，借着遵行他的道”（and you must keep the charge of YHWH your God, *by walking* in his ways；王上 2:3）。

几乎处处可见的 לֵאמֹר（אמר 的 Qal 词干附属不定式）就属于这类用法，该词常用于标示出直接引语，频繁地出现在标示说话或者思考的动词之后：[92] וַיְדַבֵּר אֱלֹהִים אֶל־נֹחַ לֵאמֹר, “神对挪亚说话，说：……”（and God spoke to Noah, *by saying*；创 8:15）；וַיְבָרֶךְ אֹתָם אֱלֹהִים לֵאמֹר, “神赐福给他们，说：……”（and God blessed them, *by saying*；创 1:22）。这是标记直接引语的

91 也被称为解释性（epexegetical）、动名词式（gerundive）、说明性（explanatory）附属不定式（Waltke and O'Connor 1990, 608-609; Joüon and Muraoka 2006, 407-408; Kautzsch 1910, 351; Williams and Beckman 2007, 82）。

92 有许多动词与 לֵאמֹר 连用。关于该词作为“补充成分引导明显的直接引语”，见 Miller 1996, 163-212。

典型模式。

86 3.4.2 独立不定式（Infinitive Absolute）

独立不定式[93]也不受时间和人称影响，意味着只有透过上下文才能确定动作的时间 / 式态特征和动作本身的主语。这是由于独立不定式和附属不定式一样没有词形变化。与附属不定式相反，独立不定式不带介词和人称词尾。虽然这两种希伯来文不定式在形式上类似，但显然有截然不同的起源和历史。[94]

下述语义范畴有助于独立不定式的分类。[95]

(a) **名词用法（Nominal）**——用作名词或代替名词。因此，独立不定式可以用作主格、所有格和宾格。

(a.1) 独立不定式用作**主格**：וְקָרוֹב לִשְׁמֹעַ מִתֵּת הַכְּסִילִים זָבַח，“近前倾听好过愚昧人献祭”（and *to draw near* to listen is better than the sacrifice offered by fools；传 4:17，和合本 5:1）；וְגַם־הֵיטֵיב אֵין אוֹתָם，“而且善事也不在他们中间”（and also *well-doing* is not in them；耶 10:5）；הַכֵּר־פָּנִים לֹא־טוֹב，“表现出偏袒是不好的”（*to show partiality* is not good；箴 28:21）。

---

93 关于称为“副词性不定式”（Adverbial Infinitive）而不是“独立不定式”，见 Cook and Holmstedt 2013, 77。

94 Bergsträsser 1962, 2: 61; Waltke and O’Connor 1990, 581-582.

95 Kautzsch 1910, 339-347; Waltke and O’Connor 1990, 580-597; Joüon and Muraoka 2006, 390-401; Meyer 1992, 403-407; Lambdin 1971a, 158-159; Bergsträsser 1962, 2:61-67; Chisholm 1998, 76-77; van der Merwe, Naudé, and Kroeze 1999, 157-162; Williams and Beckman 2007, 84-87. 关于在情态动词的特征以及相对应的动词形式所处语境方面的细致分析，见 Callaham 2010。关于希伯来文刻文中的独立不定式，见 Gogel 1998, 271。

（a.2）独立不定式用作**所有格**的例子：[96] וּבְרוּחַ בָּעֵר，“借着焚烧的灵”（and by the spirit *of burning*；赛 4:4）；מִדֶּרֶךְ הַשְׂכֵּל， 87
“从智慧的道路”（from the way *of understanding*；箴 21:16）。在极少数情况下，独立不定式可能出现在介词后面。[97]

（a.3）独立不定式用作**直接宾格**的例子：חֶמְאָה וּדְבַשׁ יֹאכֵל לְדַעְתּוֹ מָאוֹס בָּרָע וּבָחוֹר בַּטּוֹב，“到他知道拒绝罪恶和选择良善的时候，他必吃奶油和蜂蜜”（he shall eat curds and honey by the time he knows *to refuse* the evil and *to choose* the good；赛 7:15）；לִמְדוּ הֵיטֵב，“学习行善”（learn *to do good*；赛 1:17）；לֹא יֶאֱהַב־לֵץ הוֹכֵחַ לוֹ，“好嘲笑人的不喜欢受责备【字面意思：责备自己】”（a scoffer does not love *to be rebuked* [literally: *to reprove himself*]；箴 15:12）。

（b）**强调用法（Emphatic）**——当与同字根的限定动词连用时，独立不定式用来强调动词动作的真实性和可信性。[98]

（b.1）独立不定式最常见的其中一种用法是通常在同字根的限定动词之前，最好翻译为“当然”“必然”“确实地”“绝对地”等副词：וְאַבְרָהָם הָיוֹ יִהְיֶה לְגוֹי גָּדוֹל，“亚伯拉罕必将成为大国”

---

96 用作所有格的例子很少，而且可能有不同的解释。见 Meyer 1992, 404 和 Williams and Beckman 2007, 86。

97 Williams and Beckman 2007, 86; Kautzsch 1910, 340.

98 透过使用同一字根，强调性的独立不定式成为双关（paronomastic）用法，也就是说，这种用法使用文字游戏来达到强调作用。早期的语法学家认为这种用法是“内在宾格”（internal accusative）或“内在宾语的宾格”（accusative of internal object）(Joüon and Muraoka 2006, 391-392）。但是与乌加列语之间的比较证据显示，独立不定式的这种用法是其主格用法的一种延伸，因此是“同位语主格”（Meyer 1992, 405）或可导致所谓“加强不定式”（intensifying infinitive）的独立补语（Waltke and O'Connor 1990, 584-588）。

（and Abraham *will surely* become a great nation；创 18:18）；הָעֵד הֵעִד בָּנוּ הָאִישׁ，“那人严肃地警告我们”（the man *solemnly* warned us；创 43:3）；הַגִּלְגָּל גָּלֹה יִגְלֶה，“吉甲必定被掳”（Gilgal *will certainly* go into exile；摩 5:5）；הִשָּׁמֵד תִּשָּׁמֵדוּן，“你们必被完全消灭”（you will be *utterly* destroyed；申 4:26）；וְנַקֵּה לֹא יְנַקֶּה יְהוָה，“YHWH 绝不会让有罪的免受惩罚”（YHWH will *by no means* leave the guilty unpunished；鸿 1:3）。独立不定式的这一用法可强调动词动作的彻底：אַבֵּד תְּאַבְּדוּן אֶת־כָּל־הַמְּקֹמוֹת אֲשֶׁר עָבְדוּ־שָׁם הַגּוֹיִם...אֶת־אֱלֹהֵיהֶם，“你必须完全拆毁列国服侍他们神的所有地方”（*You must demolish*
88 *completely* all the places where the nations...served their gods；申 12:2）。有时小品词 אַךְ（见 4.2.2, b）用于额外强调：אַךְ טָרֹף טֹרָף，“他必是被撕碎了”（he has *surely* been torn to pieces；创 44:28）。[99]

(b.2) 有时用作强调的独立不定式会跟在同字根的限定动词之后：יֵצֵא יָצוֹא，“他必会出来”（he will *surely* come out；王下 5:11）。有时这种后置似乎意味着动作的持续或者反复：לַשָּׁוְא צָרַף צָרוֹף，“炼而又炼终是徒然”（in vain the refining *goes on*；耶 6:29）；אֹמְרִים אָמוֹר，“他们一直说”（they *keep on* saying；耶 23:17）；וַיִּשְׁפֹּט שָׁפוֹט，“他总是作审判官”（and he *constantly* acted as a judge；创 19:9）。然而，尽管一些语法学家仍然接受后置（postpositive）独立不定式具有这种时间延续的意义，但是

---

99 独立不定式的强调用法也用于加强对比、期望得到否定回答的愤怒发问以及条件子句。可见 Kautzsch 1910, 343; Joüon and Muraoka 2006, 393; Waltke and O'Connor 1990, 587; van der Merwe, Naudé, and Kroeze 1999, 159。

另有一些语法学家却怀疑其有效性。[100] Lambdin 暗示后置独立不定式更常出现在不及物词根之后。[101]

当强调用法的独立不定式跟在同字根的限定动词之后，它可能与第二个独立不定词相互配搭用来表达同时发生的（Simultaneous）动作或者持续的动作：וַיֵּצֵא יָצוֹא וָשׁוֹב，“它【乌鸦】一直飞来飞去”（and it [the raven] *kept flying back and forth*；创 8:7）；וְהַמְאַסֵּף הֹלֵךְ אַחֲרֵי אֲרוֹן יְהוָה הָלוֹךְ וְתָקוֹעַ בַּשּׁוֹפָרוֹת，“后卫跟在 YHWH 的约柜后面，一面走一面不住地吹着角”（the rear guard came after the ark of YHWH, *while they were blowing the trumpets continually*；书 6:13 *Qere*）。[102] 单词 הלך 独立不定式的这种用法，似乎产生了该词的一种很常见的公式化用法：וַיֵּלֶךְ אִתָּהּ אִישָׁהּ הָלוֹךְ וּבָכֹה אַחֲרֶיהָ，“她丈夫与她一起去，他一边哭一边走在她后面”（and her husband went with her, *weeping* 89
as he walked behind her；撒下 3:16）。

(c) **方式用法（Manner）**——描述某一动作或情况得以执行的方式或者与动作相伴随的环境。[103] 该用法的独立不定式修饰的是与自己不同字根的限定动词（因此不是独立不定式的强调用法）。它通常跟在限定动词后面并作为副词来修饰限定动词：רִדְפוּ מַהֵר，“快

---

100 接受这种用法的有 Meyer 1992, 63; Williams and Beckman 2007, 85-86; Horsnell 1999, 73; Chisholm 1998, 77; 怀疑这种用法的有 Waltke and O'Connor 1990, 585; Joüon and Muraoka 2006, 395; Seow 1995, 250-251。

101 Lambdin 1971a, 158.

102 需要注意在这节经文中保留的是独立不定式的 *Qere* 字形，即读的字形（הָלוֹךְ），但是其 *Ketib*，即写的字形，是主动分词（הולך）。

103 可称为副词性补语（adverbial complement）或副词性不定式（Waltke and O'Connor 1990, 588-589）。

快地追赶”（pursue *quickly*；书 2:5）；
וְנָטָה־לוֹ מִחוּץ לַמַּחֲנֶה הַרְחֵק מִן־הַמַּחֲנֶה, “他【摩西】把它【会幕】支搭在营队外面，远离营队”（and he [Moses] pitched it [the tent of meeting] outside the camp, *a good distance* [literally: *far off*] from the camp；出 33:7）；וְשָׁחַקְתָּ מִמֶּנָּה הָדֵק, “你要把一部分【香】捣得极细”（and you shall beat some of it [incense] *very fine*；出 30:36）；
וַיַּעַמְדוּ הַכֹּהֲנִים נֹשְׂאֵי הָאָרוֹן בְּרִית־יְהוָה בֶּחָרָבָה בְּתוֹךְ הַיַּרְדֵּן הָכֵן, “抬 YHWH 约柜的祭司在约旦河中间的干地上稳稳地站住”（and the priests who carried the ark of the covenant of YHWH stood *firm* on dry ground in the middle of the Jordan；书 3:17）。

某些 Hiphil 词干和 Piel 词干独立不定式的这种用法非常频繁，以至于被视作副词：אַחְאָב עָבַד אֶת־הַבַּעַל מְעָט יֵהוּא יַעַבְדֶנּוּ הַרְבֵּה, “亚哈侍奉巴力较少；耶户将更多地侍奉它”（Ahab served Baal a little; Jehu will serve him *much*；王下 10:18）；
סָרוּ מַהֵר מִן־הַדֶּרֶךְ אֲשֶׁר צִוִּיתִם, “他们很快就偏离了我吩咐他们的道路”（they have *quickly* turned aside from the way I commanded them；出 32:8）；וְדָרַשְׁתָּ וְחָקַרְתָּ וְשָׁאַלְתָּ הֵיטֵב, “你要彻底地调查、探究和考察这事”（you shall investigate, explore, and look into the matter *thoroughly*；申 13:15，和合本 13:14）。最常用作方式的不定式是 הַרְבֵּה（很多）、הֵיטֵב（完全地、彻底地）、הַשְׁכֵּם（早早地）、הַרְחֵק（远远地）、מַהֵר（很快地）。

(d) 替代动词（Verbal substitute）——用作主要动词，可用作

限定动词、情态动词甚至附属不定式：[104] רָגוֹם אֹתוֹ בָאֲבָנִים כָּל־הָעֵדָה, “全会众要用石头打他”（all the congregation *shall stone* him; 民 15:35）；הִמּוֹל לָכֶם כָּל־זָכָר, “你们中间每个男子都要受割礼” 90
（every male among you *shall be circumcised*；创 17:10）；וְנָתוֹן אֹתוֹ עַל כָּל־אֶרֶץ מִצְרָיִם, “他任命他管理埃及全地”（and *he set* him over all the land of Egypt；创 41:43）；זָכוֹר אֶת־יוֹם הַשַּׁבָּת לְקַדְּשׁוֹ, “要纪念安息日，守它为圣”（*remember* the sabbath day, to keep it holy；出 20:8）。

3.4.3 分词（Participle）

分词在形式上像名词（有性和数之分），但其功能像形容词（见 2.5），因此是“动词性的形容词”。[105] 像其他非限定动词一样，分词是“非时间性的”，意味着只有透过上下文才能确定动作的时间 / 式态特征。[106] 通常，主动分词（Qal 主动分词、Piel、Hiphil）意味着持续或正在进行的动作，无论是在过去、现在还是未来。实际上，对时间持续性概念的表达，分词比未完成式更强烈（Joüon and Muraoka 1993, 412）。[107] 被动分词意味着已经完成的动作，通常需要以关系从句和完成式或者过去时动词来翻译（Lambdin

---

104 有人认为独立不定式的这种用法只出现在原本期望连续的 *waw*（waw-consecutive; 见 3.5.1 和 3.5.2）出现之处，而且这种用法与后期希伯来文中连续的 waw 消失有关。见 Rubenstein 1952, 262-267，而且可比较被掳前记述中分词作为主要动词的用法，这部分讨论可见 Smith 1991, 27-33。关于同样用法也存留于第一千年腓尼基语文本中的证据，可见 Garr 1985, 183-184。

105 Cook 2008a.

106 Joüon and Muraoka 2006, 380. 关于分词从圣经希伯来文到拉比希伯来文和现代希伯来文的历史演变，见 Andrason 2013b 和 2014。

107 Joüon and Muraoka 2006, 383. 主动分词所表达的持续性动作或者进行中的动作，可以表示为持续性的线（________），而未完成式的持续性表达的是反复或者多重的动作，可表示为一系列圆点（…）。见 Horsnell 1999, 78。

1971a, 18-19, 158）。在用作谓语形容词的某些用法中，分词再次
91 变得具有时间的意义，也就是说，它可能变成未完成式的替代形式。[108]
分词以 אֵין 来表达否定。

下述语义范畴有助于对分词做出分类。[109]

(a) **定语用法（Attributive）**——赋予一个名词某种属性。类似定语性形容词（见 2.5.1），定语用法的分词与所修饰的名词构成一个词组，在句子中承担一个单独的功能。它与名词并列，通常出现在名词的后面，并且在性、数和限定性上与名词保持一致：
לֵב שֹׁמֵעַ, “一颗倾听的心”（a *listening* heart；王上 3:9）；
וּבִזְרוֹעַ נְטוּיָה, “借着伸出来的膀臂”（and by *an outstretched* arm；申 4:34）；אֹזֶן שֹׁמַעַת, “倾听的耳朵”（a *hearing* ear；箴 15:31）。

通常，分词需要翻译成关系从句（由 who、which 或 that 引导），这种情况下，定语用法的分词通常是限定性的：
מִבְּכוֹר פַּרְעֹה הַיֹּשֵׁב עַל־כִּסְאוֹ, “从坐宝座的法老的长子”（from the firstborn of Pharaoh *who sits* on his throne；出 11:5）；
הַיּוֹם הַבָּא, “那正在到来的日子”（the day *that is coming*；耶 47:4）；הַכֶּסֶף הַמּוּשָׁב, “被归还的金钱”（the money *that was returned*；创 43:12）；לֻחֹת אֶבֶן כְּתֻבִים בְּאֶצְבַּע אֱלֹהִים, “被神用

108 具体而言，在后期希伯来文中，分词单独以现在时态使用，而且在迂回子句中表示频繁发生的动作（Sáenz-Badillos 1993, 129）。

109 Kautzsch 1910, 355-362; Waltke and O'Connor 1990, 612-631; Joüon and Muraoka 2006, 380-389; Meyer 1992, 407-412; Lambdin 1971a, 18-19, 157-158; Bergsträsser 1962, 2:68-74; Horsnell 1999, 78-84; Chisholm 1998, 67-70; van der Merwe, Naudé, and Kroeze 1999, 162-163; Williams and Beckman 2007, 88-90. 关于希伯来文刻文中的分词，见 Gogel 1998, 272-273。

手指书写下来的石板”（tablets of stone, *which were written* by the finger of God；出 31:18）。[110]

定语用法的分词既不区别时间也不区别式态，这两方面都要根据上下文而定。因此，הַצָּבָא הַבָּא 可能指“已经到来的军队”（the army that came）、“正在到来的军队”（the army that is coming）或者“将要到来的军队”（the army that will come）。在历代志下 28:9 的上下文中，只能指“已经到来的军队”，因为上 92
下文是在描述过去的事件。

(b) 谓语用法（Predicate）——对名词性子句（即没有限定动词的子句；见 5.1.1, c）中的名词或者代词做出陈述。就像谓语性形容词（见 2.5.1），谓语性分词与其所修饰的名词在性和数上保持一致，并且总是非限定的。

分词可能在所修饰的名词或代词的前面或者后面：

הַשָּׁמַיִם מְסַפְּרִים כְּבוֹד־אֵל，“诸天正在诉说神的荣耀”（the heavens *are telling* the glory of God；诗 19:2，和合本 19:1）；

בָּרוּךְ אַבְרָם לְאֵל עֶלְיוֹן，“亚伯兰蒙至高神赐福”（*blessed is* Abram by God Most High；创 14:19）。

由于分词具有动词性质，谓语用法的分词可以有主语或者直接宾语，也可以被副词或者介词短语修饰。[111] 分词通常不表示时态，根据上下文可以表示发生在过去、现在或者将来的持续性的或进行中的动作或情况。

---

110 见 Waltke and O'Connor（1990, 621-622）将定语关系（attributive relative）作为子类置于关系性分词（relative participles）之下。

111 分词用作谓语与限定动词的用法类似，以至于一些语法学家从分词中划分出“替代动词”（verbal substitute）或“分词作为动词”（participles as verbs）这个类别（见 Kelley 1992, 200-201; van der Merwe, Naudé, and Kroeze 1999, 162）。

(b.1) 现在时态——表达发生在现在的持续性动作。分词具**持续性**特质，这是分词最为自然的动词性用法。表示现在动作的谓语分词可以代替未完成式：אָנֹכִי בֹּרַחַת，“我正在逃跑”（I *am fleeing*；创 16:8）；לֹא־כֵן אֲנַחְנוּ עֹשִׂים，“我们不是在做正确的事”（we *are* not *doing* what is right；王下 7:9）。[112] 分词可用于表达刚被揭示的普遍真理或者在任何时间都有效的真理：
כִּי יֹדֵעַ אֱלֹהִים，“因为神知道”（for God *knows*；创 3:5）；
דּוֹר הֹלֵךְ וְדוֹר בָּא וְהָאָרֶץ לְעוֹלָם עֹמָדֶת，“一代来了，一代过去，但
93 是地却永远长存”（a generaion *goes* and a generation *comes*, but the earth *remains* forever；传 1:4）。有时，现在时态的谓语分词出现在单词 הִנֵּה 之后来表达即刻正在发生的、需要关注（因此，英文翻译为“看！”[behold]）的动作或者状况：[113]
הִנֵּה פְלִשְׁתִּים נִלְחָמִים בִּקְעִילָה，“看哪！非利士人正攻打基伊拉”（behold the Philistines *are fighting* against Keilah；撒上 23:1）。

(b.2) 过去时态——表达过去时间的持续性动作：
וְנָהָר יֹצֵא מֵעֵדֶן，“一条河正流出伊甸”（and a river *was flowing out* of Eden；创 2:10）；אֲשֶׁר־הוּא עֹשֶׂה יְהוָה מַצְלִיחַ，“无论他【约瑟】在做什么，YHWH 都在使他兴旺【或：无论他做了什么，YHWH 都使他兴旺了】”（whatever he [Joseph] *was doing*, YHWH *was*

---

112 虽然具体的时间仍然唯独取决于上下文，但在米示拿希伯来文中，分词变成了现在时态的限定动词，然而在过去时态和将来时态中，仍然用来表达频繁发生或者反复发生的动作（Segal 1927, 155-157）。

113 在修辞研究中，单词 הִנֵּה 加分词的用法被认为是希伯来叙述者改变视角的一种方式。这似乎在环境子句（circumstantial clause）中尤其常见，在这些子句中叙述者视角转换为角色的视角，以便讲述随着动作展开角色看到的情况（Berlin 1983, 63）。有关 הִנֵּה 作为聚焦小品词（focus particle）吸引读者关注其后所跟随子句的内容，可见 4.5.2 以及 van der Merwe, Naudé, and Kroeze 1999, 328-330。

prospering [or whatever he *did*, YHWH *prospered*]; 创 39:23）; וַאֲדֹנִיָּה בֶן־חַגִּית מִתְנַשֵּׂא, “当时哈及的儿子亚多尼雅正高举自己”（Now Adonijah son of Haggith *was exalting himself* [or, *exalted himself*]; 王上 1:5）; לוֹט יֹשֵׁב בְּשַׁעַר־סְדֹם, “罗得正坐在所多玛的门口”（Lot *was sitting* in the gateway of Sodom; 创 19:1）; סִיחֹן מֶלֶךְ הָאֱמֹרִי אֲשֶׁר יוֹשֵׁב בְּחֶשְׁבּוֹן, “正住在希实本的亚摩利王西宏”（Sihon king of the Amorites, *who was living* at Heshbon; 申 3:2）。

过去时态谓语用法的分词常常出现在 הִנֵּה 之后来表达过去时间里即刻在发生的动作（见前文 b.1）：וְהִנֵּה אֹרְחַת יִשְׁמְעֵאלִים בָּאָה, “看哪！有一队以实玛利人的商队正过来”（behold, a caravan of Ishmaelites *was coming*; 创 37:25）; וְהִנֵּה שְׁלֹשָׁה אֲנָשִׁים נִצָּבִים עָלָיו, “看哪！有三个男人正站在他旁边”（behold, three men *were standing* near him; 创 18:2）; וְהִנֵּה אֲנַחְנוּ מְאַלְּמִים אֲלֻמִּים בְּתוֹךְ הַשָּׂדֶה, “看哪！我们正在田里捆禾捆”（behold, we *were binding* sheaves in the field; 创 37:7）。

一般而言，透过添加动词 היה 以清晰表示过去时间，动词分词的非时间性可以得到清楚说明：וּמֹשֶׁה הָיָה רֹעֶה אֶת־צֹאן יִתְרוֹ חֹתְנוֹ, “【那时】摩西正在牧养他岳父叶忒罗的羊群”（and Moses *was pasturing* the flock of Jethro his father-in-law; 出 3:1）; הַבָּקָר הָיוּ חֹרְשׁוֹת,“【那时】牛正在耕地”（the oxen *were plowing*; 伯 1:14）; מַמְרִים הֱיִיתֶם עִם־יְהוָה, “你们一直以来都反叛 YHWH” 94
（you *have been rebellious* against YHWH; 申 9:24）; וָאֱהִי צָם וּמִתְפַּלֵּל לִפְנֵי אֱלֹהֵי הַשָּׁמָיִם, “【那时】我正在天上的神面前禁食和祷告”（and I *was fasting and praying* before the God

of heaven；尼 1:4）。

（b.3）将来时态——表达将来时间的持续性动作：

אָנֹכִי מַמְטִיר עַל־הָאָרֶץ אַרְבָּעִים יוֹם וְאַרְבָּעִים לָיְלָה, “我要降雨在地上四十昼夜”（I *will send rain* upon the earth forty days and forty nights；创 7:4）；לַמּוֹעֵד הַזֶּה כָּעֵת חַיָּה אַתְּ חֹבֶקֶת בֵּן, “在这个时候，在适当的时间，你将怀抱一个儿子”（At this season, in due time, you *shall embrace* a son；王下 4:16 *Qere*）。

最为常见的是，将来时态中分词作为谓语宣告即将发生的动作或者已经在进行的动作：[114] אֲשֶׁר הָאֱלֹהִים עֹשֶׂה הֶרְאָה אֶת־פַּרְעֹה, “神将要做的事，他已经显示给法老了”（that which God *is about to do*, he has shown to Pharaoh；创 41:28）；כִּי־מַשְׁחִתִים אֲנַחְנוּ אֶת־הַמָּקוֹם הַזֶּה, “因为我们快要毁灭这地方了”（for we *are about to destroy* this place；创 19:13）。与现在时态和过去时态中分词作为谓语一样，将来时态中分词由 הִנֵּה 引导作为谓语时，尤其可用于表达即将发生的动作：

וַאֲנִי הִנְנִי מֵבִיא אֶת־הַמַּבּוּל מַיִם עַל־הָאָרֶץ, “而我，甚至我，正把洪水带到地上”（and I, even I, *am bringing* a flood of waters upon the earth；创 6:17）；הִנְּךָ שֹׁכֵב עִם־אֲבֹתֶיךָ, “你快要和你的列祖长眠了”（you *are about to sleep* with your fathers；申 31:16）；הִנְנִי נֹתְנוֹ בְיָדְךָ הַיּוֹם, “看哪！今天我将把他交到你的手里”（look, I *will deliver it* into your hand today；王上 20:13）。与过去时态中分词作为谓语一样，在将来时态中分词与 היה 一起出现以更清楚地表达将来的时间：וְכִסֵּא דָוִד יִהְיֶה נָכוֹן לִפְנֵי יְהוָה עַד־עוֹלָם,

---

114 所宣告即将发生的动作事实上已经开始发生，在旧约先知笔下这是一种有力的文学修辞方式。为了修辞效果，对审判的宣告通常采用这种将来时态的分词谓语。

“大卫的王位将在 YHWH 面前坚立直到永远”（and the throne of David *shall be established* before YHWH forever；王上 2:45）。

（c）**实名词用法（Substantive）**——用作名词，最常带冠词：בִּימֵי שְׁפֹט הַשֹּׁפְטִים，“在士师统治的日子”（In the days when *the judges* ruled；得 1:1）。省略定冠词的情况也不少见：קֹנֵה שָׁמַיִם וָאָרֶץ，“天和地的创造者”（*the maker* of heaven and earth；创 14:19）；הוֹי בֹּנֶה בֵיתוֹ בְּלֹא־צֶדֶק，“凭不公建造自己房屋的人有祸了”（woe to *the one who builds* his house without 95
righteousness；耶 22:13）。尤其在诗体中定冠词可能出现也可能不出现：וְהָלְכוּ גְּאוּלִים，“但是被赎回的人将【在那里】行走”（but *redeemed people* shall walk [there]；赛 35:9）。分词用作实名词，可承担名词的所有功能。因此，分词实名词可以带人称词尾：יְהוָה שֹׁמְרֶךָ，“YHWH 是你的保护者”（YHWH is *your keeper*；诗 121:5）；可以用作附属形式：שֹׁמְרֵי מִשְׁפָּט，“公正的谨守者们”（*keepers* of justice; 诗 106:3）; 也可以用作介词宾语：לְשֹׁמְרֵי בְרִיתוֹ，“给遵守他的约的那些人”（*to those who keep* his covenant；诗 103:18）。分词实名词也可以用作主格、所有格或者宾格。

处于所有格结构的分词实名词可以承担所有格结构的任何用法（见 2.2）。然而，当某个动词（尤其是 בּוֹא 和 יָצָא）的分词作为另一个名词的附属名词而不是按照预期带宾语或者介词词组时，分词会出现一种独特的用法：[115] בָּאֵי שַׁעַר־עִירוֹ，“那些从他城门进入的”（*those entering* at the gate of his city；创 23:10）；יֹצְאֵי הַתֵּבָה，

115 Joüon and Muraoka 2006, 386-387.

“那些从方舟出来的”（*those coming out* of the ark；创 9:10）；יוֹרְדֵי־בוֹר，“那些下坑的”（*those going down* to the pit；赛 38:18）；אֹכְלֵי שֻׁלְחַן אִיזָבֶל，“那些在耶洗别席上吃饭的”（*those eating* at Jezebel's table；王上 18:19）。

某些分词如此频繁地用作实名词，以至于基本上成为名词。这类名词主要用来表示职业或者身份：שׁוֹפֵט，“士师”（或译“法官”，执行审判的人）；סוֹפֵר，“文士”（做叙述的人）；יוֹצֵר，“窑匠”（做塑形的人）；אוֹיֵב，“敌人”（显出敌意的人），等等。

3.5 带前缀 waw 的其他动词

除了目前为止讨论过的动词形式——各种词干、式态、情态用
法以及非限定性动词，圣经希伯来文还有一些带连词 waw 的特殊
96 形式。连词前缀于限定动词的这种字形尤其常见于旧约的叙述文
中，其中连词的作用不同于简单的连词 waw。[116] 对于下面所提及
形式中的前两种（*wayyiqtol*；见 3.5.1 以及 *wəqatal*，见 3.5.2），
前缀 waw 会导致单词有含义上的变化，语法学家赋予这一特性多
种称呼：“连续的 waw”（waw consecutive）、“相逆的 waw”
（waw inversive）、“关系的 waw”（relative waw）或“反转
的 waw”（waw conversive）。[117] 这些称呼描述的是同一个语

116 此处描述的 waw 的作用在诗歌体裁中很少见。有关叙述文体（散文叙事）和对话（直接引语）之间的区别，见 van der Merwe, Naudé, and Kroeze 1999, 164-165; Miller 1996, 1-4, 14-38。一般而言，散文叙事（叙述文）中这一用法的变化相对有限，而对话（直接引语）中则有更多句法方面的多样性。

117 对于 *wayyiqtol* 和 *wəqatal* 形式中 waw 的使用所引致的元音和辅音变化可见初阶语法书。关于术语“连续的 waw”，可见 Rainey 1986, 6；但是关于该称呼的不足之处，见 Cook 2014, 85-86。

法现象，但是对于这个独特的 waw 如何构建子句之间的关系则各有些许不同的侧重。一些语法书认为 waw 仅仅是把动词式态从一种反转为另一种（例如，将未完成式反转为完成的含义），因此采用“反转的 waw”。其他一些书籍的焦点更多地在于 waw 在叙事序列中的作用，因此采用“连续的 waw”。然而，随着前缀形式在远古希伯来语中的演变被发现，改变了我们对圣经希伯来文中 waw 这一形式的思考方式（见 3.2.2）。在公元前第二千年晚期，希伯来文曾有四种不同的前缀形式：（1）*yaqtulu*，陈述语气未完成式（现在–将来，present-future）；（2）*yaqtula*，虚拟语气；（3）*yaqtul*，祈愿式；（4）*yaqtul*，过去式（preterite）。当末尾的元音丢失（大约公元前 1100 年），这些形式基本上就不再有区别。因此，圣经希伯来文的未完成式可以用作真正意义上的完成式（见 3.2.2, e）。反转 waw 或者连续 waw 的概念已经被放弃。最好是根据抄本的实际抄写形式将 waw 加未完成式这一独特字形 97
称为 *wayyiqtol* 形式，或者按照该形式的主要功能，称之为过去叙事（past narrative；见 3.5.1）形式。类似地，对于 waw 加完成式，其字形除了经常将重音移到最后一个音节外，其拼写方式与 waw 作为普通连词加完成式相同，可以称之为 *wəqatal* 或者非真实完成式（the irreal perfect；见 3.5.2）。[118]

关注动词的前缀形式时，重要的是记得下述用法。[119]

---

118 对于在非真实完成式中 waw 对单词拼写的影响，见 Kautzsch 1910, 134-135。

119 Joüon and Muraoka 2006, 357-360; Meyer 1992, 386-389, 393-394; Waltke and O'Connor 1990, 519-563; Kautzsch 1910, 326-339; Williams and Beckman 2007, 73-78; Chisholm 1998, 94-112, 119-133; van der Merwe, Naudé, and Kroeze 1999, 163-172; 在希伯来文刻文中的用法，见 Gogel 1998, 260-268。高阶学生也可以考虑简单连词 waw 有时在直接引言开头出现用作语篇标记的方式，可见 Miller, 1999b。

3.5.1 *Wayyiqtol*（过去叙事）

wayyiqtol（过去叙事，有时不太准确地称为未完成式加连续的 waw）被称为圣经希伯来文叙事的主要形式。[120] 该形式最常见的用法与简单完成式态（见 3.2.1）类似，而简单完成式有时于它前面的子句中先行出现。[121] 因为 *wayyiqtol* 频繁出现在一系列动作中，以至于通常代替完成式态，并且似乎增加了序列的概念。然而，*wayyiqtol* 也可以跟着含有未完成动词、分词、名词句等形式的子句，甚至可以独立开启一个新的段落。[122]

98 下述含义对于解释 *wayyiqtol* 的用法有所帮助。

(a) **表达序列（Sequential）**——表达时间（temporal）顺序，描述某个动作或情况接续前一个动作或者情况：

וְהָאָדָם יָדַע אֶת־חַוָּה אִשְׁתּוֹ וַתַּהַר וַתֵּלֶד אֶת־קַיִן，“这人与她的妻子

---

120 Eskhult 1990, 34. 这种形式也称为叙述性过去式（narrative preterite）；Kaufman 2002, 54。

121 证实该形式保留了远古希伯来文起初的过去时态（original preterite tense）（见 3.2.2, e）。

122 关于 *wayyiqtol* 的意合连接（paratactical, 即并列［coordinating］）用法，见 Granerød 2009。因为假定其主要功能是在叙事序列中推动叙事向前发展，一些初阶语法书提及有个“支配动词”（governing verb）影响着后面 *wayyiqtol* 动词的式态和意义。照此，*wayyiqtol* 和 *wəqatal* 都被认为是用在固定的关系模式，例如，完成式 + 未完成式，或者非限定动词 + 未完成式（见 Kelley 1992, 210-216; Seow 1995, 226-227）。虽然就严格意义而言，这些定义并非不准确，而且我们也认识到动词是在序列中发挥作用的，但是鉴于几个原因，我们选择不仅仅根据动词序列或者仅仅通过识别支配动词来定义 *wayyiqtol* 和 *wəqatal* 的用法。首先，即使在非常简单的叙述序列中，对支配动词的识别也可能是非常复杂和令人困惑的。其次，正如例句所示，*wayyiqtol* 字形通常不带支配动词。第三，这些动词序列的用法并不像初阶语法书所描述的那般如此容易清晰划分。举例而言，即使很多人强调完成式加未完成序列在叙述中的重要性，但是读者仍需要注意叙述文中很少以完成式动词开始，反而实际上更常见的是以 *wayyiqtol* 开始（Niccacci 1990, 37; 有关重要例外，见该书第 47 页）。此外，这些动词序列的作用似乎因手头文本的叙述性质或论述性质而有所不同（同上, 35-45），这种差异初阶语法书通常并不会充分提及，初阶和中阶的学生也往往没有充分意识或理解。

夏娃同房，然后她就怀孕了，然后就生了该隐”（Now, the man knew his wife Eve, *and she conceived and then bore* Cain; 创 4:1）；וַיַּעֲבֹר דָּוִד הָעֵבֶר וַיַּעֲמֹד עַל־רֹאשׁ־הָהָר, “然后，大卫过到那边去，然后他站在山顶上”（Then David crossed over to the other side, *and then he stood* on the top of the mountain; 撒上 26:13); וַיָּבֹא מֹשֶׁה וְאַהֲרֹן אֶל־פַּרְעֹה וַיַּעֲשׂוּ כֵן כַּאֲשֶׁר צִוָּה יְהוָה, “所以摩西和亚伦来到法老面前，然后他们就按照 YHWH 的吩咐做了”（So Moses and Aaron came to Pharaoh, *and then they did* just as YHWH commanded; 出 7:10）。

在叙述过程中，当动作或者情况并非接续主要动词发生，而是在主要动词之前发生（相当于英语的过去完成时），则通常不用 *wayyiqtol* 形式，而是代之以连词 waw 加限定动词的形式（见 3.5.4, c）。但是，有时 *wayyiqtol* 也可以有这种用法，这必须根 99
据上下文来辨别（Zevit 1998; Joüon and Muraoka 2006, 362-363）：

וַיְדַבֵּר אֲלֵהֶם אֲבִיהֶם אֵי־זֶה הַדֶּרֶךְ הָלָךְ

וַיִּרְאוּ בָנָיו אֶת־הַדֶּרֶךְ אֲשֶׁר הָלַךְ אִישׁ הָאֱלֹהִים אֲשֶׁר־בָּא מִיהוּדָה, “他们的父亲问他们说：‘他从哪条路走了？’原来他的儿子们看到了从犹大来的神人去的路”（Their father spoke to them, “Which way did he go?” *Now his sons had seen* the way that the man of God who came from Judah *had gone*”；王上 13:12）。

(b) **表达结果（Consequential）**——表达逻辑结果，描述某个动作或者情况是由之前的动作或者情况导致的：

וַיְהִי יְהוָה אֶת־יוֹסֵף וַיְהִי אִישׁ מַצְלִיחַ, “YHWH 与约瑟同在，因此他就

<u>成为</u>非常成功的人"（YHWH was with Joseph, *and so he became* a successful man; 创 39:2）; וַיְכֻלּ֛וּ הַשָּׁמַ֥יִם וְהָאָ֖רֶץ, "<u>因此</u>这天和地<u>被造齐了</u>"（*Thus* the heavens and the earth *were completed*; 创 2:1）; וַיֶּחֱזַ֨ק דָּוִ֤ד מִן־הַפְּלִשְׁתִּי֙ בַּקֶּ֣לַע וּבָאֶ֔בֶן, "<u>所以</u>, 大卫用机弦和石子<u>胜过了</u>那非利士人"（*So* David *prevailed over* the Philistine with a sling and a stone; 撒上 17:50）。这种 *wayyiqtol* 的结果用法也可以用来对叙述做出总结:

וְתְשֻׁבָת֤וֹ הָרָמָ֨תָה֙ כִּי־שָׁ֣ם בֵּית֔וֹ

וְשָׁ֥ם שָׁפָ֖ט אֶת־יִשְׂרָאֵ֑ל וַיִּֽבֶן־שָׁ֥ם מִזְבֵּ֖חַ לַֽיהוָֽה,

"随后他回到拉玛, 因为他的家在那里, 他也在那里审判以色列人。<u>于是他在那里为</u> YHWH <u>筑了一座坛</u>"（Then he would return to Ramah because his house was there; and there he judged Israel. *And he built* there an altar to YHWH; 撒上 7:17）; וַיְהִ֤י יְהוָה֙ אֶת־יְהוֹשֻׁ֔עַ וַיְהִ֥י שָׁמְע֖וֹ בְּכָל־הָאָֽרֶץ, "<u>所以</u>, YHWH <u>是</u>与约书亚同在, 他的名声<u>就</u>（变得）在全地【传开】"（*So YHWH was* with Joshua, and his fame *was* in all the land; 书 6:27）。

(c) **表达叙述**（Narratival）—— 由于 *wayyiqtol* 出现频繁, 渐渐地独立于之前的动词句而单独使用, 开始一个叙述序列或新的叙述部分: וַיֵּרָ֤א אֵלָיו֙ יְהוָ֔ה בְּאֵלֹנֵ֖י מַמְרֵ֑א, "<u>当时</u> YHWH 在幔利橡树那里向他【亚伯拉罕】<u>显现</u>"（*Now* YHWH *appeared* to him [Abraham] by the oaks of Mamre; 创 18:1）。*wayyiqtol* 的这种叙述用法甚至可以用作一卷书的开始:

וַיִּקְרָ֖א אֶל־מֹשֶׁ֑ה וַיְדַבֵּ֤ר יְהוָה֙ אֵלָ֔יו מֵאֹ֥הֶל מוֹעֵ֖ד, "YHWH <u>呼叫</u>摩西, 从会幕中对他说话"（YHWH *called* to Moses and spoke to him from the Tent of Meeting; 利 1:1）; וַיְדַבֵּר יְהוָה אֶל־מֹשֶׁה בְּמִדְבַּר סִינַי, “那时 YHWH 在西奈的旷野对摩西说”（*Then* YHWH *spoke* to Moses in the wilderness of Sinai; 民 1:1）。

这种叙述用法最常见的是以动词 הָיָה 的未完成式来引入新的叙事或者叙述段落：וַיְהִי אִישׁ אֶחָד מִן־הָרָמָתַיִם צוֹפִים, “有一个人来自拉玛琐非”（*There was* a certain man from Ramathaim 100
Zophim; 撒上 1:1）; וַיְהִי דְּבַר־יְהוָה אֶל־יוֹנָה, “神的话临到约拿”（The word of YHWH *came* to Jonah; 拿 1:1）。在这类例子中，我们可以认为 וַיְהִי 主要不是作为真正意义上的动词，而是更类似于一个“宏观的句法符号”（macrosyntactic signal），用来引入特定部分或者段落。[123]

(d) **表达解释（Epexegetical）**——澄清、扩展或者解说前面的子句（简单连词 waw 也可用于名词来起到类似的作用，比较 4.3.3, d）：אֲבָל אִשָּׁה־אַלְמָנָה אָנִי וַיָּמָת אִישִׁי, “实在地，我是一个寡妇，我的丈夫死了”（Truly, I am a widow, *my husband has died*; 撒下 14:5）; וַתִּקְרָא שְׁמוֹ מֹשֶׁה וַתֹּאמֶר כִּי מִן־הַמַּיִם מְשִׁיתִהוּ, “她称呼他的名字为摩西，意思是：‘因为我把他从水里拉出来’”（She called his name Moses, *saying*, ‘Because I drew him out of the water’; 出 2:10）; מֶה עָשִׂיתָ וַתִּגְנֹב אֶת־לְבָבִי, “你做的是什么？你欺骗了我！”（What have you done? *You have deceived* me!; 创 31:26）。

有时澄清动词的动作会重复动词的主要含义：

123 Ber 2008, 38.

וְלֹא־זָכַר שַׂר־הַמַּשְׁקִים אֶת־יוֹסֵף וַיִּשְׁכָּחֵהוּ, “酒政长没有记起约瑟，他忘了约瑟”（The chief cupbearer did not remember Joseph, *he forgot him*；创 40:23）；הֲלוֹא־הוּא אָבִיךָ קָנֶךָ הוּא עָשְׂךָ וַיְכֹנְנֶךָ, “他不是你的父，那创造你、做成你和建立你的吗？”（Is he not your father, who created you, who made you and *established you*?；申 32:6）；וְדָוִד נָס וַיִּמָּלֵט בַּלַּיְלָה הוּא, “大卫逃跑了，那天夜里他逃脱了”（David fled; *he escaped* that night；撒上 19:10）。

与这种用法几乎相同的是详细说明（Specification），在后者，*wayyiqtol* 字形令之前动词概念更加具体：

וַיִּשְׁכְּחוּ אֶת־יְהוָה אֱלֹהֵיהֶם וַיַּעַבְדוּ אֶת־הַבְּעָלִים וְאֶת־הָאֲשֵׁרוֹת, “他们忘记了 YHWH 他们的神，他们侍奉诸巴力和亚舍拉”（They forgot YHWH their God, *they served* the Baals and the Ashtoreth；士 3:7）；קִנֵּא לֵאלֹהָיו וַיְכַפֵּר עַל־בְּנֵי יִשְׂרָאֵל, “他为他的神而嫉妒，他为以色列人赎罪”（He was zealous for his God; *he made atonement* for the people of Israel；民 25:13）。

(e) 表达依赖（Dependent）——*wayyiqtol* 跟在时间子句后面，表达依赖于时间子句而发生的动作或情况：

101 בִּשְׁנַת־מוֹת הַמֶּלֶךְ עֻזִּיָּהוּ וָאֶרְאֶה אֶת־אֲדֹנָי, “在乌西雅王死的那年，我看见了主”（In the year of King Uzziah's death, *I saw* the Lord；赛 6:1）；בִּהְיוֹתָם בַּשָּׂדֶה וַיָּקָם קַיִן אֶל־הֶבֶל אָחִיו, “当他们在田间的时候，该隐起来攻击他的弟弟亚伯”（When they were in the field, Cain *rose up* against Abel, his brother；创 4:8）；וַיְהִי כְּשָׁמְעָם אֶת־הַתּוֹרָה וַיַּבְדִּילוּ כָל־עֵרֶב מִיִּשְׂרָאֵל, “当他们听到这律法，他们就把所有的外邦人从以色列中分隔出来”（When they heard

the law, *they separated* all the aliens from Israel；尼 13:3）。

3.5.2 *Wəqatal*（非真实完成式）

wəqatal（非真实完成式，有时不太准确地称为完成式加连续的 waw）常常表示与未完成式态（见 3.2.2）具有同样的式态，后者通常于 *wəqatal* 之前的子句中先行出现。然而，*wəqatal* 字形也可以接续在含有命令式、完成式、分词、用作限定动词的不定式或者名词句的子句之后。[124] 无论如何，一般而言，它是用来代替未完成式态，似乎也增加了连续的概念。下述含义对于理解 *wəqatal* 字形有所帮助。

(a) 表达序列（Sequential）——表达时间（temporal）顺序，描述某个动作或情况是接续前一个动作或者情况：
עַל־כֵּן יַעֲזָב־אִישׁ אֶת־אָבִיו וְאֶת־אִמּוֹ וְדָבַק בְּאִשְׁתּוֹ，“因此一个男人离开他的父亲和他的母亲，然后与他的妻子成为一体”（therefore a man leaves his father and his mother *and clings* to his wife；创 2:24）；אֵצֵא וְהָיִיתִי רוּחַ שֶׁקֶר בְּפִי כָּל־נְבִיאָיו，“我会出去，然后我在他诸先知口中做谎言的灵”（I will go out, *and I will be* a lying spirit in the mouths of all his prophets；王上 22:22）；תֹּאכַל וְשָׂבָעְתָּ，“你将吃【饭】，然后得饱”（you will eat, *and then be satisfied*；申 8:12）；

יְהִי מְאֹרֹת בִּרְקִיעַ הַשָּׁמַיִם לְהַבְדִּיל בֵּין הַיּוֹם וּבֵין הַלָּיְלָה

---

124 结合来自刻文希伯来文和同源闪语的证据，*wəqatal* 字形似乎是因应本身就有将来意义的、条件句的主句（apodosis）而发展来的，见 3.5.2, d; 也见 Renz 2016 以及 Cook 2012, 249-256。

וְהָיוּ לְאֹתֹת וּלְמוֹעֲדִים וּלְיָמִים וְשָׁנִים, "要在穹苍中有光来分开昼夜，然后让它们成为季节、月份和年度的记号"（let there be lights in the dome of the sky to separate the day from the night, *and let them be* for signs and for seasons and for days and years；创 1:14）；

102 הָעַלְמָה הָרָה וְיֹלֶדֶת בֵּן וְקָרָאת שְׁמוֹ עִמָּנוּ אֵל, "一个童贞女将怀孕，然后她将生一个儿子，她将称他的名字为以马内利"（A virgin will be pregnant and *she will give birth* to a son and *she will call* his name Immanuel；赛 7:14）。

(b) 表达结果（Consequential）——表达逻辑结果，描述某个动作或者情况是由之前的动作或情况导致的：[125]

אֲנִי יְהוָה וְהוֹצֵאתִי אֶתְכֶם, "我是 YHWH，所以我将带你们出去"（I am YHWH, and *I will bring* you *out*；出 6:6）；

הִנֵּה נָגַע זֶה עַל־שְׂפָתֶיךָ וְסָר עֲוֺנֶךָ, "这个碰触了你的嘴唇，所以你的罪将离开"（this has touched your lips, *and so* your guilt *shall depart*；赛 6:7）；וְאֵד יַעֲלֶה מִן־הָאָרֶץ וְהִשְׁקָה אֶת־כָּל־פְּנֵי־הָאֲדָמָה, "一条溪流将从地上涌出，以至可以浇灌地面"（a stream would rise from the earth, *and so water* the whole face of the ground；创 2:6）；אֲנִי יְהוָה דִּבַּרְתִּי וְעָשִׂיתִי, "我 YHWH 已经说了，所以我也会做成"（I YHWH have spoken; *and I will accomplish it*；结 17:24）；וְהֵפִיץ יְהוָה אֶתְכֶם בָּעַמִּים וְנִשְׁאַרְתֶּם מְתֵי מִסְפָּר, "YHWH 将把你们分散在万民中，所以你们将剩下少数人"（YHWH will

125 正如这里给出的几个例子所显示的，有时逻辑后果与时间序列（见 3.5.2, a）是难以区别的，事实上，两者都可以借由 *wəqatal* 字形来表达。

scatter you among the peoples, and *you will be left* few in number；申 4:27）。

(c) 表达意愿（Volitional）——表达命令或愿望：

וַאֲהַבְתֶּם אֶת־הַגֵּר כִּי־גֵרִים הֱיִיתֶם בְּאֶרֶץ מִצְרָיִם, “你们要爱寄居者，因为你们在埃及地曾是寄居者”（*You shall love* the stranger, for you were strangers in the land of Egypt；申 10:19）；

וּקְשַׁרְתָּם לְאוֹת עַל־יָדֶךָ, “你们要把它们系在手上作为记号”（*You shall bind them* as a sign upon your hand；申 6:8）；

וְהִתְקַדִּשְׁתֶּם וִהְיִיתֶם קְדֹשִׁים כִּי קָדוֹשׁ אָנִי, “你们要使自己分别为圣，成为圣洁的，因为我是圣洁的”（*Sanctify yourselves* and *be holy*, for I am holy；利 11:44）。这些例子显示，表示意愿的 *wəqatal* 在地位高的人对地位低的人讲话中通常表达命令含义，特别是当其前面出现命令式动词时。[126]

这种 *wəqatal* 的意愿用法通常跟在祈愿式、命令式、鼓励式子句以及用作命令式的独立不定式（见 3.4.2, d）之后，用来表达结果：[127]

יְבַקְשׁוּ לַאדֹנִי הַמֶּלֶךְ נַעֲרָה בְתוּלָה וְעָמְדָה לִפְנֵי הַמֶּלֶךְ, “让他们为我 103
主我王寻找一个年轻的处女，然后让她照顾王”（Let them seek a young virgin for my lord the king, *and let her attend* the king；王上 1:2）；לֹא־יָמוּשׁ סֵפֶר הַתּוֹרָה הַזֶּה מִפִּיךָ וְהָגִיתָ בּוֹ יוֹמָם וָלַיְלָה, “这律法书不可离开你的口，而你要昼夜思想”（This book of the law shall not depart from your mouth, *but you shall meditate* on it day and night；书 1:8）。*wəqatal* 在情态动词或者等同于情

---

126 Dallaire 2014, 222.
127 Lambdin 1971a, 119; Seow 1995, 243-244.

态动词的独立不定式之后，可以强调动作序列，所以该动作的执行或情况依赖于之前的动作：עֲשֵׂה כַּאֲשֶׁר דִּבֶּר וּפְגַע־בּוֹ וּקְבַרְתּוֹ, “照着他说的做，击打他，<u>然后埋葬</u>他”（Do as he has said, strike him down <u>*and then bury*</u> him；王上 2:31）；
לְךָ וְנִקְרְבָה בְּאַחַד הַמְּקֹמוֹת וְלַנּוּ, “来吧，让我们到这些地方的其中一个地方去，然后在那里<u>过夜</u>”（Come, let us approach one of these places, and [then] <u>*spend the night*</u>；士 19:13）；
בְּנֵה־לְךָ בַיִת בִּירוּשָׁלִַם וְיָשַׁבְתָּ שָׁם, “在耶路撒冷为你自己建造房屋，<u>然后你要住在</u>那里”（Build yourself a house in Jerusalem, <u>*and stay*</u> there；王上 2:36）。

wəqatal 的意愿用法常常包含目的或结果的含义：[128]
עָלֹה נַעֲלֶה וְיָרַשְׁנוּ אֹתָהּ, “让我们立刻上去，【所以】<u>让我们取得</u>它”（Let us go up at once and <u>[so] *let us possess*</u> it；民 13:30）；
הָלוֹךְ וְרָחַצְתָּ שֶׁבַע־פְּעָמִים בַּיַּרְדֵּן, “去，<u>然后</u>在约旦河<u>洗浴</u>七次”（Go, <u>*and wash*</u> seven times in the Jordan；王下 5:10）；
וְשׁוּב עִמִּי וְהִשְׁתַּחֲוֵיתִי לַיהוָה אֱלֹהֶיךָ, “你要同我回去，<u>以至于我可以敬拜</u> YHWH 你的神”（Return with me, <u>*so that I may worship*</u> YHWH your God；撒上 15:30）；וְזֹאת עֲשׂוּ לָהֶם וְחָיוּ וְלֹא יָמֻתוּ, “你们要这样对待他们，<u>以至于他们可以活着</u>不会死亡”（Do this to them, <u>*so that they may live*</u> and not die；民 4:19）。

(d) 表达确定无疑的结果（Apodictic）——在一个条件句中表

128 意愿性 *wəqatal* 最常跟在命令式之后，因此常与命令式的人称、性别和数保持一致。然而，正如这个段落的最后两个例子所显示的，这一结构也可能用于第一人称和第三人称（Joüon and Muraoka 2006, 370-371）。

达逻辑性的结果，描述依赖于前一个动作 / 情况或者由前一个动作 / 情况所导致的动作 / 情况：

אִם־חָפֵץ בָּנוּ יְהוָה וְהֵבִיא אֹתָנוּ אֶל־הָאָרֶץ הַזֹּאת, “如果 YHWH 喜悦我们，他就会带领我们进入这地”（If YHWH is pleased with us, *then he will lead* us into this land；民 14:8）；

אִם־יִהְיֶה אֱלֹהִים עִמָּדִי...וְהָיָה יְהוָה לִי לֵאלֹהִים, “如果神与我同在……那么 YHWH 将是我的神”（If God will be with me...*then YHWH will be* my God；创 28:20-21）；וְאִם־אֵין מוֹשִׁיעַ אֹתָנוּ וְיָצָאנוּ אֵלֶיךָ, “如果没有一个人来救我们，那么我们就出来归顺你”（If there is no one to deliver us, *then we will surrender* to you；撒上 11:3）。

通常情况下，这一用法的 *wəqatal* 不是作为条件句的**主句**（apodosis），而是对其从句（protasis）或者主句中的概念做出扩展：אִם־שָׁמוֹעַ תִּשְׁמְעוּ בְּקֹלִי וּשְׁמַרְתֶּם אֶת־בְּרִיתִי, “如果你们完全地听从我的话而且遵守我的约”（If you fully obey my voice *and keep* my covenant；出 19:5）；כִּי תַעַזְבוּ אֶת־יְהוָה וַעֲבַדְתֶּם אֱלֹהֵי נֵכָר, “如果你离弃 YHWH 而服侍外邦神”（If you forsake YHWH *and serve* foreign gods；书 24:20）； 104

כִּי־יִהְיֶה לָהֶם דָּבָר בָּא אֵלַי וְשָׁפַטְתִּי בֵּין אִישׁ וּבֵין רֵעֵהוּ וְהוֹדַעְתִּי אֶת־חֻקֵּי הָאֱלֹהִים וְאֶת־תּוֹרֹתָיו, “他们若有争讼就到我这里来，然后我就在那人及其邻居之间施行审判，并且使【他们】认识神的条例和律法”（If they have a dispute, it comes to me, then I judge between a person and their neighbor, *and I make known* the statutes of God and his instructions；出 18:16）。

(e) 表达反复（Iterative）——表示过去时间里重复或者习惯性的动作：[129] וְעָלָה הָאִישׁ הַהוּא מֵעִירוֹ מִיָּמִים יָמִימָה לְהִשְׁתַּחֲוֹת，"这个人年复一年地<u>重复</u>从本城<u>上去</u>敬拜"（Now this man <u>*went up repeatedly*</u> from his town year by year to worship；撒上 1:3）；וְשָׁלַח יְהוָה אֲלֵיכֶם אֶת־כָּל־עֲבָדָיו הַנְּבִאִים הַשְׁכֵּם וְשָׁלֹחַ，"YHWH 曾经<u>不断地</u>一次一次地<u>差派</u>他的众仆人先知到你们这里"（and YHWH <u>*kept sending*</u> to you all his servants the prophets again and again；耶 25:4）；וְדִבַּרְתִּי עַל־הַנְּבִיאִים，"<u>我</u>【YHWH】<u>反复地</u>对这些先知<u>说话</u>"（<u>*I*</u>［YHWH］<u>*repeatedly spoke*</u> to the prophets；何 12:11，和合本 12:10）。

动作连续关系的表达不是只限于 *wayyiqtol* 和 *wəqatal* 形式，也可以用动词加简单连词 waw 作为前缀来表达。因此，完成式[130]或者未完成式[131]加连词 waw 也可以用来表达动作序列或者结果。考虑下述例句：עָשִׂיתִי לִי גַּנּוֹת וּפַרְדֵּסִים וְנָטַעְתִּי בָהֶם עֵץ כָּל־פֶּרִי，"我
105 为自己修造花园和园囿，<u>然后</u>在其中<u>我种植</u>各种果树"（I made for myself gardens and parks, <u>*and [then] I planted*</u> in them all kinds of fruit trees；传 2:5）；

---

129 Kautzsch 1910, 331-332, 335-336; Joüon and Muraoka 2006, 373-374; Cook and Holmstedt 2013, 67; Joosten 1992. 非真实完成式的这种反复用法在后期圣经希伯来文中消失了；Joosten 2006。

130 特别是在后期希伯来文中，简单连词 waw 加完成式被视为用来代替 *wayyiqtol*，这种用法理论上是基于亚兰语（Aramaic）的影响，亚兰语缺少 *wayyiqtol* 形式（Smith 1991, 27-33）。然而，Tel Dan 铭文（Tel Dan inscription）的证据显示，亚兰语中很可能存在 *wayyiqtol* 结构（见 Emerton 1994, 255-258 和 2000a, 35）。此外，在另一个第 9 世纪的亚兰语铭文中也发现了这种结构（*KAI* 202, 11 行）。

131 读者应该还记得，有的未完成式动词在 *wayyiqtol* 字形中采取短写形式，但搭配简单连词 waw 则采用正常形式（被称为长写形式）。因此，在 *wayyiqtol* 和未完成式加简单连词 waw 的形式中，这些动词的未完成式字形会有区别。更多有关 *wayyiqtol* 和 *wəqatal* 字形的内容可见初阶语法书。

וַיִּשְׁתַּחוּ לְכָל־צְבָא הַשָּׁמַיִם וַיַּעֲבֹד אֹתָם וּבָנָה מִזְבְּחוֹת בְּבֵית יְהוָה, “他敬拜天上的万象，而且侍奉他们，然后在 YHWH 的殿中【为他们】建造了祭坛”（He worshiped all the hosts of heaven, and he served them, *and he built* altars [for them] in the house of YHWH；代下 33:3-4）；כִּי מִי עָמַד בְּסוֹד יְהוָה וְיֵרֶא וְיִשְׁמַע אֶת־דְּבָרוֹ, “但是谁曾站在 YHWH 的会中，以至于看见和听见他的话呢？”（But who has stood in the council of YHWH, *that he should see and hear* his word；耶 23:18）；הַאֵין פֹּה נָבִיא לַיהוָה עוֹד וְנִדְרְשָׁה מֵאוֹתוֹ, “这里不是还有 YHWH 的先知吗？所以我们可以求问他”（Is there not yet a prophet of YHWH here, *so that we may inquire* of him；王上 22:7）。

此外，与限定性动词搭配的简单连词 waw 可以表达连词 waw 的各种用法（见 4.3.3），尤其是动词重言法（见 4.3.3, g）、协调用法（见 4.3.3, b）或持续的概念。[132]

3.5.3 意愿序列中的 waw

如前所述，*wəqatal* 可以表达意愿（见 3.5.2, c）。圣经希伯来文也用简单连词 waw 和未完成式以及意愿式（有时是完成式）来表达一系列有连续或目的含义的命令。[133]

(a) **表达连续（Succession）**——表示某个动作在时间上发生在主要动词之后：אַל־נָא יִחַר לַאדֹנָי וַאֲדַבֵּרָה, “愿我主不要发怒，然后我要说话”（May my lord not be angry, *and I shall speak*;

132 Niccacci 1990, 40; Waltke and O’Connor 1990, 540-551.
133 Lambdin 1971a, 119; Seow 1995, 243; Niccacci 1990, 187.

创 18:30）；שְׁאַל אֶת־נְעָרֶיךָ וְיַגִּידוּ לָךְ，“问问你的年轻人，然后他们就会告诉你”（Ask your young men, *and they will tell* you; 撒上 25:8）；וְנִזְעַק אֵלֶיךָ מִצָּרָתֵנוּ וְתִשְׁמַע וְתוֹשִׁיעַ，“我们在痛苦中向你呼求，你就会垂听我们，然后拯救我们”（We will cry out to you in our distress, and *you will hear us, and save us*；代下 20:9）；לֵךְ וּבָאתָ־לְּךָ אֶרֶץ יְהוּדָה，“去，然后进入犹大地”（Go, *and [then] enter* into the land of Judah；撒上 22:5）。

106 (b) 表达目的（Purpose）——表达主要动词背后的目的或者动机：[134]וְהָבִיאָה לִּי וְאֹכֵלָה，“带来给我，以至于我可以吃”（Bring it to me, *so that I may eat*；创 27:4）；
אָסֻרָה־נָּא וְאֶרְאֶה אֶת־הַמַּרְאֶה הַגָּדֹל הַזֶּה，“让我转过去好看看这壮观景象”（Let me turn *in order to see* this great sight；出 3:3）；
וַהֲרַגְנוּם וְהִשְׁבַּתְנוּ אֶת־הַמְּלָאכָה，“杀了他们，好使那工作停止”（Kill them, *and [so], put a stop* to the work；尼 4:5，和合本 4:11）；
וַאֲשַׁלְּחָה אֶת־הָעָם וְיִזְבְּחוּ לַיהוָה，“我将让这百姓去，使他们可以向 YHWH 献祭”（I will let the people go, *that they may sacrifice* to YHWH；出 8:4）。

3.5.4 叙事序列中断的 waw

简单连词 waw 也可在叙述中于 *wayyiqtol* 和 *wəqatal* 字形之后引入一个子句，表达某种程度上与前文不连续的或者中断的概

134 有些人认为，无论上下文如何，*wəyiqtol*（简单连词 waw 前缀于未完成式动词）总是意味着目的或结果；Baden 2008。Muraoka 总结说该结构在形式上并不表示目的，这本质上是一个翻译美学问题而非描述性语法问题；Muraoka 1997。

念。这种作用的连词 waw 可以出现在 *wayyiqtol* 和 *wəqatal* 字形之后，但通常不是前缀于动词，而是连接于相关名词（即所引入的这个新子句的主语或者宾语；比较 5.1.2, b.2）。[135] 由简单连词 waw 所呈现的非连续概念可表达下述几种含义。

(a) **表达不同的主语（Distinct subject）**——简单连词 waw 指向一个看似连续的、由另一个主语做出的动作，因此是把重点放在不同于主要动词之主语的另一位动作执行者，实际强调的是与主语相对的那位动作执行者：
וַיֵּט מֹשֶׁה אֶת־מַטֵּהוּ עַל־הַשָּׁמַיִם וַיהוָה נָתַן קֹלֹת וּבָרָד, “摩西向天空 107
伸出他的杖，然后 YHWH 就发出雷鸣和冰雹”（Moses stretched his staff to the heavens, *and YHWH sent* thunder and hail; 出 9:23）；וַיְשַׁלַּח אֶת־הָאֲנָשִׁים וַיֵּלֵכוּ וְהוּא־בָא וַיַּעֲמֹד אֶל־אֲדֹנָיו, “他打发这些人离开，他们就走了。但是他自己过去站在他主人面前”（He sent the men away and they left. *But he himself* went and stood before his master; 王下 5:24-25）。

(b) **表达同时发生的动作（Simultaneous action）**——简单连词 waw 表达的不是连续性动作，而是与主要动词同时发生的动作：וַיִּקְרָא אֱלֹהִים לָאוֹר יוֹם וְלַחֹשֶׁךְ קָרָא לָיְלָה, “神称呼光为昼，称呼暗为夜”（God called the light day, *and he called the darkness* night; 创 1:5）；וַיֵּלֶךְ שְׁמוּאֵל הָרָמָתָה וְשָׁאוּל עָלָה אֶל־בֵּיתוֹ גִּבְעַת שָׁאוּל, “撒母耳回了拉玛，而扫罗上基比亚他自己的家去了”（Samuel went

135 这种“waw + 主语 + 限定动词”序列可以不同形式表现为“w...qatal/w...yiqtol”（Joüon and Muraoka 2006, 362, 368）或“waw x qatal”（Niccacci 1990, 49-72）。

to Ramah, <u>*and Saul went up*</u> to his house at Gibeah of Saul；撒上 15:34）；וְהָרְגוּ אֹתִי וְאֹתָךְ יְחַיּוּ, “他们会杀了我，<u>但是会让你活着</u>”（They will kill me, <u>*but they will let you live*</u>；创 12:12）。

（c）表达动词序列之前发生的动作（Anterior action）——简单连词 waw 表示脱离了叙述文理之时间顺序的动作或者情况，相当于英文的过去完成式或者过去时间叙事中的现在完成式。有时叙事中插入式评论是以这种方式出现：[136]

וַיָּבֹא לָבָן בְּאֹהֶל יַעֲקֹב וּבְאֹהֶל לֵאָה וּבְאֹהֶל שְׁתֵּי הָאֲמָהֹת וְלֹא מָצָא
וַיֵּצֵא מֵאֹהֶל לֵאָה וַיָּבֹא בְּאֹהֶל רָחֵל וְרָחֵל לָקְחָה אֶת־הַתְּרָפִים,
“拉班进了雅各的帐棚、利亚的帐棚和两个婢女的帐棚，都没有发现【它们】。他从利亚的帐棚出来，进了拉结的帐棚，但是<u>拉结已经拿了</u>家中的神像……”（Laban went into Jacob's tent, and into Leah's tent, and into the tent of the two maid-servants, but he did not find [them]. He came out from Leah's tent, and went into Rachel's tent, <u>*but Rachel had taken*</u> the household idols…；创 31:33-34）；

108 וּשְׁמוּאֵל מֵת וַיִּסְפְּדוּ־לוֹ כָּל־יִשְׂרָאֵל וַיִּקְבְּרֻהוּ בָרָמָה וּבְעִירוֹ
וְשָׁאוּל הֵסִיר הָאֹבוֹת וְאֶת־הַיִּדְּעֹנִים מֵהָאָרֶץ,

---

136 有人认为这种过去完成式的用法不仅借着简单连词 waw 前缀于名词来表达，也可以借着完成式加简单连词 waw 来表达（Waltke and O'Connor 1990, 541-542; Johnson 1979, 41; 可参见 וַיַּרְא עֵשָׂו כִּי־בֵרַךְ יִצְחָק אֶת־יַעֲקֹב וְשִׁלַּח אֹתוֹ פַּדֶּנָה אֲרָם, “以扫看到以撒祝福了雅各，又<u>曾差遣他</u>去巴旦亚兰” [Esau saw that Isaac blessed Jacob, and <u>*had sent him*</u> to Padan-Aram；创 28:6]）。Niccacci 进一步声称，完成式加简单连词 waw 在叙述中表达背景或者插入性评论（1990, 35）。Zevit 主张圣经希伯来文叙事的作者可以借着以下序列：即简单连词 waw+ 主语（名词或代词）+ 完成式限定动词（perfect finite verb）跟在过去时间的叙述性从句之后，来明确地区别过去完成式和现在完成时间（Zevit 1998, 15-37）。

“撒母耳死了，以色列众人都为他哀哭，把他埋葬在拉玛——他的城里。扫罗<u>已经</u>把交鬼的和行巫术的，都从那地<u>除去了</u>”（Samuel was dead, and all Israel mourned for him, and they buried him in Ramah, his city. And Saul <u>*had expelled*</u> the mediums and the spiritists from the land；撒上 28:3）；

וַיִּתְחַפֵּשׂ מֶלֶךְ יִשְׂרָאֵל וַיָּבוֹא בַּמִּלְחָמָה

וּמֶלֶךְ אֲרָם צִוָּה אֶת־שָׂרֵי הָרֶכֶב אֲשֶׁר־לוֹ שְׁלֹשִׁים וּשְׁנַיִם,

“以色列王改装到战场去了。但是，亚兰王<u>已经吩咐</u>他的三十二个战车长”（The king of Israel disguised himself and went into battle. Now, the king of Aram <u>*had commanded*</u> the thirty-two officers of his chariots；王上 22:30-31）。

109 4 小品词（Particles）

除了名词和动词，希伯来文句法也有另外一种词类，通常被称为**小品词**。这是一个综合性术语，所包括的词类通常范围广泛。此处我们用来指介词、副词、连词、表达存在和不存在的小品词以及小品词 הִנֵּה 和 וְהִנֵּה，以及表达关系的小品词。[1]

4.1 介词（Prepositions）

一般而言，圣经希伯来文中的介词很难归类，因为它们在句法中的作用可以从多种角度来衡量。介词作为出现在名词前面的关系性短语（或者作为与名词相当的部分），其位置和用法基本上被视为名词性的。[2] 与此相反，大多数希伯来文介词与名词之间不存在明显的字形上的联系，但是介词作为“小品词”的性质在其用作副词或者连词方面很明显。然而，第三种角度，即介词的“语义”角度，
110 在现代语法中已经越来越凸出，在这里也值得考虑。基本上，有些介词在特定用法中，其含义是由所连用的动词决定的。换句话说，某些介词的含义与其说是由其词形的起源或者与名词一起使用决定

1 希伯来文语法传统上有太多词类归于此类别，因此一些人选择将“小品词”归入诸如“其他词类”等条目（van der Merwe, Naudé, and Kroeze 1999, 271）。

2 关于看待希伯来文介词的三个角度，见 Waltke and O’Connor 1990, 187-190。

的，不如说是由动词 + 介词 + 宾语的特殊模式决定的。由于这些模式的用法，孤立地研究介词的用法是不够的，正如我们在此处所呈现的；考虑个别介词与特定动词的搭配方式也很有必要，这最终是一个词汇问题。一些介词的含义是由支配它们的动词来决定的，因此注释者有必要了解与某些动词连用的特定介词，或者用字典来确定特定动词与既定介词连用时其含义是什么。

下述内容是关于最常见的介词（按照字母表的顺序）及其用法。[3]

4.1.1 אַחֲרֵי/אַחַר

(a) 表示空间（Spatial）——表示位置，尤其是在某个地点“之后”：אַחֲרֵי הַמִּשְׁכָּן，“在帐幕的后面”（*behind* the tabernacle；民 3:23）；עוֹמֵד אַחַר כָּתְלֵנוּ，“他正站在我们的墙的后面”（he is standing *behind* our wall；歌 2:9）。[4] 与空间用法有关的是 אַחַר 的方向用法。在圣经希伯来文中，四个方向的坐标通常是按照面朝东方的位置来表示，所以左和右分别代表北和南，而前和后则代表东和西。因此，“后面”（אַחַר）代表“西边”：אַחֲרֵי קִרְיַת יְעָרִים，“它在基列耶琳的西边”（it is *west of* Kiriath-jearim；士 18:12）。

(b) 表示时间（Temporal）——表示按照事件顺序，某个事件 111
在另一个事件之后发生。这个介词通常在表示第一个事件的名词或

3 Waltke and O’Connor 1990, 190-225; van der Merwe, Naudé, and Kroeze 1999, 277-294; Williams and Beckman 2007, 96-137; Kautzsch 1910, 377-384; Bauer and Leander 1991, 634-647; Joüon and Muraoka 2006, 453-462. 此外，对于研究这些介词，字典常常是很重要的工具，尤其是 *DCH* 或者 *HALOT*。

4 这个小品词的复数附属形式（אַחֲרֵי）也用作实名词，意为“后面的部分，后部”（*DCH* 1:199-200; *BDB* 30）。

者动词之前：וַיְהִי אַחַר הַדְּבָרִים הָאֵלֶּה，“它发生在这些事之后”（It happened *after* these things；王上 21:1）；אַחֲרֵי בֹּאוֹ מֵחֶבְרוֹן，“从希伯仑过来以后”（*after* coming from Hebron；撒下 5:13）；אַחֲרֵי הוֹלִידוֹ אֶת־שֵׁת，“在他成为赛特的父亲之后”（*after* he became the father of Seth；创 5:4）。

有时，אַחַר 用作时间副词来表达**方式**，最好翻译成“然后、后来”：אַחַר תֵּלֵךְ，“然后她可以去”（*afterward* she may go；创 24:55）；וְאַחַר יָלְדָה בַּת，“后来她生了一个女儿”（and *afterward* she bore a daughter；创 30:21）；
וְאַחַר בָּאוּ מֹשֶׁה וְאַהֲרֹן וַיֹּאמְרוּ אֶל־פַּרְעֹה，“后来摩西和亚伦去对法老说”（and *afterward* Moses and Aaron went and said to Pharaoh；出 5:1）。[5]

(c) **表示比喻（Metaphorical）**——表示某一行为是模仿或者根据另一人的行为，或者是支持另一人的行为：
וַיֵּלֶךְ אַחַר חַטֹּאת יָרָבְעָם，“他跟从了【字面意思：在……后面行】耶罗波安的罪”（and he *followed* [literally: *went after*] the sins of Jeroboam；王下 13:2）。就如上面例子所示，אַחַר 或者 אַחֲרֵי 与动词 הלך（去，走）连用，是常见的谴责偶像崇拜的申命记式用词：לֹא תֵלְכוּן אַחֲרֵי אֱלֹהִים אֲחֵרִים，“不可跟从【字面意思：在……后面行走】别的神”（do not *follow* [literally: *walk after*] other gods；申 6:14）；或者相反地，用来呼吁唯独对 YHWH 尽忠：

---

5 当这种副词用法出现在该词的复数附属形式时，呈现为复合形式 אַחֲרֵי־כֵן（见 *HALOT* 1: 36; *DCH* 1:197; *BDB* 30）。

אַחֲרֵי יְהוָה אֱלֹהֵיכֶם תֵּלֵכוּ וְאֹתוֹ תִירָאוּ, “你们要跟从【字面意思：在……后面行走】YHWH 你们的神，应该唯独敬畏他”（YHWH your God you shall *follow* [literally: *walk after*] and him alone you shall fear；申 13:5，和合本 13:4）。[6] 不用 הלך 也可以在上下文中表达同样的意思：וִהְיִתֶם גַּם־אַתֶּם וְגַם־הַמֶּלֶךְ אֲשֶׁר מָלַךְ עֲלֵיכֶם אַחַר יְהוָה אֱלֹהֵיכֶם, “你和统治你们的王都将跟从【字面意思：在……后面】YHWH 你们的神”（and both you and the king who reigns over you will *follow* [literally: *be after*] YHWH your God；撒上 12:14）。也可能有其他的比喻用法：אַחַר עֵינַי הָלַךְ לִבִּי, “我的心跟随了【字面意思：在……后面行走】我的眼”（my heart has *followed* [literally: *gone after*] my eyes；伯 31:7）。

4.1.2 אֶל/אֶל־ 112

(a) 表示终止（Terminative）——表明移动“到”（to）或“进入”（into）某事物，尤其是当运动抵达目标时：כִּי־תָבֹא אֶל־הָאָרֶץ, “当你进入那地”（when you come *into* the land；申 17:14）；לֹא־יָרַד אוּרִיָּה אֶל־בֵּיתוֹ,“乌利亚没有下到他的家”（Uriah did not go down *to* his house；撒下 11:10）；וַיֵּצֵא אֶל־אֶחָיו, “然后他【摩西】去到他兄弟们那里”（and he [Moses] went out *to* his brothers；出 2:11）；גּוֹי לֹא־יְדָעוּךָ אֵלֶיךָ יָרוּצוּ, “不认识你的国将跑向你”（nations that do not know you shall run *to you*；赛 55:5）。当

6 *DCH* 2:552-553.

动作是垂直的，则表明移动到“上面”（on）或“移向”（to）：[7] וַיִּפֹּל יְהוֹשֻׁעַ אֶל־פָּנָיו，“约书亚脸伏于地上”（and Joshua fell *on* his face；书 5:14）；יָאֵר יְהוָה פָּנָיו אֵלֶיךָ，“愿 YHWH 使他的脸光照在你身上”（may YHWH make his face shine *on you*；民 6:25）；וַתִּכְבַּד יַד־יְהוָה אֶל־הָאַשְׁדּוֹדִים，“YHWH 的手重重地在亚实突人身上”（and the hand of YHWH was heavy *upon* the people of Ashdod；撒上 5:6）。

当动作尚未抵达目标时，动作或者运动带有方向性的含义，有时需要翻译为“朝向、向”：אֶשְׁתַּחֲוֶה אֶל־הֵיכַל־קָדְשְׁךָ，“我要向你的圣殿下拜”（I will bow down *toward* your holy temple；诗 5:8）；וַיִּפְנוּ אֶל־הַמִּדְבָּר，“他们【以色列人】转向旷野”（they [the Israelites] turned *toward* the wilderness；出 16:10）；וָאֶרְאֶה וְהִנֵּה־יָד שְׁלוּחָה אֵלָי，“我观看，见有只手伸向我”（and I looked and a hand was extended *to me*；结 2:9）。

通常 אֶל־/אֶל 的终止用法，以及后面其他一些用法（尤其见于宣告用法和感知用法）也用来标示出简单的**间接宾语**（indirect object）：[8] וְנָתַן אֵלֶיךָ אוֹת，“他给你一个神迹”（and he gives *[to] you* a sign；申 13:2，和合本 13:1）；קָחֶם־נָא אֵלַי וַאֲבָרְכֵם，“把他们带到我这里来，我好祝福他们”（bring them *to me* that I may bless them；创 48:9）；וַיִּשְׁלַח יַעֲקֹב מַלְאָכִים לְפָנָיו אֶל־עֵשָׂו，“雅各差遣使者在他前面到以扫那里”（and Jacob sent messengers before him *to* Esau；创 32:4，和合本 32:3）。

---

7 关于水平运动和垂直运动之间的区别，见 *DCH* 1:260-264。
8 或所谓的受格用法（见 Waltke and O’Connor 1990, 193）。

(b) 表示评估（Estimative）——表达一些事物令人感兴趣 / 具有益处（advantage），或者令人漠视 / 处于劣势，常需要译为“支持 / 为了”（for）或者“反对”（against）的含义：כִּי הִנְנִי אֲלֵיכֶם，“现在看哪，我是帮助你们的”（see now, I am *for you*；结 36:9）；וְאֶקְבְּצָה אֶל־אֲדֹנִי הַמֶּלֶךְ אֶת־כָּל־יִשְׂרָאֵל，“让我为我主我王召集所有的以色列人”（and let me gather all Israel *for* my lord the king； 113
撒下 3:21）；וְנַבְקִעֶנָּה אֵלֵינוּ，“让我们为了我们自己而征服它”（and let us conquer it *for ouselves*；赛 7:6）；חֲרוֹן אַף־יְהוָה אֶל־יִשְׂרָאֵל，“YHWH 针对以色列大发列怒”（YHWH’s fierce anger *against* Israel；民 32:14）。在 אֶל־/אֵל 表示评估的用法中，一个极端的变化是与表达军事的动词连用，最常用的动词是 לחם 的 Niphal 形式【וְנִלְחֲמוּ אֵלֶיךָ，“他们将对你开战”（and they will fight *against* you; 耶 1:19)】, 有时也与很多其他动词一起出现：וַיִּפְשְׁטוּ אֶל־הַגִּבְעָה，“他们对基比亚突袭”（and they marauded *against* Gibeah; 士 20:37)；מַה־לִּי וָלָךְ כִּי־בָאתָ אֵלַי לְהִלָּחֵם בְּאַרְצִי，“我们之间有什么相干？你竟然来敌对我，要攻打我的土地”（what is there between us that you have come *against me* to fight against my land；士 11:12）。[9]

(c) 表示宣告（Declarative）——宣告或标识言语动词的宾语 / 接受者，有时也带有评估含义。宣告用法是 אֶל־/אֵל 终止用法的延伸，标记了言语动词（אמר，קרא，דבר，ספר，等等）的接受者：

9 更多例子可见 *DCH* 1: 267-268，第 6 部分。

וַיֹּאמֶר אֶל־הָאִשָּׁה, “它【那蛇】对女人说”（and he [the serpent] said *to* the woman; 创 3:1）; דַּבְּרוּ עַל־לֵב יְרוּשָׁלִַם וְקִרְאוּ אֵלֶיהָ, “你要温柔地向耶路撒冷说话，并向她呼喊”（speak tenderly to Jerusalem, and cry *to her*; 赛 40:2）; וּקְרָא אֵלֶיהָ אֶת־הַקְּרִיאָה אֲשֶׁר אָנֹכִי דֹּבֵר אֵלֶיךָ, “你要向它【尼尼微】宣告我告诉【给】你的那信息”（and proclaim *to it* [Nineveh] the message that I tell [*to*] *you*; 拿 3:2）; וַיְסַפֵּר אֶל־אָבִיו וְאֶל־אֶחָיו, “他讲述给他的父亲，也讲述给他的兄弟们”（and he related it *to* his father and *to* his brothers; 创 37:10）。

(d) 表示感知（Perceptual）——指明一个人对于另一人或地点的倾向和喜好。感知用法作为 אֶל־/אֵל 终止用法的另一个延伸，指出感知动词（שׁמע, ראה, 等等）、表示接受能力的动词（בין, שׁמר, ידע, זכר, 等等）以及情感（רנן, עגב）动词的接受者：

שָׁמַע יְהוָה אֶל־עָנְיֵךְ, “YHWH 已经留心听了你的苦难”（YHWH has given heed *to your affliction*; 创 16:11）; וַיֵּרָא יְהוָה אֶל־אַבְרָם, “YHWH 向亚伯兰显现”（and YHWH appeared *to* Abram; 创 12:7）; לָמָּה לֹא שָׁמַרְתָּ אֶל־אֲדֹנֶיךָ הַמֶּלֶךְ, “为什么你没有保护王你的主呢？”（Why have you not kept watch *over your lord* the
114 king; 撒上 26:15）; לֹא יָבִינוּ אֶל־פְּעֻלֹּת יְהוָה, “他们不重视 YHWH 的工作【字面意思：他们不理解关于 YHWH 的工作】”（they do not regard [literally:understand *about*] the works of YHWH; 诗 28:5）; נוֹדַעְתִּי אֲלֵיהֶם, “我【YHWH】使自己被他们认识【字面意思：我使自己向他们被认识】”（I [YHWH] made myself

known *to them*；结 20:9）；יִזָּכֵר עֲוֹן אֲבֹתָיו אֶל־יְהוָה，“愿他列祖的罪孽在 YHWH 面前被纪念”（let the iniquity of his fathers be remembered *before* YHWH；诗 109:14）；
לִבִּי וּבְשָׂרִי יְרַנְּנוּ אֶל אֵל־חָי，“我的心肠和我的肉体向永生神欢唱”（my heart and my flesh sing for joy *to* the living God; 诗 84:3）；
וַתַּעְגַּב עַל־מְאַהֲבֶיהָ אֶל־אַשּׁוּר，“她【阿荷拉】贪恋她的爱人，【就是】亚述人”（and she [Oholah] lusted after her lovers, *after* the Assyrians；结 23:5）。

与表示书写、给予或命令的动词连用，אֶל־/אֵל 的感知用法可以表示“写给 / 说给”“意欲给”：וַיִּכְתֹּב דָּוִד סֵפֶר אֶל־יוֹאָב，“大卫写了一封意欲给约押的信”（and David wrote a letter *intended for* Joab；撒下 11:14）；וְאִגֶּרֶת אֶל־אָסָף，“一封给亚萨的信”（and [let] a letter [be] *addressed to* Asaph；尼 2:8）。

(e) 表示附加（Addition）——表示在某些情况之外的情况，翻译为“也”“再”“除……之外”等：אִשָּׁה אֶל־אֲחֹתָהּ לֹא תִקָּח，“你不可以娶了一个妇人，再娶她的姐妹”（You shall not marry a woman *in addition to* her sister；利 18:18）；
הוֹסַפְתָּ חָכְמָה וָטוֹב אֶל־הַשְּׁמוּעָה אֲשֶׁר שָׁמָעְתִּי，“你的智慧和财富超过我所听到的传闻”（You have added wisdom and prosperity *together with* the report which I heard；王上 10:7）。

(f) 表示空间（Spatial）——表示位置，尤其是“在某地”（at）“在……里”（in）“在……旁边”（by）“在……附近”（in the vicinity）或“沿着……”（alongside）：

קָבַר אַבְרָהָם אֶת־שָׂרָה אִשְׁתּוֹ אֶל־מְעָרַת שְׂדֵה הַמַּכְפֵּלָה, “亚伯拉罕把他的妻子撒拉埋葬在麦比拉田间的洞里”（Abraham buried Sarah his wife *in* the cave of the field at Machpelah；创 23:19）；כִּי אִם־אֶל־הַמָּקוֹם אֲשֶׁר־יִבְחַר יְהוָה אֱלֹהֶיךָ לְשַׁכֵּן שְׁמוֹ שָׁם, “但是在 YHWH 你神所选择建立他名的地方”（but *at* the place where YHWH your God chooses to establish his name；申 16:6）；הוּא־בָא וַיַּעֲמֹד אֶל־אֲדֹנָיו, “他进去然后站在他主人面前”（he went in and stood *in the presence of* his master；王下 5:25）。

(g) **表示详细说明（Specification）**——进一步澄清或者解释前面的内容，否则前面的阐述较为笼统或者含糊。这一用法常需要翻译为“关于”“有关”：

וַתִּשְׁמַע אֶת־הַשְּׁמֻעָה אֶל־הִלָּקַח אֲרוֹן הָאֱלֹהִים וּמֵת חָמִיהָ וְאִישָׁהּ, “她听到了关于神的约柜被掳以及她公公和丈夫都死了的消息”（and she heard the news *concerning* the capture of the ark of God
115 and the death of her father-in-law and husband；撒上 4:19）；
לָכֵן כֹּה־אָמַר יְהוָה אֶל־מֶלֶךְ אַשּׁוּר, “因此，关于亚述王，YHWH 这样说”(therefore, thus says YHWH *concerning* the king of Assyria; 赛 37:33)；כִּי תוֹרֵם אֶל־הַדֶּרֶךְ הַטּוֹבָה אֲשֶׁר יֵלְכוּ־בָהּ, “确实地，教导他们关于应该走在其中的善道”（indeed, teach them *about* the good way in which they should walk；代下 6:27）。

有时，אֶל/אֶל־ 用作详细说明也会带有**起因的**（causal）含义：

הִתְאַבֵּל שְׁמוּאֵל אֶל־שָׁאוּל, “撒母耳因为扫罗而悲伤”（Samuel grieved *concerning* [*because of*] Saul；撒上 15:35）；

אֶל־הַכַּעַס אֲשֶׁר הִכְעַסְתָּ, “因为你所挑起的怒气”（*because of* the provocation with which you have provoked；王上 21:22）。

4.1.3 אֵצֶל

表示空间（Spatial）——表达空间上接近或者非常接近的概念，通常需要翻译为“在……旁边”（beside）、“与”（with）或者“在……附近”（near）：וַיַּצִּיגוּ אֹתוֹ **אֵצֶל** דָּגוֹן，“他们把它放置在大衮旁边”（and they set it *beside* Dagon；撒上 5:2）；
וַתַּעֲמֹדְנָה **אֵצֶל** הַפָּרוֹת עַל־שְׂפַת הַיְאֹר，“它们站在尼罗河岸边其他牛的旁边”（and they stood *near* the other cows on the bank of the Nile；创 41:3）。

4.1.4 אֶת/־אֶת

(a) **表示伴随（Accompaniment）**——这个介词[10]表示伴随的情况：אַתָּה וּבָנֶיךָ **אִתָּךְ**，“你和你的儿子与你一起”（you and your children *with you*；民 18:2）；וַיִּתְהַלֵּךְ חֲנוֹךְ **אֶת**־הָאֱלֹהִים，“以诺与神同行”（And Enoch walked *with* God；创 5:22）；
וַיְהִי אֱלֹהִים **אֶת**־הַנַּעַר，“神与这少年同在”（God was *with* the young boy；创 21:20）。这一用法的一个细微区别是人格性陪伴（personal accompaniment），表达以提供帮助为目的的陪伴：
קָנִיתִי אִישׁ **אֶת**־יְהוָה，“借着 YHWH 的帮助，我得了一个男子”（I have gotten a man *with the help of* YHWH；创 4:1）；

10 这个介词大概是源自于字根 **אתת**，因为后缀形式是两个 -*t*-（**אִתִּי**，需要注意阿卡德语介词 *itti*）。因此，不要与限定性直接宾语的标记混淆，后者按照后缀形式（例如，**אוֹתִי**），可能是基于字根 **אות**。

116 וַיֵּדְעוּ כִּי מֵאֵת אֱלֹהֵינוּ נֶעֶשְׂתָה הַמְּלָאכָה הַזֹּאת, "他们知道这工作是借着我们神的帮助完成的"（They knew that this work was accomplished *with the help of* our God；尼 6:16）。

(b) 表示拥有（Possession）——表达所有权：

הִנֵּה־הַכֶּסֶף אִתִּי אֲנִי לְקַחְתִּיו, "看哪，银子在我这里，我拿了它"（behold, the silver is *with me*, I took it；士 17:2）；מָה אִתָּנוּ, "我们有什么呢？【字面意思：有什么在我们这里】"（What do we have [literally: What (is) *with us*]；撒上 9:7）；הַנָּבִיא אֲשֶׁר־אִתּוֹ חֲלוֹם יְסַפֵּר חֲלוֹם, "做了梦【字面意思：梦与他同在】的先知，可以说出那梦"（The prophet who has a dream [literally: the prophet, to whom, *a dream is with him*], may tell the dream；耶 23:28）。

(c) 表示补充说明(Complement)——与表示言语(speaking)、对待(dealing)或者制作(making)的动词连用：וַיְדַבֵּר אִתָּם קָשׁוֹת, "他严厉地对他们说话"（and he spoke harshly *with them*；创 42:7）；וִידַעְתֶּם כִּי־אֲנִי יְהוָה בַּעֲשׂוֹתִי אִתְּכֶם, "当我对付你们，你们就会知道我是 YHWH"（Then you will know that I am YHWH, when I have dealt *with you*；结 20:44）。

(d) 表示空间（Spatial）——表达附近或者接近的含义：

בְּצַעֲנַנִּים אֲשֶׁר אֶת־קֶדֶשׁ, "在靠近基低斯的撒拿音"（in Zaanannim, which is *near* Kedesh；士 4:11 *Qere*）；וַיֹּאמֶר יְהוָה הִנֵּה מָקוֹם אִתִּי, "YHWH 说：'看哪，我旁边有个地方'"（YHWH said, "See, there

is a place *beside me*；出 33:21）；
אֶל־הַמֶּרְכָּבָה בְמַעֲלֵה־גוּר אֲשֶׁר אֶת־יִבְלְעָם, “【所以他们射伤他】在战车里，在姑珥的上坡，靠近以伯莲”（[so they shot him] in the chariot, at the ascent of Gur, which is *by* Ibleam；王下 9:27）。

4.1.5 בְּ

(a) 表示空间（Spatial）——这个介词[11] 表示位置，尤其是表示在某个地方（at）、在某个地方里（in）、在某地之上（on）：לַעֲשׂוֹת זְבָחִים בְּבֵית־יְהוָה בִּירוּשָׁלִַם, “在耶路撒冷 YHWH 的殿里献祭”（to offer sacrifices *in* the house of YHWH *at* Jerusalem；王上 12:27）；וַיִּזְבַּח יַעֲקֹב זֶבַח בָּהָר, “然后雅各在那山上献祭”（Then Jacob offered a sacrifice *on the* mountain；创 31:54）；הַכְּנַעֲנִי אָז בָּאָרֶץ, “那时有迦南人在那地里”（the Canaanites were then *in the* land；创 12:6）。

介词 בְּ 与某些表示运动或者动作的动词连用，可以表达“穿过”：
וַיַּעֲבֹר אַבְרָם בָּאָרֶץ, “亚伯兰穿过那地”（and Abram passed *through* 117
the land；创 12:6）；קוּם הִתְהַלֵּךְ בָּאָרֶץ, “起来，穿过这地”（rise up, walk *through the* land；创 13:17）。有时，介词 בְּ 指的是动作“进入”或者停在某地（终止用法，terminative）：הַבָּאִים אַחֲרֵיהֶם בַּיָּם, “那些跟在他们后面进入大海的人”（those who went after them *into the sea*；出 14:28）；וְשִׁלַּח אֶת־הַשָּׂעִיר בַּמִּדְבָּר, “他要把这山羊送进旷野”（and he shall send forth the goat *into the wilderness*；

---

11 在介词 בְּ 的用法中空间用法大约占 58%，而只有 16% 是时间用法（Jenni 1992, 69）。关于完整的用法罗列和大量示例，可见 *HALOT* 1:104-105; *DCH* 2:82-86。

利 16:22）；בְּנֵי אָדָם בְּצֵל כְּנָפֶיךָ יֶחֱסָיוּן，“世人都投靠在你翅膀的荫蔽里”（all people may take refuge *in* the shadow of your wings；诗 36:8，和合本 36:7）。这类位置用法也包括介词 בְּ 意指“在……范围内”，即指在一个群体“中间”或“里面”：

וְהֵפִיץ יְהוָה אֶתְכֶם בָּעַמִּים וְנִשְׁאַרְתֶּם מְתֵי מִסְפָּר בַּגּוֹיִם，“YHWH 将分散你们在万民中，在万国中你们留下的人稀少”（YHWH will scatter you *among the peoples* and you shall be left few in number *among the nations*；申 4:27）；אוֹדְךָ בָעַמִּים אֲדֹנָי，“主啊，我要在万民中感谢你”（I will give thanks to you, O Lord, *among the peoples*；诗 57:10）。有时，בְּ 似乎意味着运动或者动作从某个地方离开，尤其是在诗体中：

אֲדֹנָי מָעוֹן אַתָּה הָיִיתָ לָּנוּ בְּדֹר וָדֹר，“主啊，从历代起你一直是我们的居所”（Lord, you have been our dwelling place *from* all generations；诗 90:1）；אֵין יְשׁוּעָתָה לּוֹ בֵאלֹהִים，“他没有从神来的拯救”（he has no salvation *from* God；诗 3:3）；דַיַּן אַלְמָנוֹת אֱלֹהִים בִּמְעוֹן קָדְשׁוֹ，“神从他的圣所做寡妇的保护者”（a protector of widow is God *from* his sanctuary；诗 68:6）；הֲלִיכוֹת אֵלִי מַלְכִּי בַקֹּדֶשׁ，“我的王、我的神的队伍离开圣所”（the processions of my God, my King, *from the sanctuary*；诗 68:25，和合本 68:24）。[12]

---

12 对于介词 בְּ 所谓的双重含义“在……里”（in）和“从……离开”（from），因为乌加列语的证据而有激烈的争议，该证据似乎支持在这些诗体的上下文中取“从……离开”的含义，尤其是在诗篇中。参考文献可见 *DCH 2:602*，也可见 4.1.10 中对介词 לְ 的讨论。

(b) 表示时间（Temporal）——表达某个动作发生的时刻或者时间点：בְּיוֹם עֲשׂוֹת יְהוָה אֱלֹהִים אֶרֶץ וְשָׁמָיִם, “在 YHWH 创造天地的日子”（*in the day* when YHWH God made earth and heavens；创 2:4）；בְּיוֹם בְּרֹא אֱלֹהִים אָדָם, “在神创造人的日子”（*in the day* when God created humankind；创 5:1）；בִּימֵי קְצִיר־חִטִּים, “在收割小麦的日子”（*in the days of* wheat harvest；创 30:14）；וַיָּבֹא יַעֲקֹב מִן־הַשָּׂדֶה בָּעֶרֶב, “在晚上，雅各从田间回来了”（and Jacob came from the field *in the evening*；创 30:16）；בְּכָל־עֵת אֹהֵב הָרֵעַ, “朋友在任何时候都相爱”（a friend loves *at all times*；箴 17:17）。当与附属不定式连用，常
意指“当……时”“无论什么时候”：בְּהִבָּרְאָם, “当它们【诸天和地】 118
被创造的时候”（*when* they [the heavens and the earth] were created；创 2:4）；בְּצֵאתָם מִמִּצְרָיִם, “当他们【以色列人】从埃及出发的时候”（*when* they [the Israelites] came out of Egypt；书 5:4）；例如，Shema 后面的著名经文：וְדִבַּרְתָּ בָּם בְּשִׁבְתְּךָ בְּבֵיתֶךָ וּבְלֶכְתְּךָ בַדֶּרֶךְ וּבְשָׁכְבְּךָ וּבְקוּמֶךָ, “当你坐在家里时，当你走在路上时，当你躺卧时，当你起来时，你要述说它们【神的话】”（and you shall speak of them [God’s words] *when* you sit at home and *when* you are on the road, *when* you lie down and *when* you rise；申 6:7）。

(c) 表示工具（Instrumental）——通常指出用作执行某个动作的无生命物体：בַּשֵּׁבֶט יַכּוּ, “他们将用杖击打【它】”（*with a rod* they will smite［him］；弥 4:14，和合本 5:1）；וְהָרַגְתִּי אֶתְכֶם בֶּחָרֶב, “我将用剑杀死你们”（and I will kill you with the sword；出 22:23，和合本 22:24）。与此用法类似的是 בְּ 的**材料用法**（material），表明制造某物所用的材料：

וְצֹרֵף בַּזָּהָב יְרַקְּעֶנּוּ，“金匠用金子包裹它”（and a goldsmith overspreads it with gold；赛 40:19）。

(d) 表示反对（Adversative）——表示一种不利的关系：

יָדוֹ בַכֹּל וְיַד כֹּל בּוֹ，“他的手将反对所有人，而所有人的手将反对他”（his hand shall be against everyone and everyone's hand against him；创 16:12）。在一些上下文中，反对性的 בְּ 表示“尽管”：

לֹא־יַאֲמִינוּ בִי בְּכֹל הָאֹתוֹת אֲשֶׁר עָשִׂיתִי בְּקִרְבּוֹ，“尽管我在他们中间行了所有这些神迹，他们仍不相信我”（they do not believe in me in spite of all the signs that I have done among them；民 14:11）。

(e) 表示详细说明（Specification）——进一步澄清或者解释前面的动词，否则前面内容会阐述得较为笼统或者含糊：

וְשָׂמַחְתָּ בְכָל־הַטּוֹב אֲשֶׁר נָתַן־לְךָ יְהוָה，“你要欢喜——以 YHWH 所赐给你的一切好处”（and you shall rejoice in all the good which YHWH has given to you；申 26:11）。作为详细说明的介词 בְּ 也可以用来列举组成整体的各个部分：

וַיִּגְוַע כָּל־בָּשָׂר הָרֹמֵשׂ עַל־הָאָרֶץ בָּעוֹף וּבַבְּהֵמָה וּבַחַיָּה וּבְכָל־הַשֶּׁרֶץ，“所有在地上行动的有血肉的活物——鸟、牛、野生动物和所有的爬行生物——都死了”（and all flesh died that moved on the earth—birds, cattle, wild animals, all swarming creatures；创 7:21）；

וַיְמָרְרוּ אֶת־חַיֵּיהֶם בַּעֲבֹדָה קָשָׁה בְּחֹמֶר וּבִלְבֵנִים וּבְכָל־עֲבֹדָה בַּשָּׂדֶה，“他们用艰苦的劳作——以【制作】砂浆、以【制作】砖以及以田间

一切的劳作——来让他们活得痛苦”（and they made their lives bitter with hard service — *in* mortar and *in* brick and *in* all field service；出 1:14）。

(f) 表示起因（Causal）——表示理由或者原因: 119
אִישׁ בְּחֶטְאוֹ יוּמָתוּ, “每个人都将因为自己的罪被处死”（each person shall be put to death *because of* his own sin; 申 24:16）; הֵן הֵנָּה הָיוּ לִבְנֵי יִשְׂרָאֵל בִּדְבַר בִּלְעָם לִמְסָר־מַעַל בַּיהוָה, “看哪！因为巴兰的话，这些妇人使以色列人行诡诈得罪 YHWH”（behold, these women caused the Israelites, *because of* the word of Balaam, to act treacherously against YHWH；民 31:16）；וּרְאִיתֶם אֶת־כְּבוֹד יְהוָה בְּשָׁמְעוֹ אֶת־תְּלֻנֹּתֵיכֶם עַל־יְהוָה, “你们将看到 YHWH 的荣耀，因为他听到了你们对他的怨言”（and you shall see the glory of YHWH, *because* he has heard your complaining against YHWH；出 16:7）；בַּעֲזָבְכֶם אֶת־מִצְוֺת יְהוָה, “因为你们离弃了 YHWH 的诫命”（*because* you have forsaken the commands of YHWH；王上 18:18）。该介词也可以与 אֲשֶׁר 连用来表达原因: בַּאֲשֶׁר אַתְּ־אִשְׁתּוֹ, “因为你是他的妻子”（*because* you are his wife; 创 39:9）；בַּאֲשֶׁר יְהוָה אִתּוֹ, “因为 YHWH 与他同在”（*because* YHWH was with him；创 39:23）。[13]

(g) 表示伴随（Accompaniment）——表示同时发生的情况: יֵצְאוּ בִּרְכֻשׁ גָּדוֹל, “他们将带着大量财物出来”（they shall come

13 *HALOT* 1:99, § B,c; *DCH* 1:433, § 4c (5).

out *with* great possessions；创 15:14）；נְטֵה אֶת־יָדְךָ בְּמַטֶּךָ, “伸出你的手和你的杖”（stretch out your hand *with* your staff；出 8:1）；בְּעֶצֶב תֵּלְדִי בָנִים, “你生产儿女必伴随着痛苦”（*with* pain you shall bring forth children；创 3:16）；
וַיֵּצֵא אֱדוֹם לִקְרָאתוֹ בְּעַם כָּבֵד, “以东就带着大军出来攻打他们”（and Edom came out against them *with* a large force；民 20:20）。

(h) 表示本质（Essence）[14]——用来在上下文中标记出名词，有时与谓语连用，表示“正如（与……具有同样性质）”或者“（由……组成）的”：נַעֲשֶׂה אָדָם בְּצַלְמֵנוּ, “让我们【以同样的性质】按照我们的形象造人”（let us make humankind [*in the same nature*] *as* our image；创 1:26）；בִּדְמוּת אֱלֹהִים עָשָׂה אֹתוֹ, “他按照神的样式造了他”（*as* the likeness of God he made him；创 5:1）；וָאֵרָא אֶל־אַבְרָהָם אֶל־יִצְחָק וְאֶל־יַעֲקֹב בְּאֵל שַׁדָּי, “我曾向亚伯拉罕、以撒和雅各显现为全能的神”（and I appeared to Abraham, Isaac, and Jacob *as* God Almighty；出 6:3）；
הִנֵּה אֲדֹנָי יְהוִה בְּחָזָק יָבוֹא, “看哪，主 YHWH 作为大能者来到”（See, Lord YHWH comes *as* a mighty one；赛 40:10）；
וַיָּגָר שָׁם בִּמְתֵי מְעָט, “他【雅各】以稀少的【组成】人数在那里寄居”（and he［Jacob］sojourned there［*consisting*］*of* men few in number; 申 26:5）。

120 **(i) 表示方式（Manner）**——描写动作执行的方式或者动作发

14 较早期的语法学家称之为表达本质的 beth (beth essentiae)(Kautzsch 1910, 379)。见 Joüon and Muraoka 2006, 458；Waltke and O’connor 1990, 198；以及 *DCH* 2:84-85。

生时所伴随的情况。这种情况中，介词 בְּ 有状语的作用：

בֹּכִים בְּקוֹל גָּדוֹל, "大声地【字面意思：用大的声音】哭泣"（weeping *aloud* [literally: *with* a great voice]；拉 3:12）；

וְעַתָּה שׁוּב וָלֵךְ בְּשָׁלוֹם, "现在，回去吧，平平安安地【字面意思：在平安中】走吧"（go back now, and go *peaceably* [literally: *in* peace]；撒上 29:7）。

(j) **表示代价（Price）**——表明某物的代价或者价格，有时意指"冒着……的风险"或"交换"：בְּכֶסֶף מָלֵא יִתְּנֶנָּה לִי, "让他以十足价银【即全价】为代价给我"（let him give it to me *at the cost of* full silver [i.e., full price]；创 23:9）；

אֶעֱבָדְךָ שֶׁבַע שָׁנִים בְּרָחֵל בִּתְּךָ הַקְּטַנָּה, "以你小女儿拉结为代价，我愿意服侍你七年"（I will serve you seven years *as the price of* your younger daughter Rachel；创 29:18）；

וַיָּמִירוּ אֶת־כְּבוֹדָם בְּתַבְנִית שׁוֹר אֹכֵל עֵשֶׂב, "他们以吃草的牛的形象交换了他们的荣耀"（and they changed their glory *in exchange for* the image of an ox that eats grass；诗 106:20）。

4.1.6 בֵּין

用来指出两个点——通常是空间地点，有时是时间点——之间的间隔。有 80% 的情况，该词成对（... בֵּין ... וּבֵין）出现，来表达两个地点或者两个部分的间隔。这种情况下，第二个 בֵּין 不需重复翻译：[15] בֵּין בֵּית־אֵל וּבֵין הָעָי, "在伯特利和艾之间"（*between*

15 相关统计，见 Waltke and O'Connor 1990（199-201）和 *DCH* 2:146-149。

Bethel and Ai; 创 13:3)；וַיְהִי שָׁלוֹם בֵּין יִשְׂרָאֵל וּבֵין הָאֱמֹרִי, “在以色列人和亚摩利人之间有平安”（and there was peace *between* Israel and the Amorites; 撒上 7:14）；בְּרִית בֵּינִי וּבֵינֶךָ, “在我和你之间的约 / 我和你之间要有个约”（[let there be] a treaty *between me and you*; 王上 15:19）；
הַתּוֹרֹת אֲשֶׁר נָתַן יְהוָה בֵּינוֹ וּבֵין בְּנֵי יִשְׂרָאֵל בְּהַר סִינַי, “YHWH 在西奈山，在他自己和以色列人之间所立的律法”（the laws, which YHWH established *between himself* and the Israelites on Mount Sinai; 利 26:46）。当表达的意思是“在 A（一方）和 B 并 C（另一方）之间”时，该组合中的第二个 בֵּין 会重复出现：
וַיִּכְרֹת יְהוֹיָדָע אֶת־הַבְּרִית בֵּין יְהוָה וּבֵין הַמֶּלֶךְ וּבֵין הָעָם, “然后
121 耶何耶大在 YHWH 一方和另一方即王与百姓之间立约”（Then
Jehoiada made a covenant *between* YHWH *on the one hand*, and the king and people *on the other*; 王下 11:17）。[16]

其他情况下，介词 בֵּין 单独出现，并且是在复数或者双数名词之前或者带复数人称词尾来表示一组（人），这种情况下，该介词也可以表示“在……之间”（among）：
אֱלֹהֵי אַבְרָהָם וֵאלֹהֵי נָחוֹר יִשְׁפְּטוּ בֵינֵינוּ, “亚伯拉罕的神和拿鹤的神在我们之间做判断”（the God of Abraham and the God of Nahor judge *between us*; 创 31:53）；רִיב בֵּין אֲנָשִׁים, “人们之间的纷争”（a dispute *between* men; 申 25:1）；
מְשַׁלֵּחַ מְדָנִים בֵּין אַחִים, “在弟兄们之间散播纷争的人”（one who

---

16 关于这方面更多内容，以及该短语的其他变化用法，见 *DCH* 2:146。

sows discord *among* brothers；箴 6:19）。[17]

4.1.7 בְּעַד־/בַּעַד

(a) 表示空间（Spatial）——表示位置，尤其是在某事物“后面”：הָאָרֶץ בְּרִחֶיהָ בַעֲדִי לְעוֹלָם，“【我下往大地，】大地的门闩在我后面永远【关闭】”（[I went down to] the earth whose bars [are closed] *behind me* forever；拿 2:7，和合本 2:6）。与动词“关闭、封闭”（סגר）连用，意思是从里面关闭：וַיִּסְגֹּר יְהוָה בַּעֲדוֹ，“然后 YHWH 在他后面关上了”（and YHWH closed it *behind him*；创 7:16）；וּבָאת וְסָגַרְתְּ הַדֶּלֶת בַּעֲדֵךְ，“然后进去，把你后面的门关上”（and go in and shut the door *behind you*；王下 4:4）；סָגַר יְהוָה בְּעַד רַחְמָהּ，“YHWH 关闭了她的子宫”（YHWH *closed* her womb；撒上 1:6）。

该介词与表达移动的动词（בוא，ירד[Hi]，נפל，等等）连用，常表示动作“穿过”宾语：בְּעַד הַחַלּוֹנִים יָבֹאוּ כַּגַּנָּב，“他们像贼一样穿过窗户进来”（*through* the windows they enter like a thief；珥 2:9）；וַתּוֹרִדֵם בַּחֶבֶל בְּעַד הַחַלּוֹן，“于是她用绳子把他们透过窗户缒下去”（then she let them down by a rope *through* the window；书 2:15）。

用作比喻，表达空间意义上的“围绕，环绕”，带有与下面（b）“利益归属”相关的含义：

הֲלֹא־אַתָּה שַׂכְתָּ בַעֲדוֹ וּבְעַד־בֵּיתוֹ וּבְעַד כָּל־אֲשֶׁר־לוֹ מִסָּבִיב，“你不是

17 对于这类包含性（inclusive）用法，以及该介词包含性用法和排他性（exclusive）用法之区别，见 Waltke and O’Connor 1990 (199-201)。

以篱笆来四面围绕他、围绕他的家并且围绕他所有的吗？”（Have you not put a fence *around him*, his house, and all that he has, on every side?; 伯 1:10 *Qere*）; אַתָּה יְהוָה מָגֵן בַּעֲדִי, “YHWH 啊，你是围绕我的盾牌”（You, O YHWH, are a shield *around me*；诗 3:4，和合本 3:3）。

122 (b) **表示利益归属（Advantage）**——表示利益关系，通常需要翻译为“为了”或者“为了……的益处”：יִתְפַּלֵּל בַּעַדְךָ וֶחְיֵה, “他要为你祷告，你就可以存活”（he will pray *for you* and you will live；创 20:7）；אוּלַי אֲכַפְּרָה בְּעַד חַטַּאתְכֶם, “或许我能为你们的罪赎罪”（perhaps I can make atonement *for* your sin；出 32:30）; וְכַפֵּר בַּעַדְךָ וּבְעַד הָעָם, “为你自己和为这百姓赎罪”（and make atonement *for yourself and for* the people；利 9:7）；לְכוּ דִרְשׁוּ אֶת־יְהוָה בַּעֲדִי וּבְעַד־הָעָם וּבְעַד כָּל־יְהוּדָה, “去，为了我、为了这百姓和全犹大，求问 YHWH”（Go, inquire of YHWH *on my behalf, and on behalf of* the people and all Judah；王下 22:13）。

4.1.8 יַעַן

表示起因（Causal）——单词 יַעַן 通常用作连词，表示原因：יַעַן כָּל־תּוֹעֲבֹתָיִךְ, “因为你一切可憎的事”（*because of* all your abominations；结 5:9）；יַעַן מָאַסְתָּ אֶת־דְּבַר יְהוָה וַיִּמְאָסְךָ מִמֶּלֶךְ, “因为你厌弃了 YHWH 的话，YHWH 也厌弃了你做王”（*because* you rejected the word of YHWH, he has rejected you as king;

撒上 15:23）。在一些更具体的结构中，该词出现表示起因子句（Causal Clause；见 5.2.5）。

4.1.9 כְּ

与其他介词不同的是，介词 כְּ 没有空间用法，而且只与附属不定式连用表达时间。相反地，该词显示的是比较或者对应关系。

(a) **表示一致性（Agreement）**——该词通常表达**数量**或者**测度**上的一致：יֹסֵף עֲלֵיכֶם כָּכֶם אֶלֶף פְּעָמִים，“按照你们现在的数量，【愿 YHWH】使你们更多千倍”（[may YHWH] make you a thousand times *as* many as you are；申 1:11）。这种数量一致也可以是近似的：וַיֵּשְׁבוּ שָׁם כְּעֶשֶׂר שָׁנִים，“他们住在那里大约有十年”（they lived there *about* ten years；得 1:4）；כְּאַרְבָּעִים אֶלֶף חֲלוּצֵי הַצָּבָא，“大约四万装备好作战的人”（*about* forty thousand armed for war；书 4:13）。

除了数量上的一致，介词 כְּ 也可以表达**种类**或者**品质**上的一致：וִהְיִיתֶם כֵּאלֹהִים，“你们将像神一样”（you will be *like* God；创 3:5）；הֲלוֹא יְדַעְתֶּם כִּי־נַחֵשׁ יְנַחֵשׁ אִישׁ אֲשֶׁר כָּמוֹנִי，“你不知道像我这样的人会占卜吗？”（Do you not know that a man *like me* practices divination?；创 44:15）； 123
וּבָעֶרֶב יִהְיֶה עַל־הַמִּשְׁכָּן כְּמַרְאֵה־אֵשׁ עַד־בֹּקֶר，“在晚上，【云彩】在帐幕上，像火的形状，直到早晨”（In the evening, [the cloud] was over the tabernacle, *like the appearance of fire*, until morning；民 9:15）。

这种一致可以以标准或方式的形式出现：

נַעֲשֶׂה אָדָם בְּצַלְמֵנוּ כִּדְמוּתֵנוּ，“让我们以我们的形象、按照我们的样式造人”（Let us make humankind in our image, *according to* our likeness；创 1:26）；

תִּזְבַּח וְאָכַלְתָּ בָשָׂר כְּבִרְכַּת יְהוָה אֱלֹהֶיךָ אֲשֶׁר נָתַן־לְךָ，“你可以按照 YHWH 你的神所赐予的福分杀牲吃肉”（you may slaughter and eat meat *according to* the blessing of YHWH your God, which he has given you；申 12:15）。

（b）**表示对应（Correspondence）**——是一种比较用法，在被比较的事物之间建立一种对等的关系，通常用来描述被比较者的身份：הוּא כְּאִישׁ אֱמֶת，“他真的是一个信实的人”（he was *indeed* a man of truth；尼 7:2）。这种用法在 כְּ...כְּ 结构中更为常见：וְהָיָה כָעָם כַּכֹּהֵן כַּעֶבֶד כַּאדֹנָיו，“未来将是：人民怎样，祭司也怎样；奴仆怎样，他的主人也怎样”（And it shall be, *as with the people*, *so with the priest*; *as with the slave*, *so with his master*；赛 24:2）。

（c）**表示时间（Temporal）**——与附属不定式连用，表达“当……时”（when）或者“一……就”（as soon as）：

וְהָיָה כִּרְאוֹתוֹ כִּי־אֵין הַנַּעַר וָמֵת，“只要他一看见少年没与我们在一起，他就会死”（*As soon as he sees* that the boy is not with us, he will die；创 44:31）；וַיְהִי כְּבוֹא אַבְרָם מִצְרָיְמָה，“当亚伯兰进入埃及”（*when* Abram entered Egypt；创 12:14）；

כִּשְׁמֹעַ עֵשָׂו אֶת־דִּבְרֵי אָבִיו，“当以扫听到他父亲的这些话”（*when*

Esau heared the words of his father；创 27:34）；
וְהָיָה כְּקָרָבְכֶם אֶל־הַמִּלְחָמָה，"当你们临近战斗时"（*when* you draw near for battle；申 20:2）。

4.1.10 לְ

(a) 表示空间（Spatial）——通常用来指明方向，"向……"（to）或"往……"（toward）介词宾语的方向：
הֲבוֹא נָבוֹא אֲנִי וְאִמְּךָ וְאַחֶיךָ לְהִשְׁתַּחֲוֹת לְךָ אָרְצָה，"我们，就是我和你的母亲、你的兄弟们，真的要匍匐倒地向你下拜吗？"（Will we indeed come, I and your mother and your brothers, to bow down *to you*, to the ground?；创 37:10）；הָרִיעוּ לֵאלֹהִים בְּקוֹל רִנָּה，"要向神欢声呼喊"（Shout *to God*, with a voice of joy；诗 47:2，和合本 47:1）。

与表达移动的动词连用，介词 לְ 的空间用法则带有**终止的**（terminative）含义，表示动作抵达目标：הַיּוֹם בָּא לָעִיר，"今天他来到了这城市"（he came *to* the city today；撒上 9:12）；
וַיִּשְׁלַח הָאֱלֹהִים מַלְאָךְ לִירוּשָׁלַםִ，"神差遣了一位使者到耶路撒冷" 124
（and God sent a messenger *to* Jerusalem；代上 21:15）。有时，表示空间的 לְ 会有离格（ablative）用法，表示运动远离介词宾语：
לֹא יִמְנַע־טוֹב לַהֹלְכִים בְּתָמִים，"他没有从那些行动正直的人那里收回好处"（He does not withhold goodness *from those who walk* in uprightness；诗 84:12）；וְלֵיהוִה אֲדֹנָי לַמָּוֶת תּוֹצָאוֹת，"【人】从死里逃脱，在于主 YHWH"（Escape *from death* belongs to YHWH, the Lord；诗 68:21，和合本 68:20）。

(b) **表示位置（Locative）**——把介词宾语定位在某个特定的地点：וַתֵּשֶׁב לִימִינוֹ, “她坐在他的右边”（she sat *at* his right；王上 2:19）；לַפֶּתַח חַטָּאת רֹבֵץ, “罪正伏在门口”（Sin is crouching *at the door*；创 4:7）；
וַיַּעֲלוּ וַיָּתֻרוּ אֶת־הָאָרֶץ מִמִּדְבַּר־צִן עַד־רְחֹב לְבֹא חֲמָת, “他们上去窥探那地，从寻的旷野直到在哈马口的利合”（They went up and spied out the land from the wilderness of Zin to Rehob, *at* Lebo Hamath；民 13:21）。

(c) **表示时间（Temporal）**——类似于位置用法，介词 לְ 的时间用法表明介词宾语处在某个特定时刻或者时间中：
וַתָּבֹא אֵלָיו הַיּוֹנָה לְעֵת עֶרֶב, “鸽子在晚上的时间来到他那里”（the dove came to him *at* the time of evening；创 8:11）；
וְהָבִיאוּ לַבֹּקֶר זִבְחֵיכֶם, “在早晨带来你们的祭物！”（Bring your sacrifices *in the morning*；摩 4:4）。介词 לְ 的时间用法也可以用来表明运动朝向某个时刻，或者动作 / 景况持续到某个时刻：
וְלֹא־יָלִין מִן־הַבָּשָׂר אֲשֶׁר תִּזְבַּח בָּעֶרֶב בַּיּוֹם הָרִאשׁוֹן לַבֹּקֶר, “你在第一天晚上宰杀的祭物不可以被保留过夜到早晨”（None of the flesh which you slaughter in the evening of the first day shall remain overnight *until the morning*；申 16:4）；כָּל־יָמֶיךָ לְעוֹלָם, “你所有的日子直到永远”（all your days *into perpetuity*；申 23:7, 和合本 23:6）。

(d) **表示目的（Purpose）**——常与附属不定式连用，显示另一个动词的目标或者目的：
וַיּוֹצֵא מֹשֶׁה אֶת־הָעָם לִקְרַאת הָאֱלֹהִים מִן־הַמַּחֲנֶה，“然后摩西领百姓从营帐出来去迎接神”（then Moses brought the people out from the camp *to meet* God；出 19:17）；
אַתָּה יָדַעְתָּ אֶת־דָּוִד אָבִי כִּי לֹא יָכֹל לִבְנוֹת בַּיִת לְשֵׁם יְהוָה אֱלֹהָיו，“你知道，我的父亲大卫不能为他的神 YHWH 的名建造圣殿”（You know that David my father was unable *to build* a house for the name of YHWH his God；王上 5:17，和合本 5:3）。

与此有关的是**起因**（causal）用法，介词 לְ 显示动作背后的动 125
机：אִישׁ הָרַגְתִּי לְפִצְעִי，“我杀了一个人，因为【他】伤我”（I have killed a man *for wounding me*；创 4:23）；
לֹא תִתְגֹּדְדוּ וְלֹא־תָשִׂימוּ קָרְחָה בֵּין עֵינֵיכֶם לָמֵת，“你不可为了死人而割伤自己或剃光额头”（You shall not cut yourselves or shave your foreheads *because of the dead*；申 14:1）。

(e) **类似受格**（Quasidatival）——介词 לְ 有几个受格的用法。其中一个常见用法是表明“给”“说”“听”或“差遣”等动词的间接宾语：תִּתֶּן־לוֹ，“你将要给他”（you will give *to him*；申 15:14）；אֶלֶף לַמַּטֶּה אֶלֶף לַמַּטֶּה לְכֹל מַטּוֹת יִשְׂרָאֵל תִּשְׁלְחוּ לַצָּבָא，“从以色列所有支派中，每个支派一千人，你们要差遣他们去战场”（A thousand from each tribe of all the tribes of Israel you shall send *to the war*；民 31:4）；הֲלֹא הוּא אָמַר־לִי אֲחֹתִי הִוא，“不是他自己对我说：‘她是我的妹妹’吗？”（Did he himself not say *to me*, ‘She is my sister’?；创 20:5）。

(e.1) 表示利益归属（Interest/Advantage）——有时介词 לְ 被

称为**伦理受格**（ethical dative），表明动作所指或者动作意图所诉诸的人或者事物：אַל־תִּבְכּוּ לְמֵת，“不要为死人哀哭”（Do not weep *for the dead*；耶 22:10）；הֲטוֹב לְךָ כִּי־תַעֲשֹׁק，“于你而言欺压人是正确的吗？”（Is it right *for you* to oppress?；伯 10:3）；שִׂימָהּ בְּפִיהֶם לְמַעַן תִּהְיֶה־לִּי הַשִּׁירָה הַזֹּאת לְעֵד בִּבְנֵי יִשְׂרָאֵל，“把它放在他们口中，好让这首歌为我指责以色列人做见证”（Put it in their mouths, so that this song will be a witness *for me* against the people of Israel；申 31:19）。

有时介词 לְ 表达的意思完全相反，表明某个动作或者处境是针对或者反对某人或者某事的：גַּם־אָנֹכִי אוֹתְךָ מֵחֲטוֹ־לִי，“我也拦阻了你犯罪得罪我”（I also kept you from sinning *against me*；创 20:6）。

(e.2) 表示成果（Product）——与表达造作的动词连用，介词 לְ 表示事物被造成或者人被改变的结果，可以指地位上的改变或者外形上的造作：וְאֶעֶשְׂךָ לְגוֹי גָּדוֹל，“我要使【造作】你成为大国”（I will make you [*into*] a great nation；创 12:2）；וַיִּבֶן יְהוָה אֱלֹהִים אֶת־הַצֵּלָע אֲשֶׁר־לָקַח מִן־הָאָדָם לְאִשָּׁה，“然后 YHWH 神用他从这人所取下的肋骨造成为一个女人”（And YHWH God made the rib that he had taken from the man *into a woman*；创 2:22）；וּבַשְּׁבִעִת יֵצֵא לַחָפְשִׁי，“在第七【年】，他【你的希伯来男仆】要作为自由人出去”（and in the seventh [year], he[your male Hebrew slave] shall go out *as a free person*；出 21:2）；יָצָא מִמְּקֹמוֹ לָשׂוּם אַרְצֵךְ לְשַׁמָּה，“他从他的地方出发，要使你的地成为荒凉”（He has gone out from his place to make your land *into a desolation*；耶 4:7）。

(f) 表示拥有（Possession）——表示介词 לְ 的宾语拥有某物：126
כַּסְפְּךָ וּזְהָבְךָ לִי־הוּא,“你的银子和金子是我的【字面意思：向 / 为我】”（your silver and your gold are *mine* [Literally: *to/for me*]；王上 20:3）；הַמֵּת לְיָרָבְעָם בָּעִיר יֹאכְלוּ הַכְּלָבִים,“任何属于耶罗波安的人，死在城里的，狗将吃掉【他】”（Anyone *belonging to Jeroboam* who dies in the city, the dogs will eat; 王上 14:11）。

介词 לְ 经常与表示存在的小品词连用来表达拥有；与表示不存在的小品词连用表达不拥有（见 4.4.1 和 4.4.2）。

(g) 表示所有格（Genitival）——由名词附属链来表达所有格关系时，附属名词必须在限定性上与独立名词保持一致（见 2.2）。[18] 在圣经希伯来文中，介词 לְ 可以表达限定性不一致的名词之间的附属关系：רָאִיתִי בֵּן לְיִשַׁי בֵּית הַלַּחְמִי,“我见过伯利恒人耶西的一个儿子”（I have seen *a son of Jesse*, the Bethlehemite；撒上 16:18）；אִתְּכֶם יִהְיוּ אִישׁ אִישׁ לַמַּטֶּה,“每个支派的一个人将与你们同在”（*A man of each tribe* shall be with you；民 1:4）。

(h) 表示详细说明（Specification）——引起对介词宾语的注意：וּלְיִשְׁמָעֵאל שְׁמַעְתִּיךָ,“至于以实玛利，我垂听你……”（*With regard to* Ishmael, I have heard you…；创 17:20）；
שְׁלֹף חַרְבְּךָ וּמוֹתְתֵנִי פֶּן־יֹאמְרוּ לִי אִשָּׁה הֲרָגָתְהוּ,“拔出你的剑来杀了我，免得别人提及我时，说‘一个女人杀了他’”（Draw your sword

18 相关细节可复习初阶语法书，例如，Garrett and DeRouchie 2009, 74。

and kill me, so that it will not be said *of me*, ‘A woman killed him’；士 9:54）；אִמְרִי־לִי אָחִי הוּא, “提到我时要说：‘他是我的哥哥’”（say *of me*, ‘He is my brother’；创 20:13）；מִי־אֵלֶּה לָּךְ, “这些与你相关的是谁？”（what are these *in relation to you*?；创 33:5）。

(i) 表示规范（Normative）——把介词宾语分类，有时是把一个较大整体划分为部分，经常译为“按照”：
הִתְיַצְּבוּ לִפְנֵי יְהוָה לְשִׁבְטֵיכֶם וּלְאַלְפֵיכֶם, “你们要按照你们的支派、按照你们的宗族【字面意思：数千】站在 YHWH 面前”（present yourselves before YHWH *according to* your tribes and *according to* your thousands；撒上 10:19）；עֵץ פְּרִי עֹשֶׂה פְּרִי לְמִינוֹ, “果树按照它的类别结果子”（fruit trees bearing fruit *of* its kind；创
127 1:11）；בְּנֵי מְרָרִי לְמִשְׁפְּחֹתָם לְבֵית־אֲבֹתָם תִּפְקֹד אֹתָם, “至于米拉利的子孙，你要按照他们的家族、按照他们的父家来数点他们”（As for the Merarites, you shall number them *by* their families and *by* their fathers’ households；民 4:29）；
הָבוּ לָכֶם אֲנָשִׁים חֲכָמִים וּנְבֹנִים וִידֻעִים לְשִׁבְטֵיכֶם וַאֲשִׂימֵם בְּרָאשֵׁיכֶם, “要按照你们的支派，为你们自己选择一些有智慧、有见识和有名望的人，我将指派他们做你们的首领”（Choose for yourselves individuals who are wise, discerning, and reputable *according to* your tribles and I will appoint them to be your leaders；申 1:13）。

(j) 表示方式（Manner）——表达动作符合介词宾语所表示的

标准或者原则：יַצֵּב גְּבֻלֹת עַמִּים לְמִסְפַּר בְּנֵי יִשְׂרָאֵל, “他按照以色列民的数目立定了百姓的疆界”（He fixed the boundaries of the people *according to* the number of the people of Israel；申 32:8）；לֹא־לְמַרְאֵה עֵינָיו יִשְׁפּוֹט וְלֹא־לְמִשְׁמַע אָזְנָיו יוֹכִיחַ, “他不凭眼睛所见做审判，也不凭耳朵所闻定判断”（He will not judge *by* what his eye will see, and he will not make a decision *by* what his ears hear；赛 11:3）。

(k) 表示评估（Estimative）——表达介词宾语所持的观点或者看法：[19] וָאֶהְיֶה תָמִים לוֹ, “我对他而言是完全的”（I was blameless *to him*；撒下 22:24）；
כִּי מָרְדֳּכַי הַיְּהוּדִי מִשְׁנֶה לַמֶּלֶךְ אֲחַשְׁוֵרוֹשׁ וְגָדוֹל לַיְּהוּדִים, “因为犹太人末底改仅次于亚哈随鲁王，而且在犹大人中被尊为大”（For Mordecai the Jew was second to King Ahasuerus and *great among the Jews*；斯 10:3）。但是当神的名字作为评估性介词 לְ 的宾语时，可以表达一种类似最高级（quasi-superlative）的含义，让人注意到从上帝的角度对某事做出的评估：
וְנִינְוֵה הָיְתָה עִיר־גְּדוֹלָה לֵאלֹהִים, “尼尼微是极大的城市”或“尼尼微在神的眼中是一个大城”（‘Nineveh was an *exceedingly* great city’ or ‘Nineveh was a great city *in the eyes of God*’；拿 3:3）。

(l) 表示施动者（Agent）——与动词的被动形式连用，常用来表示动作的施行者：בָּרוּךְ אַבְרָם לְאֵל עֶלְיוֹן קֹנֵה שָׁמַיִם וָאָרֶץ, “愿

19 *DCH* 4:484a.

亚伯兰蒙天地的创造者、至高的神赐福”（Blessed be Abram, *by God* most high, maker of heaven and earth；创 14:19）；

וְנִבְחַר מָוֶת מֵחַיִּים לְכֹל הַשְּׁאֵרִית, “是死亡而不是生命将被所有的余民选择”（Death will be chosen, rather than life, *by all the remnant*；耶 8:3）。

(m) 表示反身（Reflexive）——介词 לְ 也用作反身，此时介词
128 宾语通常与动词的主语相同。这种用法常见于介词 לְ 与表示移动的动词或者命令式动词连用时，最好不必翻译。לֶךְ־לְךָ, “去！”（*Go!*；创 12:1）；קוּם בְּרַח־לְךָ אֶל־לָבָן אָחִי חָרָנָה, “起来！逃往哈兰我兄弟拉班那里去”（*Arise*, and *flee* to Laban my brother in Haran；创 27:43）；

וַיֹּאמֶר יְהוָה אֶל־מֹשֶׁה כְּתָב־לְךָ אֶת־הַדְּבָרִים הָאֵלֶּה, “YHWH 对摩西说：‘写下这些话’”（YHWH said to Moses, ‘*Write* these words’；出 34:27）。

4.1.11 לְמַעַן

(a) 表示目的（Purpose）——该介词搭配动词不定式显示目的：
וְיֵהוּא עָשָׂה בְעָקְבָּה לְמַעַן הַאֲבִיד אֶת־עֹבְדֵי הַבָּעַל, “但是耶户用诡计这样做，是为了除灭巴力的仆人们”（But Jehu did it in cunning, *in order to destroy* the servants of Baal；王下 10:19）；

אִמְרִי־נָא אֲחֹתִי אָתְּ לְמַעַן יִיטַב־לִי בַעֲבוּרֵךְ, “请说你是我的妹妹，好让我因为你而得平安”（Please say that you are my sister, *so that* it will go well for me because of you；创 12:13）。

(b) 表示起因（Causal）——说明动作或者处境的起因：
וַיִּתְעַבֵּר יְהוָה בִּי לְמַעַנְכֶם，“YHWH 因为你们而对我发怒”（and YHWH was angry with me *because of you*；申 3:26）；
הַשֵּׁבֶט הָאֶחָד יִהְיֶה־לּוֹ לְמַעַן עַבְדִּי דָוִד וּלְמַעַן יְרוּשָׁלִַם，“因为我的仆人大卫，也因为耶路撒冷的缘故，他将拥有一个支派”（He will have one tribe, *because of* my servant David *and because of* Jerusalem；王上 11:32）。

4.1.12 לִפְנֵי

这个介词是简单介词 לְ 置于实名词 פָּנִים 的附属形式之前而形成的组合词。

(a) 表示位置（Locative）——基本上，该词表示位置是指“在……面前”或“在……前面”（before，in front of）：
וְאַבְרָהָם עוֹדֶנּוּ עֹמֵד לִפְנֵי יְהוָה，“亚伯拉罕仍然站在 YHWH 面前”（and Abraham was still standing *before* YHWH；创 18:22）；
וְהִנַּחְתָּם בְּאֹהֶל מוֹעֵד לִפְנֵי הָעֵדוּת אֲשֶׁר אִוָּעֵד לָכֶם שָׁמָּה，“把它们存放在会幕里见证前，就是我与你们相会的地方”（Deposit them in the tent of meeting *in front of* the testimony, where I meet with you；民 17:19，和合本 17:4）。

虽然这个介词翻译为“在……面前”，但可能强调的不是宾语的位置，而是宾语被置于某人的权柄之下或者归某人支配和处置： 129
הִנֵּה־רִבְקָה לְפָנֶיךָ קַח וָלֵךְ，“现在利百加就在你面前，带上她走吧”

（Here is Rebekah *before you*; take her and go；创 24:51）；אִתָּנוּ תֵּשֵׁבוּ וְהָאָרֶץ תִּהְיֶה לִפְנֵיכֶם, “你们可以与我们同住，这地也将开放在你们面前”（You shall dwell with us, and the land shall be open *before you*；创 34:10）。

(b) **表示时间（Temporal）**——指向发生在过去的动作，该动作与上下文中同期发生的情况相关，意思是“在……之前”（before）：שְׁנָתַיִם לִפְנֵי הָרָעַשׁ, “在地震之前的两年”（two years *before* the earthquake；摩 1:1）；לִפְנֵי קָצִיר, “在收割之前”（*before* the harvest；赛 18:5）。

(c) **表示感知（Perceptual）**——表达某人的个人观点，或者介绍引起某人注意的事件或者情况：
מֶה־חַטָּאתִי לִפְנֵי אָבִיךָ כִּי מְבַקֵּשׁ אֶת־נַפְשִׁי, “我犯了什么罪得罪了你父亲，以至于他寻索我的性命？”（What is my sin *against* your father that he seeks my life?；撒上 20:1）；וַתִּשָּׁחֵת הָאָרֶץ לִפְנֵי הָאֱלֹהִים, “这地在神的眼中败坏了”（The earth was corrupt *in the sight of* God；创 6:11）；מִכֹּל חַטֹּאתֵיכֶם לִפְנֵי יְהוָה תִּטְהָרוּ, “你将在 YHWH 面前，从你们所有的罪中得以洁净”（You will be clean from all your sins *before* YHWH；利 16:30）。

4.1.13 מִן

(a) **表示来源（Source）**——介词 מִן 其中一个最常见的用法是指明某物或者某人的来源：אִבְצָן מִבֵּית לָחֶם, “伯利恒的以比赞”

（Ibzan *from Bethlehem*；士 12:8）；

וְעַתָּה קְחוּ לָכֶם שְׁנֵי עָשָׂר אִישׁ מִשִּׁבְטֵי יִשְׂרָאֵל，“现在，你们要从以色列众支派中为自己选十二个人”（Now, take for yourselves twelve men *from the tribes of Israel*；书 3:12）。

与其来源用法相关的是介词 מִן 不仅强调事物原点，也可以强调远离原点的动作，表示动作处于离格状态：לְהוֹצִיאָם מֵאֶרֶץ מִצְרָיִם，“把他们从埃及地领出来”（to bring them out *from the land of Egypt*；出 12:42）；וְיָצָאתִי אַחֲרָיו וְהִכִּתִיו וְהִצַּלְתִּי מִפִּיו，“我追赶它、击打它，从它口中把【羊羔】救下来”（I went after him and I struck him and I rescued [the lamb] *from his mouth*；撒上 17:35）。

（b）表示时间（Temporal）——类似来源用法，表明既定时间的起点：אֲנִי הִתְהַלַּכְתִּי לִפְנֵיכֶם מִנְּעֻרַי עַד־הַיּוֹם הַזֶּה，“我从年轻直到今日一直在你们面前行”（I have walked before you *from my youth* until this day；撒上 12:2）； 130

וּמָלַךְ יְהוָה עֲלֵיהֶם בְּהַר צִיּוֹן מֵעַתָּה וְעַד־עוֹלָם，“YHWH 将在锡安山统治他们，从今时直到永远”（YHWH will reign over them in Mount Zion *from now*, until eternity；弥 4:7）；

מִן־הַיּוֹם אֲשֶׁר הוֹצֵאתִי אֶת־עַמִּי אֶת־יִשְׂרָאֵל מִמִּצְרַיִם，“自从我把我的百姓以色列领出埃及的那日”（*Since the day* when I brought my people Israel out of Egypt；王上 8:16）。

（c）表示材料（Material）——表示完成动作所需要的材料，通常与表达制造的动词连用：

וַיִּיצֶר יְהוָה אֱלֹהִים אֶת־הָאָדָם עָפָר מִן־הָאֲדָמָה，“ YHWH 神用地上的

尘土造成了人”（And YHWH God formed man *from* the dust of the ground；创 2:7）；מַסֵּכָה מִכַּסְפָּם，“用他们的银子做成的偶像”（Idols made *from their silver*；何 13:2）。

（d）表示起因（Causal）——指出动作背后的原因或者理由：הָרִים רָעֲשׁוּ מִמֶּנּוּ，“诸山因他而震动”（The mountains quake *because of him*；鸿 1:5）；
חָלִילָה לִּי מֵיהוָה אִם־אֶעֱשֶׂה אֶת־הַדָּבָר הַזֶּה לַאדֹנִי，“因为 YHWH 的缘故，我绝不会做这事得罪我的主”（Far be it from me, *because of YHWH*, to do this thing against my lord；撒上 24:7，和合本 24:6）；וַיַּנַּח שְׁלֹמֹה אֶת־כָּל־הַכֵּלִים מֵרֹב מְאֹד מְאֹד，“所罗门没有称算这些器皿，因为它们非常多”（Solomon left all the vessels unweighed, *because* they were very numerous；王上 7:47）。

为了说明原因，介词 מִן 有时会用来指出被动动作的执行者（agent）：לֹא־יִכָּרֵת כָּל־בָּשָׂר עוֹד מִמֵּי הַמַּבּוּל，“凡血肉之体再也不会被洪水之水剪除”（All flesh shall never again be cut off *by the waters of a flood*；创 9:11）。

（e）表示评估（Estimative）——表示所做的评估或者判断：כִּי־כָבֵד מִמְּךָ הַדָּבָר לֹא־תוּכַל עֲשֹׂהוּ לְבַדֶּךָ，“因为这任务对你而言太重，你不能独自去做”（For the task is too hard *for you*; you are not able to do it alone；出 18:18）；
קָטֹנְתִּי מִכֹּל הַחֲסָדִים וּמִכָּל־הָאֱמֶת אֲשֶׁר עָשִׂיתָ אֶת־עַבְדֶּךָ，“你向你仆人所施的所有坚定不变的慈爱和所有信实，我不配得”（*I am not worthy of all* the steadfast love and *of all* the faithfulness you

have shown to your servant；创 32:11，和合本 32:10）。

(f) 表示部分 (Partitive) ——表示更大整体中的一部分：יָצְאוּ מִן־הָעָם，“百姓中有些人出去”（*Some* of the people went out；出 16:27）；וַיָּמוּתוּ מֵעַבְדֵי הַמֶּלֶךְ וְגַם עַבְדְּךָ אוּרִיָּה הַחִתִּי מֵת，“王的一些仆人死了，你的仆人赫人乌利亚也死了”（*Some of the servants* of the king are dead, as well as your servant, Uriah the Hittite；撒下 11:24）；טוֹב־עַיִן הוּא יְבֹרָךְ כִּי־נָתַן מִלַּחְמוֹ לַדָּל，“慷慨的人是有福的，因为把他的一些食物分给贫穷人”（The 131
generous man is blessed, because he gives *some of his food* to the poor；箴 22:9）。

(g) 表示缺乏（Privative）——表示介词宾语缺乏或者缺失：בָּתֵּיהֶם שָׁלוֹם מִפָּחַד，“他们的家矗立无惧”（their houses stand *without fear*；伯 21:9）；כִּי־אָז תִּשָּׂא פָנֶיךָ מִמּוּם，“然后，你必定仰起脸来、毫无瑕疵”（Then, indeed, you could lift up your face *without blemish*；伯 11:15）；כָּל־קְצִינַיִךְ נָדְדוּ־יַחַד מִקֶּשֶׁת אֻסָּרוּ，“你所有的官长都一起逃跑，他们没有弓箭而被俘虏”（All your rulers have fled together, they have been captured *without the bow*；赛 22:3）。

(h) 表示比较（Comparative）——圣经希伯来文没有用作比较级的构形（例如，英语中的 -er），而是用介词 מִן 表达比较关系（见 2.5.4）。通常，该词前缀在被比较的名词之前，而形容词置于介词 מִן 之前，虽然这个顺序并不是固定不变的，尤其对于诗体而言：מַה־מָּתוֹק מִדְּבַשׁ，“什么比蜜还甜呢？”（What is *sweeter than honey*?；士 14:18）；עַם גָּדוֹל וָרָם מִמֶּנּוּ，“这百姓比我们高大”（The people are *bigger and taller than we are*；申 1:28）；וַיֶּחְכַּם מִכָּל־הָאָדָם，“他比所有人更智慧”（He was *wiser* than all people；王上 5:11，和合本 4:31）；
אָרוּר אַתָּה מִכָּל־הַבְּהֵמָה וּמִכֹּל חַיַּת הַשָּׂדֶה，“你受诅咒比所有的牲畜更甚，比田野一切的走兽更甚”（Cursed are you *more than all* cattle, and *more than all* the beasts of the field；创 3:14）；
טוֹבִים הַשְּׁנַיִם מִן־הָאֶחָד，“两个人比一个人好”（Two are *better than* one；传 4:9）。

(i) **复合用法（Compound）**——介词 מִן 常与其他介词组成复合小品词，有时复合小品词表达该组合中一个介词的含义，有时表达的是两个介词的复合含义。试比较下述句子：
לֹא־יָסוּר שֵׁבֶט מִיהוּדָה וּמְחֹקֵק מִבֵּין רַגְלָיו，“权杖必不离开犹大，王圭也不从他两脚之间离开”（The scepter shall not depart from Judah, nor the ruler's staff *from between* his feet；创 49:10）；
מִבֵּין עֳפָיִם יִתְּנוּ־קוֹל，“他们从树枝中发声”（They lift up voices *among* the branches；诗 104:12 *Qere*）；
אֵין־כָּמוֹךָ אֱלֹהִים בַּשָּׁמַיִם מִמַּעַל וְעַל־הָאָרֶץ מִתָּחַת，“或在天上或在地下，没有神像你”（There is no god like you in heaven *above*, or on the earth *below*；王上 8:23）；וְהוֹצֵאתִי אֶתְכֶם מִתַּחַת סִבְלֹת מִצְרַיִם，“我将把你们从埃及人的重担之下领出来”（I will bring you out *from under* the burdens of the Egyptians；出 6:6）。

4.1.14 מִפְּנֵי 132

这是个复合介词，由名词פָּנִים的附属形式以及作为前缀的介词מִן构成。

(a) **离格用法（Ablative）**——与表示移动的动词连用，表示动作从介词宾语“前面”或“面前”**远离**：

וַתֹּאמֶר מִפְּנֵי שָׂרַי גְּבִרְתִּי אָנֹכִי בֹּרַחַת，“于是她说：‘我从我的主母撒拉的面前逃出来’”（and she said ‘I am fleeing *from* my mistress Sarah’；创 16:8）；וַיִּסַּע עַמּוּד הֶעָנָן מִפְּנֵיהֶם וַיַּעֲמֹד מֵאַחֲרֵיהֶם，“云柱从他们前面转过去，在他们后面立住”（and the pillar of cloud moved *from in front of them* and stood behind them；出 14:19）；אָנֹכִי אוֹרִישֵׁם מִפְּנֵי בְּנֵי יִשְׂרָאֵל，“我将把他们从以色列人面前赶出去”（I will drive them out *from before* the people of Israel；书 13:6）。

(b) **表示空间（Spatial）**——表示在介词宾语“前面”或“面前”：

הַס מִפְּנֵי אֲדֹנָי יְהוִה，“在主 YHWH 面前要安静”（Be silent *before* the Lord, YHWH；番 1:7）；אַל־תֵּחַת מִפְּנֵיהֶם，“不要在他们面前惊惶”（Do not be dismayed *before them*；耶 1:17）。

(c) **表示起因（Causal）**——表示引发动作或者处境的起因：

וַיָּבֹא נֹחַ וּבָנָיו וְאִשְׁתּוֹ וּנְשֵׁי־בָנָיו אִתּוֹ אֶל־הַתֵּבָה מִפְּנֵי מֵי הַמַּבּוּל，“那时因为洪水的缘故，挪亚和他的儿子们、他的妻子以及他儿子们的妻子进入方舟”（Then Noah and his sons and his wife and the

wives of his sons with him went into the ark *because of* the waters of the flood; 创 7:7）; וַיָּגָר מוֹאָב מִפְּנֵי הָעָם מְאֹד, "因为这百姓，摩押大大惧怕"（Moab was in great fear, *because of* the people; 民 22:3）;
וַיָּנָס יוֹתָם וַיִּבְרַח וַיֵּלֶךְ בְּאֵרָה וַיֵּשֶׁב שָׁם מִפְּנֵי אֲבִימֶלֶךְ אָחִיו, "然后，约坦因为他的兄弟亚比米勒，就逃跑，然后去了比珥，住在那里"(Then Jotham escaped and fled, and went to Beer, and remained there *because of* Abimelech, his brother; 士 9:21）。

4.1.15 עַד

(a) 表示位置（Locative）——表示运动的程度、终点或者目标（"直到""达到""向"）: עַד־צַוָּאר יַגִּיעַ, "它将直到颈项"(it will reach *up to* the neck; 赛 8:8）; וַיָּבֹאוּ עַד־חָרָן וַיֵּשְׁבוּ שָׁם, "他们走到哈兰，就住在那里"（They went *as far as* Haran, and settled there; 创 11:31）; וְלֹא־שַׁבְתֶּם עָדַי, "你们没有转向我"（You have not returned *to me*; 摩 4:6）。

133 (b) 表示时间（Temporal）——表示动作持续时间:
יֵצֵא אָדָם לְפָעֳלוֹ וְלַעֲבֹדָתוֹ עֲדֵי־עָרֶב, "人们出去工作、劳碌，直到晚上"(People go out to their work and to their labor *until* evening; 诗 104:23）; לֹא־בָאתֶם עַד־עָתָּה אֶל־הַמְּנוּחָה, "你们仍然没有【字面意思：到现在为止】来到安息"（You have not yet［literally: *until now*］come upon the rest; 申 12:9）;
עַד־מָתַי מֵאַנְתָּ לֵעָנֹת מִפָּנָי, "你不肯在我面前谦卑自己，要到什么时候呢？"（*How long*［literally: *until when*］will you refuse to

humble yourself before me?；出 10:3）。

（c）**表示程度（Degree）**——经常与副词 מְאֹד（见 4.2.12）连用表达物质在数量上极其充足，也可以表达动作或属性在品质上的极致程度：[20] וְהַנַּעֲרָה יָפָה עַד־מְאֹד，“这个女孩非常美丽”（The girl was *very* beautiful；王上 1:4）；
וַתְּהִי הַמִּלְחָמָה קָשָׁה עַד־מְאֹד בַּיּוֹם הַהוּא，“那一天的战斗极其激烈”（The battle was *very* fierce on that day；撒下 2:17）；
אַל־תִּקְצֹף יְהוָה עַד־מְאֹד，“YHWH 啊，求你不要大发烈怒”（Do not be *exceedingly* angry, O YHWH；赛 64:8，和合本 64:9）。

4.1.16 עֲלֵי/עַל[21]

（a）**表示空间 / 位置（Spatial/Locative）**——介词 עַל 具有多种空间 / 位置用法：

（a.1）表示垂直的空间关系——表示位于介词宾语的“上空”或者“上面”：רוּחַ אֱלֹהִים מְרַחֶפֶת עַל־פְּנֵי הַמָּיִם，“神的灵运行在水面上方”（the spirit of God was hovering *over* the surface of the water；创 1:2）；הַשֶּׁמֶשׁ יָצָא עַל־הָאָרֶץ וְלוֹט בָּא צֹעֲרָה，“当罗得来到琐珥的时候，太阳已经升到地面以上了”（The sun had risen *over* the earth, when Lot came to Zozr；创 19:23）；
וַיֵּט אַהֲרֹן אֶת־יָדוֹ עַל מֵימֵי מִצְרָיִם，“亚伦伸手在埃及诸水之上”（Aaron held out his arms *over* the waters of Egypt；出 8:2，和合本 8:6）；
כַּאֲשֶׁר הָיִיתִי בִּימֵי חָרְפִּי בְּסוֹד אֱלוֹהַּ עֲלֵי אָהֳלִי，“在我年富力强的日

20 *DCH* 5:107a, §3b(2).
21 关于该介词的形式，见 *DCH* 6:385; *HALOT* 2:825。

子里，神的友谊在我的帐篷之上”（When I was in the prime of my days, the friendship of God was *over* my tent；伯 29:4）。

介词עַל与一些表示移动的动词连用带有**运动终止**(terminative)含义，表达垂直方向的运动抵达终点：וַיֵּרֶד הָעַיִט עַל־הַפְּגָרִים，“鸷鸟下来落在动物尸体上面”（the bird of prey came down *upon* the carcasses；创 15:11）；

134 וַיִּשָּׂא בִלְעָם אֶת־עֵינָיו וַיַּרְא אֶת־יִשְׂרָאֵל שֹׁכֵן לִשְׁבָטָיו וַתְּהִי עָלָיו רוּחַ אֱלֹהִים，“巴兰举目看见以色列按照支派扎营。然后神的灵临到他身上”（Baalam lifted his eyes and he saw Israel camping tribe by tribe. And the spirit of God came *upon him*；民 24:2）。

(a.2) 表示水平的空间关系——表示“旁边”的位置：וַיִּבֶן עַל־קִיר הַבַּיִת，“他靠着房屋的墙壁建造了”（He built *against* the walls of the house；王上 6:5）；וַיֹּאמֶר יְהוָה אֶל־מֹשֶׁה וְאֶל־אַהֲרֹן בְּהֹר הָהָר עַל־גְּבוּל אֶרֶץ־אֱדוֹם，“YHWH 就在以东地的边界何珥山上对摩西和亚伦说话”（Then YHWH spoke to Moses and to Aaron at Mount Hor, *at the border* of the land of Edom；民 20:23）；חוֹמָה הָיוּ עָלֵינוּ，“他们是环绕我们的围墙”（They were a wall *around us*；撒上 25:16）。

(b) 表示义务（Duty）——介词עַל可以表示加诸于人的负担或者义务：עָלַי לָתֶת לְךָ עֲשָׂרָה כֶסֶף，“我本来应该【字面意思：这本来是我的义务】给你十锭银子的”（*I would have had* [literally: *it would have been upon me*] to give you ten [pieces] of silver；撒下 18:11）；שָׁלוֹם לְךָ רַק כָּל־מַחְסוֹרְךָ עָלָי，“愿你平安，只是让我

来照顾你的所有需要【字面意思：你所有的需要在我身上】”（Peace to you; only, *let me take care of* your needs [literally: all your needs be *upon me*]; 士 19:20）；זִבְחֵי שְׁלָמִים עָלָי, “我得要献上平安祭【字面意思：平安祭在我身上】”（*I had to offer* [Literally: (it was) *upon me* (to offer)] sacrifices of well-being; 箴 7:14）。

（c）表示级别（Rank）——表示某人具有凌驾于他人之上的更高级别、责任：יוֹאָב בֶּן־צְרוּיָה עַל־הַצָּבָא, “洗鲁雅的儿子约押统领军队”（Joab, son of Zeruiah, was *over* the army; 撒下 8:16）；הַגֵּר אֲשֶׁר בְּקִרְבְּךָ יַעֲלֶה עָלֶיךָ מַעְלָה מָּעְלָה, “在你中间的寄居者将上升在你之上，高而又高”（The alien in your midst shall rise *above you*, higer and higher; 申 28:43）；אֲדֹנָי אַתָּה טוֹבָתִי בַּל־עָלֶיךָ, “你是我的主，我的好处不在你之外【字面意思：在你之上——译者注】”（You are my Lord; my goodness is not *higher than you*; 诗 16:2）。

（d）表示起因（Causal）——表达导致某种动作或者情况的起因：הִנְּךָ מֵת עַל־הָאִשָּׁה, “你一定会因为这个女人而死”（You will certainly die *because* of this woman; 创 20:3）；וַיִּקְרָא שֵׁם הַמָּקוֹם מַסָּה וּמְרִיבָה עַל־רִיב בְּנֵי יִשְׂרָאֵל, “他给那地方起名叫玛撒和米利巴，因为以色列人争吵”（He called the name of the place Massah and Meribah *because of* the quarrel of the people of Israel; 出 17:7）；כִּי־עָלֶיךָ הֹרַגְנוּ כָל־הַיּוֹם, “因为你，我们终日被杀”（*Because of you*, we are being killed all day long; 诗 44:23，和合本 44:22）；כִּי־בְזַעַף עִמּוֹ עַל־זֹאת, “他因为

这事就恼怒他”（for he was angry with him *because of* this; 代下 16:10）。

介词 עַל 常与小品词 כֵּן 连用来表示起因：

135 הֵילִילוּ כִּי קָרוֹב יוֹם יְהוָה כְּשֹׁד מִשַּׁדַּי יָבוֹא עַל־כֵּן כָּל־יָדַיִם תִּרְפֶּינָה, “哀号吧，因为 YHWH 的日子近了。这日子将来到，就像毁灭出于全能者。因此，所有的手都将发软”（Wail, for the day of YHWH is near. It will come as destruction from the Almighty. *Therefore*, all hands will fall limp; 赛 13:6-7）; עַל־כֵּן יַעֲזָב־אִישׁ אֶת־אָבִיו וְאֶת־אִמּוֹ, “因此，人要离开他的父母”（*For this reason*, a man leaves his father and his mother; 创 2:24）。

(e) 表示方式（Manner）——表示动作或者行为所依据的标准：נִשְׁבַּע יְהוָה וְלֹא יִנָּחֵם אַתָּה־כֹהֵן לְעוֹלָם עַל־דִּבְרָתִי מַלְכִּי־צֶדֶק, “YHWH 起了誓就不会改变：‘你将永远按照麦基洗德的等次做祭司’”(YHWH has sworn, and he will not change his mind. ‘You are a priest forever, *according to* the order of Melchizedek’; 诗 110:4）; הוֹצִיאוּ אֶת־בְּנֵי יִשְׂרָאֵל מֵאֶרֶץ מִצְרַיִם עַל־צִבְאֹתָם, “你们要将以色列人按照他们的军队从埃及领出来”（Bring out the people of Israel from the land of Egypt *according to* their hosts; 出 6:26）; עַל־כֵּן קָרְאוּ לַיָּמִים הָאֵלֶּה פוּרִים עַל־שֵׁם הַפּוּר, “因此，按照‘普珥’的名字，他们称这些日子为‘普洱日’”(Therefore, they called these days Purim, *according to* the name of Pur; 斯 9:26）。

(f) 表示反对（Adversative）——显示某个动作是针对某人

的：וְאִם־לֹא תַשְׁלִים עִמָּךְ וְעָשְׂתָה עִמְּךָ מִלְחָמָה וְצַרְתָּ עָלֶיהָ，"如果它不与你和好，而是与你作战，那么你就要围攻来敌对它"（But if it does not make peace with you, and makes war against you, then you shall make siege *against it*；申 20:12）；וַיִּקְשֹׁר עָלָיו בַּעְשָׁא בֶן־אֲחִיָּה לְבֵית יִשָּׂשכָר，"以萨迦家族亚希雅的儿子巴沙密谋背叛他"（Then Baasha, the son of Ahijah of the house of Issachar, conspired *against him*；王上 15:27）；וַיֵּלֶךְ אֶת־יְהוֹרָם בֶּן־אַחְאָב מֶלֶךְ יִשְׂרָאֵל לַמִּלְחָמָה עַל־חֲזָאֵל מֶלֶךְ־אֲרָם，"他与以色列王亚哈的儿子约兰同去，对亚兰王哈薛交战"（He went with Jehoram, son of Ahab, king of Israel, to make war *against* Hazael, king of Aram；代下 22:5）。

表示反对的介词 עַל 也可表示对说话者而言，尽管环境看起来不可能，但某一动作或事件仍能发生：וְעַתָּה יֵשׁ־מִקְוֶה לְיִשְׂרָאֵל עַל־זֹאת，"但是现在，尽管如此，以色列仍有盼望"（Yet now, there is hope for Israel, *in spite of* this；拉 10:2）；כִּי עַל־כָּל־אֵלֶּה וַתֹּאמְרִי כִּי נִקֵּיתִי，"然而，尽管这些事，你仍然说'我是无辜的'"（Yet *in spite of* all these things, you said 'I am innocent'；耶 2:34-35）。

（g）**表示伴随（Accompaniment）**——表示宾语或者某个情况的发生伴随着另一情况：לֹא שָׁתָם עַל־צֹאן לָבָן，"他没有把它们与拉班的羊群混在一起"（he did not set them *with* the flock of Laban；创 30:40）；לֹא־תִשְׁחַט עַל־חָמֵץ דַּם־זִבְחִי，"你不可将我祭牲的血和有酵的饼一同献上"（You shall not offer the blood of my sacrifice *with* leavened bread；出 34:25）；

136 וְאֶת־מַלְכֵי מִדְיָן הָרְגוּ עַל־חַלְלֵיהֶם, “他们杀了米甸诸王和其余被他们杀掉的人”（They killed the kings of Midian, *along with* the rest of their slain；民 31:8）。

该词同样可以表达增加的含义：שֶׁבֶר עַל־שֶׁבֶר נִקְרָא, “毁坏的消息一个接一个传来”（Disaster *upon* disaster is proclaimed；耶 4:20）。

(h) 表示利益（Interest）——介词 עַל 与表示思考、感受和情感的动词连用，来指明利益相关对象：יָגִיל עָלַיִךְ בְּרִנָּה, “他将因你踊跃欢呼”（he will rejoice *over you* with shouts of joy；番 3:17）；וָאַגִּיד לָהֶם אֶת־יַד אֱלֹהַי אֲשֶׁר־הִיא טוֹבָה עָלַי, “我告诉他们，我神的手如何向我施恩”（I told them of how the hand of my God had been gracious *upon me*；尼 2:18）。

(i) 表示情感（Emotive）——用来凸显或强调发出情感的主语，以及对情感表示强调：בְּהִתְעַטֵּף עָלַי נַפְשִׁי אֶת־יְהוָה זָכָרְתִּי, “当我的生命日渐衰弱【字面意思：当我的生命在我身上日渐衰弱】，我就想起 YHWH”（When my life was ebbing away［literally: was fainting *upon me*］, I remebered YHWH；拿 2:8，和合本 2:7）；נֶהְפַּךְ עָלַי לִבִּי, “我的心在我里面翻转”（My heart is turned over *within me*；何 11:8）。

4.1.17 עִם

(a) 表示伴随（Accompaniment）——这个介词以伴随的意

义来表示所提到的另一位参与者：[22]
וַיֹּאכְלוּ וַיִּשְׁתּוּ הוּא וְהָאֲנָשִׁים אֲשֶׁר־עִמּוֹ, "然后他和与他在一起的人吃了喝了"（Then he and the men who were *with him* ate and drank; 创 24:54); עַתָּה שְׁמַע בְּקֹלִי אִיעָצְךָ וִיהִי אֱלֹהִים עִמָּךְ, "现在，你要听我的话，我要给你出个主意，愿神与你同在"（Now, listen to my voice, I will give you counsel, and may God be *with you*; 出 18:19）。

与此类似，介词 עִם 可以表达"连同、和"的意思：
עִם־עָרֵיהֶם הֶחֱרִימָם יְהוֹשֻׁעַ, "约书亚灭绝了他们和他们的城市"（Joshua exterminated them *along with* their cities; 书 11:21）；
הַאַף תִּסְפֶּה צַדִּיק עִם־רָשָׁע, "你真的要把义人和恶人一起除灭吗？"（Will you indeed sweep away the righteous *along with* the wicked?；创 18:23）。

（b）人称补语（Personal complement）——类似于受格的 137
作用，表明动作的承受者：עֲשֵׂה־חֶסֶד עִם אֲדֹנִי אַבְרָהָם, "求你向我的主人亚伯拉罕施行慈爱"（And show kindness *to* my master Abraham；创 24:12）；
וְלֹא אִם־עוֹדֶנִּי חָי וְלֹא־תַעֲשֶׂה עִמָּדִי חֶסֶד יְהוָה וְלֹא אָמוּת, "如果我还活着，你会以 YHWH 的信实对待我，好让我不至于死吗？"（If I am still alive, will you show *to me* the faithfulness of YHWH, that I may not die?；撒上 20:14）；
הִנֵּה אָנֹכִי בָּא אֵלֶיךָ בְּעַב הֶעָנָן בַּעֲבוּר יִשְׁמַע הָעָם בְּדַבְּרִי עִמָּךְ, "看

22 BDB 注意到相对于介词 עִם，介词 אֵת 表达一种更为亲密的伴随和更为紧密的连接（37）。

哪，我要在云柱中来到你那里，这样当我与你说话，百姓就能听见”（Behold, I will come to you in a pillar of cloud, so that the people will hear when I speak *with you*；出 19:9）。

同样地，这个介词也可以表示与他人的关系：

תָּמִים תִּהְיֶה עִם יְהוָה אֱלֹהֶיךָ, “要在 YHWH 你的神面前纯全无瑕”（Be blameless *before* YHWH, your God；申 18:13）；

וְהָיָה לְבַבְכֶם שָׁלֵם עִם יְהוָה אֱלֹהֵינוּ, “你们的心要完全奉献给 YHWH，我们的神”（Let your hearts be wholly devoted *to* YHWH, our God；王上 8:61）。

(c) 表示位置（Locative）——表明位置或地点：

וַיֵּשֶׁב יִצְחָק עִם־בְּאֵר לַחַי רֹאִי, “以撒住在庇耳拉海莱附近”（and Isaac lived *near* Beer-lahai-roi；创 25:11）；

וַיִּשְׁלַח יְהוֹשֻׁעַ אֲנָשִׁים מִירִיחוֹ הָעַי אֲשֶׁר עִם־בֵּית אָוֶן, “约书亚打发人从耶利哥到伯亚文附近的艾城去”（Joshua sent out men from Jericho to Ai, which is *near* Beth-Aven；书 7:2）；

הֵמָּה עִם־בֵּית מִיכָה, “【当】他们在米迦的家附近”（[when] they were *near* the house of Micah；士 18:3）。

(d) 表示限制（Restrictive）——对一种情况或行为提出例外：

רְאוּ עַתָּה כִּי אֲנִי אֲנִי הוּא וְאֵין אֱלֹהִים עִמָּדִי, “现在你们要看，我，就是我，才是他，除了我以外再没有神”（See now that I, even I, am he, and there is no god *besides me*；申 32:39）；[23]

---

23 介词 עִם 带第一人称单数词尾有两种形式：עִמִּי 和 עִמָּדִי，后者出现了 45 次；Seow 1995, 95; Hackett 2010, 42; *HALOT* 2:842; *TLOT* 2:919。

מִי־לִי בַשָּׁמָיִם וְעִמְּךָ לֹא־חָפַצְתִּי בָאָרֶץ, “在天上除了你我还有谁呢？在地上我也别无渴慕”（Whom do I have in heaven *but you*, and I desire nothing else on earth；诗 73:25）。

4.1.18 תַּחַת

(a) **方位上的垂直关系（Vertical relationship）**——该介词表示某物在另一事物的下方：יִהְיוּ אֵפֶר תַּחַת כַּפּוֹת רַגְלֵיכֶם, “他们将 138
在你们脚掌之下成为灰烬”（they will be ashes *under* the soles of your feet；玛 3:21，和合本 4:3）；
יֻקַּח־נָא מְעַט־מַיִם וְרַחֲצוּ רַגְלֵיכֶם וְהִשָּׁעֲנוּ תַּחַת הָעֵץ, “拿点水来，你们洗洗脚，在树下歇一歇”（Let a little water be brought and wash your feet, and rest yourselves *under* the tree；创 18:4）；
הִיא יוֹשֶׁבֶת תַּחַת־תֹּמֶר דְּבוֹרָה,“她常坐在底波拉的橡树下”（She used to sit *under* the oak of Deborah；士 4:5）；
זֶה רָע בְּכֹל אֲשֶׁר־נַעֲשָׂה תַּחַת הַשֶּׁמֶשׁ כִּי־מִקְרֶה אֶחָד לַכֹּל, “在日光之下发生的所有事中，这是一件恶事，就是同样的命运临到每个人”（This is an evil in all that happens *under* the sun, that the same fate comes to everyone；传 9:3）。

(b) **静态位置（Static position）**——该词也可以表达“在某处”或者“在某个地点”等静态位置：וְעָמַדְנוּ תַחְתֵּינוּ וְלֹא נַעֲלֶה אֲלֵיהֶם, “我们将在我们的地方站住，不上到他们那里去”（We will stand *in our place*, and we will not go up to them；撒上 14:9）；
שְׁבוּ אִישׁ תַּחְתָּיו, “每个人都得待在他们自己的地方”（Remain, every person, *in their place*；出 16:29）；

לֹא־רָאוּ אִישׁ אֶת־אָחִיו וְלֹא־קָמוּ אִישׁ מִתַּחְתָּיו שְׁלֹשֶׁת יָמִים, “三天之久，他们彼此看不见，谁也没有从他们所在的地方起来”（They could not see one another, and they did not rise *from their place* for three days；出 10:23）。

（c）表示比喻（Metaphorical）——比喻顺服或者服从于另一人的影响力：וַתִּכָּנַע מוֹאָב בַּיּוֹם הַהוּא תַּחַת יַד יִשְׂרָאֵל, “在那一天，摩押就在以色列手下被制服了”（On that day, Moab was subdued *under* the hand of Israel；士 3:30）；תַּחַת אָוֶן רָאִיתִי אָהֳלֵי כוּשָׁן, “我看见古珊的帐篷在灾难之下”（I saw the tents of Cushan *under* distress；哈 3:7）；
אִם־לֹא שָׁכַב אִישׁ אֹתָךְ וְאִם־לֹא שָׂטִית טֻמְאָה תַּחַת אִישֵׁךְ, “如果没有人与你同寝，而且你也未曾在丈夫的权柄之下【字面意思：在丈夫之下】时偏行不洁的事”（If no man has lain with you, and if you have not turned aside to uncleanness [while] *under the authority* [literally: *under*] your husband；民 5:19）。

（d）表示替代（Substitution）——第二个常见的用法是表示“代替”：שָׁת־לִי אֱלֹהִים זֶרַע אַחֵר תַּחַת הֶבֶל, “神给我立了另一个后裔代替亚伯”（God has appointed to me another offspring *in place of* Abel；创 4:25）；
וַיַּמְלֵךְ פַּרְעֹה נְכֹה אֶת־אֶלְיָקִים בֶּן־יֹאשִׁיָּהוּ תַּחַת יֹאשִׁיָּהוּ אָבִיו, “法老尼哥立约西亚的儿子以利亚敬代替他父亲约西亚作王”（Pharaoh Neco made Eliakim, son of Josiah, king *in place of* Josiah, his father；王下 23:34）；

וַיֵּשֶׁב שְׁלֹמֹה עַל־כִּסֵּא יְהוָה לְמֶלֶךְ תַּחַת־דָּוִיד אָבִיו，“于是所罗门坐在YHWH 的宝座上代替他的父亲大卫做王”（Then Solomon sat on the throne of YHWH, as king, *in place of* David his father；代上 29:23）。

4.2 副词（Adverbs） 139

一般而言，在任何语言中副词都是最复杂的，而且是传统语言中最不容易理解的。一个原因在于副词用法广泛，可以修饰单个词汇，也可以修饰完整的子句；另外一个原因是有的副词还可被归类为其他词类。在圣经希伯来文中，副词这两个方面的复杂性都有所体现。圣经希伯来文中，很多副词——即使不是大部分——都可用作连词或者介词。令问题更复杂的是，在圣经希伯来文中，副词性用法不是仅限于副词才有，副词性宾格（见 2.3.2）、独立不定式（见 3.4.2b, c）以及某些动词与动词相联合的结构（见 4.3.3,g, 重言法）都可发挥副词的作用。[24] 圣经希伯来文中副词主要分为两类：以某种与语篇叙述相关的方式来修饰子句或单词的副词，称为子句 / 项目副词(clausal / item adverbs)。[25] 那些表明所述情况(predicated situation）的时间、地点或方式的副词，称为构成副词（constituent adverbs）。有些副词可同时归入这两类，因此，其中的区别在于句法而不是字形。

---

24 Waltke and O'Connor 1990, 656. 作者注意到动词 שׁוב 和 יסף 可以与其他动词搭配来表示动作的重复或者延续。

25 修饰单个词汇的项目副词在圣经希伯来文中很少见。因为它们的作用与子句副词类似，这两者应该综合考虑。见 Waltke and O'Connor 1990, 656; van der Merwe, Naudé, and Kroeze 1999, 58, 305-320。

下面是最常见的动词及其用法。[26]

4.2.1 אָז/אֲזַי

(a) **表示时间（Temporal）**——这个副词[27]通常翻译为“那时、然后”（then），用来表示语篇叙述中所提及的后续动作：

140 **וַיַּאֲמִינוּ בַּיהוָה וּבְמֹשֶׁה עַבְדּוֹ אָז יָשִׁיר־מֹשֶׁה וּבְנֵי יִשְׂרָאֵל אֶת־הַשִּׁירָה הַזֹּאת**, “所以他们就信服 YHWH 和他的仆人摩西。<u>那时 / 然后</u>，摩西和以色列人唱这歌”（So they believed in YHWH and in Moses, his servant. *<u>Then</u>* Moses and the people of Israel sang this song；出 14:31-15:1）；

וּלְשֵׁת גַּם־הוּא יֻלַּד־בֵּן וַיִּקְרָא אֶת־שְׁמוֹ אֱנוֹשׁ אָז הוּחַל לִקְרֹא בְּשֵׁם יְהוָה, “塞特也生了一个儿子，他给他取名叫以挪士。<u>那时</u>，人们开始求告 YHWH 的名”（To Seth, to him also, was born a son, and he called his name Enosh. *<u>Then</u>* people began to call on the name of YHWH；创 4:26）；

אָבִיךָ הֲלוֹא אָכַל וְשָׁתָה וְעָשָׂה מִשְׁפָּט וּצְדָקָה אָז טוֹב לוֹ, “你的父亲不是也吃也喝也施行公平和公义吗？<u>那时</u>他得享福乐”（Did your father not eat and drink, and do justice and righteousness? *<u>Then</u>* it was well with him；耶 22:15）。

(b) **表示逻辑（Logical）**——通常显示语篇叙述流中逻辑的转

---

26 Kautzsch 1910, 483-484; Waltke and O'Connor 1990, 655-673; van der Merwe, Naudé, and Kroeze 1999, 305-320; Williams and Beckman 2007, 137-142; Bauer and Leander 1991, 630-634; Joüon and Muraoka 2006, 303-309. 若要了解下述副词更多用法，也可见 BDB, *HALOT* 和 *DCH*。

27 单词 אֲזַי 是该词的诗体形式。

换：יָשַׁנְתִּי אָז יָנוּחַ לִי，“我已经安眠，所以【作为结果】我已经安息”（I would be asleep; *then [as a result]* I would be at rest；伯 3:13）；

לֹא־יָמוּשׁ סֵפֶר הַתּוֹרָה הַזֶּה מִפִּיךָ וְהָגִיתָ בּוֹ יוֹמָם וָלַיְלָה
לְמַעַן תִּשְׁמֹר לַעֲשׂוֹת כְּכָל־הַכָּתוּב בּוֹ
כִּי־אָז תַּצְלִיחַ אֶת־דְּרָכֶךָ וְאָז תַּשְׂכִּיל,

“这律法书不可离开你的口，而是要昼夜思想，以至于你可以谨守遵行这书上所写的一切话。因为这样 / 那么，你的道路就可以亨通，而且这样 / 那么，你就会凡事顺利”（This book of the law shall not depart from your mouth, but you shall meditate upon it day and night, so that you may be careful to do all that is written in it. *For then* you shall make your way prosperous, *and then* you shall succeed；书 1:8）；

וְלֹא־יָסַף עוֹד מַלְאַךְ יְהוָה לְהֵרָאֹה אֶל־מָנוֹחַ וְאֶל־אִשְׁתּוֹ
אָז יָדַע מָנוֹחַ כִּי־מַלְאַךְ יְהוָה הוּא,

“YHWH 的使者没有再向玛挪亚和他的妻子显现，然后玛挪亚才知道他是 YHWH 的使者”（The messenger of YHWH did not appear again to Manoah and his wife; *then* Manoah knew that it was the messenger of YHWH；士 13:21）。

(c) 表示条件（Condition）——可以引导条件句的主句（apodosis），通常暗示条件的满足：

אִם־תְּבַקְשֶׁנָּה כַכָּסֶף וְכַמַּטְמוֹנִים תַּחְפְּשֶׂנָּה
אָז תָּבִין יִרְאַת יְהוָה וְדַעַת אֱלֹהִים תִּמְצָא,

“如果你寻求它如同寻求银子，搜寻它如同搜寻隐藏的宝藏；那么你将明白何谓敬畏 YHWH，你将得到对神的知识”（If you seek it like silver, and searvh for it as for hidden treasures, *then* you will understand the fear of YHWH and you will find the knowledge of God；箴 2:4-5）；

אַחֲלֵי אֲדֹנִי לִפְנֵי הַנָּבִיא אֲשֶׁר בְּשֹׁמְרוֹן אָז יֶאֱסֹף אֹתוֹ מִצָּרַעְתּוֹ, “我主人若是在那位撒玛利亚先知面前就好了，那么他就可以治好他的大麻风”（If only my lord were before the prophet who is in Samaria, *then* he would cure him of his leprosy；王下 5:3）；

לוּלֵי תוֹרָתְךָ שַׁעֲשֻׁעָי אָז אָבַדְתִּי בְעָנְיִי, “若你的律法不是我所喜爱的，那么我就已经在我的苦难中灭亡了”（If your law had not been my delight, *then* I would have perished in my misery；诗 119:92）。

141 4.2.2 אַךְ

(a) **表示限制（Restrictive）**——通常用来澄清前面的观点或与前面观点形成轻微的对比。该词表达限制，但不是表达强烈的中断或与前面观点完全相反，而是对前面的说明加以限制：

כָּל־פֶּטֶר רֶחֶם לְכָל־בָּשָׂר אֲשֶׁר־יַקְרִיבוּ לַיהוָה בָּאָדָם וּבַבְּהֵמָה יִהְיֶה־לָּךְ אַךְ פָּדֹה תִפְדֶּה אֵת בְּכוֹר הָאָדָם,

“凡有血肉的头生的、所献与 YHWH 的，无论是人还是动物，都要归你；只是，人头生的，你要赎出来”(Every first issue of the womb of all creatures, which is offered to YHWH, whether human or animal, shall be yours; *nevertheless* the firstborn of human beings you shall redeem; 民 18:15)；וַיִּשָּׁאֶר אַךְ נֹחַ וַאֲשֶׁר אִתּוֹ בַּתֵּבָה, “只有挪亚和那些与他一起在方舟里的，被留下来”（*Only* Noah

was left, and those with him in the ark; 创 7:23）；
וְעוֹד לוֹ אַךְ הַמְּלוּכָה, “除了王国，还有什么不属于他”（Now [what] more can he have *except* the kingdom; 撒上 18:8）。

(b) 表示确定性（Asseverative）——通常翻译为“必定、确实”，引导关于事实的声明或者表达，或者强调出乎意料的真相。常常用在口语中，来表达信服事实的真确性：[28]
אַךְ טוֹב לְיִשְׂרָאֵל אֱלֹהִים, “神对以色列确实是好”（*Surely* God is good to Israel; 诗 73:1）；אַךְ נֶגֶד יְהוָה מְשִׁיחוֹ, “在 YHWH 面前的，必定是他的受膏者”（*Surely* before YHWH is his anointed; 撒上 16:6）；אַךְ מֶלֶךְ־יִשְׂרָאֵל הוּא, “这必定是以色列王”（*Surely* it is king of Israel; 王上 22:32）；אַךְ עַצְמִי וּבְשָׂרִי אָתָּה, “你确实是我的骨肉”（*Surely* you are my bone and my flesh; 创 29:14）。

(c) 表示反对（Adversative）——也可以引入对比或者对立的概念：אַךְ אֶת־זֶה לֹא תֹאכְלוּ, “但是你不可吃这些”（*Yet* you shall not eat these; 申 14:7）；
אַל־תִּירָאוּ אַתֶּם עֲשִׂיתֶם אֵת כָּל־הָרָעָה הַזֹּאת אַךְ אַל־תָּסוּרוּ מֵאַחֲרֵי יְהוָה, “不要惧怕，虽然你们行了这恶，但是不要转去不跟从 YHWH”（Do not be afraid; you have done all this evil, *yet* do not turn aside from following YHWH; 撒上 12:20）；אַךְ בַּיהוָה אַל־תִּמְרֹדוּ, “但是不要背叛 YHWH”（*But* do not rebel against YHWH; 民 14:9）。

28 *DCH* 1:238; Waltke and O'Connor 1990, 670.

142

4.2.3 אַל

虽然 אַל 的翻译很像 לֹא（“不”），但该词可见于一些特定的结构。

(a) **表示禁止（Prohibition）**——一般用于否定的命令，表示具体的或者暂时的禁令（比较 4.2.11）：אַל־תִּשְׂמַח יִשְׂרָאֵל，“以色列啊，不要欢喜”（*Do not rejoice*, O Israel；何 9:1）；נָקִי וְצַדִּיק אַל־תַּהֲרֹג，“不要杀害无辜的人和义人”（*Do not kill* the innocent and the righteousness；出 23:7）；הֲלוֹא צִוִּיתִיךָ חֲזַק וֶאֱמָץ אַל־תַּעֲרֹץ וְאַל־תֵּחָת，“我不是吩咐你们了吗？要刚强壮胆；不要惊惶，也不要沮丧”（Have I not commanded you? Be strong and courageous; *do not tremble*, *and do not be dismayed*；书 1:9）。

(b) **表示否定的意愿（Negative Volition）**——该词作为祈愿式和鼓励式的否定词，通常以反面的形式表达愿望或者祷告：אַל־יִמְשְׁלוּ־בִי，“不要让它们统治我”（*Do not let them* rule over me；诗 19:14，和合本 19:13）；אַל־נָא תְהִי מְרִיבָה בֵּינִי וּבֵינֶךָ，“你我之间不要纷争”（*Let there be no strife* between me and you；创 13:8）；אַל־יֵצֵא אִישׁ מִמְּקֹמוֹ בַּיּוֹם הַשְּׁבִיעִי，“在第七天，不可让一人从他们的驻地出去”（*Let no one go out* from their place on the seventh day；出 16:29）。

4.2.4 אַף

就最主要的两个（גַּם 是第二个；见 4.2.5）**并列副词**（coordinating

adverbs）而言，[29] 副词 אַף 更接近简单连词 וְ，可以简单翻译为“和”。一般而言，该词把其子句（即后面跟着的子句）与前面的子句连接起来（Waltke and O’Connor 1990, 663）。

(a) 表示附加（Addition）——表示一个事物加在另一个事物之上：אַף־אֲנִי בַּחֲלוֹמִי，“我也做了一个梦【字面意思：我也在我的梦里】”（I *also* had a dream [literally: *also* I in my dream]; 创 40:16）；

וְזָכַרְתִּי אֶת־בְּרִיתִי יַעֲקוֹב
וְאַף אֶת־בְּרִיתִי יִצְחָק וְאַף אֶת־בְּרִיתִי אַבְרָהָם אֶזְכֹּר,

“那么我将记念我与雅各所立的约，我也将记念我与以撒所立的 143
约，也记念与亚伯拉罕所立的约”（Then I will remember my covenant with Jacob; I will remember *also* my covenant with Isaac and *also* my covenant with Abraham；利 26:42）；
לְךָ יוֹם אַף־לְךָ לָיְלָה，“白昼属于你，黑夜也属于你”（Yours is the day, yours *also* the night；诗 74:16）。

当所附加的事物出乎意料时，אַף 可翻译为“甚至”（even），有时这被认为是该词的强调用法，尽管这强调的概念太过宽泛以至于没有太多用处：[30] וְיִסַּרְתִּי אֶתְכֶם אַף־אָנִי，“我，甚至是我亲自处罚你”（I, *even* I, will punish you myself；利 26:28）。这种用法也出现在提问中：הַאַף אֻמְנָם אֵלֵד וַאֲנִי זָקַנְתִּי，“实在地，我既然已经老了，还真能生养孩子吗？”（Indeed; shall I *really* bear a child, now that I am old?；创 18:13）。

29 该词一般较常见于诗体和后期的散文，而 גַּם 常见于散文。
30 Joüon and Muraoka 2006, 581-582.

(b) **表示确定性（Asseverative）**[31]——特别是在诗体中，אַף 引入对事实的声明或表述，并表示该事实准确可信：
אַף־נַחֲלָת שָׁפְרָה עָלָי, “【我的】产业于我而言实在美好”（*Surely* [my] heritage is beautiful to me；诗 16:6）；אַף מִן־קָמַי תְּרוֹמְמֵנִי, “你确实把我高举在我的对头之上”（*Indeed* you exalted me above my adversaries；诗 18:49，和合本 18:48）。

(c) **表示修辞（Rhetorical）**——作为确定性用法的一种变化形式，该词通常与 כִּי 连用，在两个相关的子句之间发表**比较性**（comparative）断言，第二个子句更具说服力：
זֶבַח רְשָׁעִים תּוֹעֵבָה אַף כִּי־בְזִמָּה יְבִיאֶנּוּ, “恶人的祭物是可恶的，更何况他是带着恶意来献”（the sacrifice of the wicked is an abomination; *how much more* when he brings it with evil intent; 箴 21:27）。该用法也可用于否定句（即第一个子句是否定句）：
הִנֵּה הַשָּׁמַיִם וּשְׁמֵי הַשָּׁמַיִם לֹא יְכַלְכְּלוּךְ אַף כִּי־הַבַּיִת הַזֶּה אֲשֶׁר בָּנִיתִי, “甚至天和天上的天尚且不足你居住，更何况我建造的这殿”（Even heaven and the highest heavens cannot contain you; *how much less* this house that I have built；王上 8:27）。

אַף כִּי 的这种修辞用法可以引入**反问**（rhetorical question），借此，第二个子句的断言由于前一个子句而得到加强：
144 הִנֵּה אֲנַחְנוּ פֹה בִּיהוּדָה יְרֵאִים וְאַף כִּי־נֵלֵךְ קְעִלָה אֶל־מַעַרְכוֹת פְּלִשְׁתִּים, “看哪，我们在犹大地这里尚且惧怕，何况去到基伊拉攻打非利士人

31 副词 אַף 与 גַּם（见 4.2.5）的确定性 / 强调用法可能不是它们的原始用法，而是附加用法这一主要用法的细微差异化（Muraoka 1985, 142-143）。

的军队呢？”（Look, we are afraid here in Judah; *how much more* then if we go to Keilah against the armies of the Philistines?; 撒上 23:3）；

שָׁמַיִם לֹא־זַכּוּ בְעֵינָיו אַף כִּי־נִתְעָב וְנֶאֱלָח אִישׁ־שֹׁתֶה כַמַּיִם עַוְלָה, “天在他【神】的眼里也不洁净，何况那可憎又腐败、喝不义如同喝水的人呢？”（the heavens are not clean in his [God’s] sight; *how much less* [humanity] who is abominable and corrupt, who drinks iniquity like water?; 伯 15:15b-16）。

与附加用法（或者强调用法；见 4.2.4, a）类似，אַף כִּי 的这种修辞含义可以在不提及前文的情况下引入对某个句子的断言：[32]

אַף כִּי־אָמַר אֱלֹהִים לֹא תֹאכְלוּ מִכֹּל עֵץ הַגָּן，“神真的说过：‘你们不能吃这园中任何树上的果子’吗？”（Did God *really* say, ‘You shall not eat from any tree in the garden?’；创 3:1）。

4.2.5 גַּם

副词 גַּם 作为第二个最主要的并列副词（אַף 是第一个；见 4.2.4），与 אַף 的用法非常类似，只不过 גַּם 更常见于散文，而 אַף 常见于诗体。一般而言，副词 גַּם 可以修饰一个单词，也可以修饰一个子句，即把其引导的子句与前面的子句连接起来。

(a) 表示附加（Addition）——通常用来指出所提及的另一个

---

32 但是 Joüon and Muraoka 将此例句视作少见的疑问用法（2006, 554）。无论如何，创世记 3:1 中蛇一开口就是从 אַף כִּי 开始，而与前面的句子没有关系，使这个断言有些独特。

参与者或者参与方：וַתִּתֵּן גַּם־לְאִישָׁהּ עִמָּהּ，“然后她也给了与她在一起的丈夫”（and she gave *also* her husband with her；创 3:6）。当额外发生的事件或者声明出乎意料或者不合逻辑时，最合适的翻译可能是“甚至”：וַיִּפֶן פַּרְעֹה וַיָּבֹא אֶל־בֵּיתוֹ וְלֹא־שָׁת לִבּוֹ גַּם־לָזֹאת，“法老转身进了宫殿，甚至这件事他都不放在心上”（Pharaoh turned and went into his house, and he did not take *even* this to heart；出 7:23）；אֵין עֹשֵׂה־טוֹב אֵין גַּם־אֶחָד，“没有行善的，甚至一个也没有”（there is no one who does good, not *even* one；诗 14:3）。

145 这种用法也常见于该词后面紧跟独立人称代词的情况：גַּם־אַתָּה לֹא־תָבֹא שָׁם，“甚至你也不能进到那里”（*even* you shall not enter there；申 1:37）；גַּם־אַתָּה חֻלֵּיתָ כָמוֹנוּ，“你也像我们一样变为衰弱了”（you *also* have become as weak as we；赛 14:10）。副词 גַּם 的这一用法是把焦点聚焦于 גַּם 所引导特定子句中代词的先行词（van der Merwe, Naudé, and Kroeze 1999, 314, 以及 311-318 关于 אַף 与 גַּם 作为“聚焦小品词”）。

副词 גַּם 的“双重连接”（double conjunction）用法是**附加**用法的变化形式，通常表示将该词所引导的两个实体都包含在内：[33] וַיַּעַל עִמּוֹ גַּם־רֶכֶב גַּם־פָּרָשִׁים，“战车和赶车的马兵都与他一同上去”（*both* chariots *as well as* charioteers went up with him；创 50:9）；גַּם־תֶּבֶן גַּם־מִסְפּוֹא רַב עִמָּנוּ，“我们有足够的干草和饲料”（we have plenty of *both* straw *and* fodder；创 24:25）。

---

33 见 van der Merwe, Naudé, and Kroeze 1999, 239, 314-315, 尤其是第 316 页的 5.2（ii）。

(b) 表示确定性（Asseverative）——对某个观点给予强调或者加强其确定性：וְהָיָה אִם־לֹא יַאֲמִינוּ גַּם לִשְׁנֵי הָאֹתוֹת הָאֵלֶּה，“但是，如果他们<u>甚至</u>这两个神迹都不相信”（But, if they will not believe <u>*even*</u> these two signs；出 4:9）；
גַּם בֵּין הָעֳמָרִים תְּלַקֵּט וְלֹא תַכְלִימוּהָ，“<u>甚至</u>是从禾捆中捡麦穗，也让她捡，不可羞辱她”（Let her glean <u>*even*</u> among the sheaves and do not insult her；得 2:15）。

当该词处于一段言论或阐述的最后，或者处于一串清单的末尾，可以指高潮：גַּם־בְּרוֹשִׁים שָׂמְחוּ לְךָ，“<u>甚至</u>香柏树也因你欢喜”（<u>*even*</u> the cypress trees exult over you；赛 14:8）；
לְכוּ עִבְדוּ אֶת־יְהוָה רַק צֹאנְכֶם וּבְקַרְכֶם יֻצָּג גַּם־טַפְּכֶם יֵלֵךְ עִמָּכֶם，“去侍奉 YHWH 吧，只是要留下你们的羊群和牛群，<u>甚至</u>你们的小孩子也可以与你们同去”（Go, serve YHWH, only let your flocks and herds be detained; <u>*even*</u> your little ones may go with you；出 10:24）。

（c）表示让步（Concessive）——表示某个动作被预期或曾被预期会导致另一个动作发生，但实际上并没有发生；或者反而是导致了预期之外的动作：בְּחָנוּנִי גַּם־רָאוּ פָעֳלִי，“他们试探我，<u>即使</u>他们看见过我的作为”（they tested me, <u>*even though*</u> they saw my works；诗 95:9）；הֹבִשׁוּ כִּי תוֹעֵבָה עָשׂוּ גַּם־בּוֹשׁ לֹא־יֵבֹשׁוּ，“他们做了可羞耻的事，他们犯了可憎的罪；<u>然而</u>，他们一点都不感到羞耻”（They acted shamefully, They committed abomination; <u>*yet*</u> they were not at all shamed；耶 8:12）。

146
4.2.6 הַרְבֵּה

表示程度（Degree）——作为副词，הַרְבֵּה[34] 表达动作的重大或者极端程度，通常与מְאֹד[35] 连用：הִנֵּה הִסְכַּלְתִּי וָאֶשְׁגֶּה הַרְבֵּה מְאֹד，“是的，我很愚蠢，而且大错特错”（Yes, I have been foolish, and have erred *very greatly*；撒上 26:21）；וָאִירָא הַרְבֵּה מְאֹד，“于是我极其惧怕”（Then I was *very much* afraid；尼 2:2）。

这个小品词也可以用作形容词，表示名词的数量极大：וְגַם־הַרְבֵּה נָפַל מִן־הָעָם וַיָּמֻתוּ，“这百姓中也有很多人仆倒死亡”（Aslo, *many* of the people fell and died；撒下 1:4）；אַל־תִּירָא אַבְרָם אָנֹכִי מָגֵן לָךְ שְׂכָרְךָ הַרְבֵּה מְאֹד，“亚伯兰，你不要惧怕，我是你的盾牌。你的赏赐必将极其丰富”（Do not be afraid, Abram, I am a shield for you; your reward shall be *very great*；创 15:1）。

4.2.7 יוֹמָם

表示时间节点（Temporal Locative）——这个副词[36] 用来指明一个动作发生时的大概时间点，即“在白天”：וַעֲנַן יְהוָה עֲלֵיהֶם יוֹמָם，“在白天，YHWH 的云彩在他们上面”（the cloud of YHWH was over them *by day*；民 10:34）；

---

34 这个副词总体上显示出希伯来文副词的复杂性，因为该词是以 Hiphil 词干的独立不定式形式出现的。除了副词功能，这一不定式形式也可用作形容词和名词。

35 *HALOT* 1:255.

36 副词 יוֹמָם 的重复或者反复用法在 BDB（401）以及 Seow (1995, 44) 中有所提及。BDB 注意到该副词的重复用法最常见于诗体，并且在相对法（merism）表达中与 לַיְלָה 成对出现。然而，重复的效果可能并非仅仅因为该副词，而是来自于相对法的修辞结构。关于圣经中的相对法，更多内容可见 Krašovec 1977 和 1983 以及 Müller 1994, 145-146。

וַיְהִי כַּאֲשֶׁר יָרֵא אֶת־בֵּית אָבִיו וְאֶת־אַנְשֵׁי הָעִיר מֵעֲשׂוֹת יוֹמָם וַיַּעַשׂ לָיְלָה, "因为他太害怕他父亲的家族以及这城里的人，以至于不敢在白天做这事，就在晚上做了"（Because he was too afraid of his father's house and of the men of the city to do it *by day*, he did it at night; 士 6:27）; וְהוֹצֵאתָ כֵלֶיךָ כִּכְלֵי גוֹלָה יוֹמָם לְעֵינֵיהֶם, "在白天，在他们眼前，把你的行李拿出来，就像拿出被掳时要用的行李"（Bring your baggage out *during the day* in their sight, like baggage for exile; 结 12:4）。

4.2.8 כֹּה

(a) **表达方式（Manner）**——表示某个动作以某种方式发生，通常翻译为"这样"。该词与表达言说的动词连用，常常用于引导 147
所说的内容: כֹּה תֹאמַר לִבְנֵי יִשְׂרָאֵל, "你要对以色列人这样说"（*thus* you shall say to the children of Israel; 出 3:14）; לָמָּה תַעֲשֶׂה כֹה לַעֲבָדֶיךָ, "为什么你这样对待你的仆人们呢？"（Why do you deal *this way [thusly]* with your servants; 出 5:15）; וַיָּסֹבּוּ אֶת־הָעִיר בַּיּוֹם הַשֵּׁנִי פַּעַם אַחַת וַיָּשֻׁבוּ הַמַּחֲנֶה כֹּה עָשׂוּ שֵׁשֶׁת יָמִים, "第二天，他们围绕这城一次，然后回到营中。他们这样做了六天"（On the second day, they surrounded the city once and then returned to camp. They did *thusly* for six days; 书 6:14）。

(b) **指示地理位置（Demonstrative / locative）**——指出行动发生或所提及的地点：שִׂים כֹּה נֶגֶד אַחַי, "把它放在这里、我的兄弟们面前"（Set it *here* before my brothers; 创 31:37）; הִתְיַצֵּב כֹּה עַל־עֹלָתֶךָ, "站在这里，站在你的燔祭旁边"（Stand *here*

beside your burnt offering；民 23:15）；
וַיֹּאמֶר הַמֶּלֶךְ סֹב הִתְיַצֵּב כֹּה וַיִּסֹּב וַיַּעֲמֹד, “王说：‘你转身，站在<u>这里</u>。’他就转身，站在那里”（The king said ‘Turn around and stand *<u>here</u>*.’ So he turned around and stood still；撒下 18:30）。在很少的情况下，这种位置感指时间段：וְהִנֵּה לֹא־שָׁמַעְתָּ עַד־כֹּה, “实际上，到<u>现在</u>你都不听”（Indeed, you have not listened until *<u>now</u>*；出 7:16）。

4.2.9 כִּי

小品词 כִּי 的用法非常多样，其中几种是副词用法，会在“连词”这个条目下（见 4.3.4）详细介绍。[37]

4.2.10 כֵּן

（a）表示比较（Comparative）——一般用在比较句的主句（apodosis）：כְּעֵינֵי שִׁפְחָה אֶל־יַד גְּבִרְתָּהּ כֵּן עֵינֵינוּ אֶל־יְהוָה אֱלֹהֵינוּ, “如同婢女的眼睛望向她主母的手，我们的眼睛<u>也是如此</u>望向 YHWH 我们的神”（As the eyes of a maid [look] to the hand of her mistress, *<u>so</u>* our eyes look to YHWH our God；诗 123:2）；
148 וַיְהִי כַּאֲשֶׁר פָּתַר־לָנוּ כֵּן הָיָה, “如同他向我们所解释的，事情<u>这样</u>成就了”（As he interpreted to us, *<u>so</u>* it turned out；创 41:13）。

该用法的一种变化形式是，כֵּן 并非出现在表示比较的主句中，但仍具有比较的意思（因此，是表达“方式”）：

---

37 *DCH* 4:383-391.

כֵּן יֹאבְדוּ כָל־אוֹיְבֶיךָ יְהוָה, “YHWH 啊，愿你所有的敌人都这样灭亡”（*Thus* perish all your enemies, O YHWH；士 5:31）；

וְהָיוּ לִמְאוֹרֹת בִּרְקִיעַ הַשָּׁמַיִם לְהָאִיר עַל־הָאָרֶץ וַיְהִי־כֵן, “‘让它们作为穹苍里的光来照耀在大地上。’然后事就这样成就了”（‘and let them be for lights in the dome of the sky to give light upon the earth.’ And it was *so*；创 1:15）。

(b) **副词 כֵּן 的复合形式**——复合词 לָכֵן 通常表示对条件性陈述做出回应（“鉴于前面的这一情况，因此……”）：[38]

וְאֵת פֹּעַל יְהוָה לֹא יַבִּיטוּ וּמַעֲשֵׂה יָדָיו לֹא רָאוּ לָכֵן גָּלָה עַמִּי, “但是他们不顾念 YHWH 的作为，也不顾念他手所做的；因此，我的百姓就被掳掠”（But they do not consider the deeds of YHWH nor do they consider the work of his hands; *therefore*, my people go into exile；赛 5:12-13）；

אַתֶּם עֲזַבְתֶּם אוֹתִי וַתַּעַבְדוּ אֱלֹהִים אֲחֵרִים לָכֵן לֹא־אוֹסִיף לְהוֹשִׁיעַ אֶתְכֶם, “你们离弃了我，服侍别的神；因此，我不再拯救你们”（You have forsaken me and served other gods; *therefore*, I will no longer deliver you；士 10:13）；

יַעַן אֲשֶׁר־הִכְרַתִּי מִמֵּךְ צַדִּיק וְרָשָׁע
לָכֵן תֵּצֵא חַרְבִּי מִתַּעְרָהּ אֶל־כָּל־בָּשָׂר מִנֶּגֶב צָפוֹן,

“因为我将要从你那里剪除义人和恶人；因此，我的剑将出鞘从南到北攻击所有血肉之躯”（Because I will cut off from you the righteous and the wicked; *therefore*, my sword will go out

---

38 Waltke and O’Connor 1990, 666.

from its sheath against all flesh from south to north；结 21:9，和合本 21:4）。

复合形式 עַל־כֵּן 通常引导子句来说明后果，是用**起因关系**（causal）把两个子句连接起来：

כִּי אֶת־מַעְשַׂר בְּנֵי־יִשְׂרָאֵל אֲשֶׁר יָרִימוּ לַיהוָה תְּרוּמָה נָתַתִּי לַלְוִיִּם לְנַחֲלָה עַל־כֵּן אָמַרְתִּי לָהֶם בְּתוֹךְ בְּנֵי יִשְׂרָאֵל לֹא יִנְחֲלוּ נַחֲלָה，"因为以色列人作为供物献给 YHWH 的十分之一我已经给了利未人为产业；因此，我论到他们说：'他们在以色列人中不可有产业'"（Because of the tithe of the sons of Israel, which they offer as an offering to YHWH, I have given to the Levites for an inheritance; *therefore*, I have said concerning them, 'They shall have no inheritance among the children of Israel'；民 18:24）；עַל־כֵּן קָרָא שְׁמָהּ בָּבֶל כִּי־שָׁם בָּלַל יְהוָה שְׂפַת כָּל־הָאָרֶץ，"因此，它的名字叫做巴别，因为在那里，YHWH 混乱了全地的语言"（*Therefore*, its name is called Babel, because there, YHWH confused the languages of the whole earth；创 11:9）。

149 **4.2.11 לֹא**

表示否定（Negation）——这个副词的主要用法是否定动词子句。[39] 该词在独立的动词子句中用来否定一个动词性概念：

רָעָה לֹא רָאִינוּ，"我们没有看见灾祸"（we did *not* see misfortune；耶 44:17）；אָנֹכִי לֹא אֶהְיֶה כְּאַחַת שִׁפְחֹתֶיךָ，"我不像你的一个使女"

39 有时，该词与否定小品词 אַל 相反，只是用于否定一个单词，通常是名词形式：לֹא־טוֹב הֱיוֹת הָאָדָם לְבַדּוֹ，"对这人而言独居不好"（it is not good for the man to be alone；创 2:18）。

（I am *not* like one of your maidservants；得 2:13）；
נֶגַע־וְקָלוֹן יִמְצָא וְחֶרְפָּתוֹ לֹא תִמָּחֶה, “他将受伤损、被羞辱，而且他的羞辱将不得抹除” （He will find wounds and disgrace, and his reproach will *not* be blotted out；箴 6:33）。

该词的否定用法也能与命令搭配，来表示**一般性的**或者**永久性的**禁令（比较 4.2.3，a）：לֹא תֹאכַל מִמֶּנּוּ, “你不可吃它” （you *shall not* eat from it；创 2:17）；
וְכֹל אֲשֶׁר אֵין־לוֹ סְנַפִּיר וְקַשְׂקֶשֶׂת לֹא תֹאכֵלוּ, “但是任何无鳍无鳞的，你们都不可以吃” （but anything that does not have fins and scales, you *shall not* eat；申 14:10）；
וּבַיּוֹם הַשְּׁבִיעִי מִקְרָא־קֹדֶשׁ יִהְיֶה לָכֶם כָּל־מְלֶאכֶת עֲבֹדָה לֹא תַעֲשׂוּ, “而且在第七天你们要有圣会，任何劳碌的工作你们都不可以做”（And on the seventh day you shall have have a holy convocation; you *shall not* do any laborious work；民 28:25）。

有时，副词 לֹא 否定无动词的子句或者介词短语：לֹא בִי־הִיא, “它不在我里面”（it is *not* in me；伯 28:14）；
לֹא־טוֹב הַדָּבָר אֲשֶׁר אַתָּה עֹשֶׂה, “你现在做的这事不好”（The thing you are doing is *not* good；出 18:17）；
וַתַּעֲשֶׂה אָדָם כִּדְגֵי הַיָּם כְּרֶמֶשׂ לֹא־מֹשֵׁל בּוֹ, “你使人像海里的鱼，像其上没有管辖者的爬物”（You have made humanity like fish in the sea, like crawling things with *no* ruler over them; 哈 1:14)。

4.2.12 מְאֹד

表示加强（Intensive）——该词的加强性副词用法指出动作的程度或者强度：אַבְרָם כָּבֵד מְאֹד, “亚伯兰极其富有”（Abram was *very* rich；创 13:2）；וְיִירְאוּ מִכֶּם וְנִשְׁמַרְתֶּם מְאֹד,“他们会害怕你们，所以你们要极其小心”（They will be afraid of you; so be *very* careful；申 2:4）；וַיִּרְאוּ מְאֹד מְאֹד,“他们害怕极了”（They were *utterly* terrified；王下 10:4）；וַיִּקְצֹף הַמֶּלֶךְ מְאֹד וַחֲמָתוֹ בָּעֲרָה בוֹ, “王非常生气，怒气在他心里燃烧”（the king became *very* angry, and his anger burned within him；斯 1:12）。

150 这个小品词也可以强调修饰形容词：

הָאָרֶץ אֲשֶׁר עָבַרְנוּ בָהּ לָתוּר אֹתָהּ טוֹבָה הָאָרֶץ מְאֹד מְאֹד, “我们所经过而探测的土地是极其好的土地”（The land that we went through to spy out is an *exceedingly* good land；民 14:7）；וַיְהִי כְּכַלּוֹת יְהוֹשֻׁעַ וּבְנֵי יִשְׂרָאֵל לְהַכּוֹתָם מַכָּה גְדוֹלָה־מְאֹד, “当约书亚和以色列人以极大的杀戮打败他们时”（When Joshua and the people of Israel had finished slaying them with a *great* slaughter；书 10:20）；כִּי־גָדוֹל יוֹם־יְהוָה וְנוֹרָא מְאֹד וּמִי יְכִילֶנּוּ, “因为 YHWH 的日子大而极其可畏，谁能承受得住呢？”（For the day of YHWH is great and *very* terrible; who can endure it?；珥 2:11）。

除了副词用法，מְאֹד 也可以用作形容词，表示“大量”，尤其与 הַרְבֵּה（见 4.2.6）或 רַב 连用时：

וּמִבֶּטַח וּמִבֵּרֹתַי עָרֵי הֲדַדְעָזֶר לָקַח הַמֶּלֶךְ דָּוִד נְחֹשֶׁת הַרְבֵּה מְאֹד, “大卫王从哈大底谢的比他和比罗他城中夺取了大量铜”（From Betah and Berothai, cities of Hadadezer, King David took a *large amount* of copper；撒下 8:8）；וַתִּתֵּן לַמֶּלֶךְ מֵאָה וְעֶשְׂרִים כִּכַּר זָהָב וּבְשָׂמִים הַרְבֵּה מְאֹד, “她给了王一百二十他连得金子和大量香料”（She gave to the king 120 talents of gold and a *large amount* of spices；王上 10:10）。

4.2.13 עוֹד

表示方式（Manner）——在动词性子句中表示持续性或持久性：
וְאַבְרָהָם עוֹדֶנּוּ עֹמֵד לִפְנֵי יְהוָה, "而亚伯拉罕仍然站在 YHWH 面前"（and Abraham was *still* standing before YHWH；创 18:22）；
עוֹדֶנִּי הַיּוֹם חָזָק כַּאֲשֶׁר בְּיוֹם שְׁלֹחַ אוֹתִי מֹשֶׁה, "我仍然像摩西差遣我那天一样强壮"（I am *still* as strong as the day when Moses sent me；书 14:11）; וּמַלְתֶּם אֵת עָרְלַת לְבַבְכֶם וְעָרְפְּכֶם לֹא תַקְשׁוּ עוֹד, "那么要给你们的心行割礼，不再硬着颈项"（Circumcise, then, the foreskin of your heart, and do not be stubborn *any longer*；申 10:16）；עוֹדֶנּוּ הָאָרֶץ לְפָנֵינוּ כִּי דָרַשְׁנוּ אֶת־יְהוָה אֱלֹהֵינוּ, "这地仍然在我们面前，因为我们寻求了 YHWH 我们的神"（The land is *yet* before us, because we have sought YHWH, our God；代下 14:6，和合本 14:7）。

这个小品词也可在动词性子句中表示重复：
וַיֵּדַע אָדָם עוֹד אֶת־אִשְׁתּוֹ, "亚当又与他的妻子同房"（Adam had relations with his wife *again*；创 4:25）；
בִּי אֲדוֹנָי אִישׁ הָאֱלֹהִים אֲשֶׁר שָׁלַחְתָּ יָבוֹא־נָא עוֹד אֵלֵינוּ, "主啊，求你让你所差遣的神人再次到我们这里来"（O Lord, please let the man of God, whom you sent, come to us *again*；士 13:8）；
וַתַּהַר עוֹד וַתֵּלֶד בַּת, "她再次怀孕并生了一个女儿"（She conceived *again* and gave birth to a daughter；何 1:6）。

151 4.2.14 עַתָּה

(a)表示时间(Temporal)——该词从说话者的角度聚焦于时间，常翻译为“现在”：עַתָּה יָדַעְתִּי כִּי הוֹשִׁיעַ יְהוָה מְשִׁיחוֹ, “现在我知道 YHWH 拯救他的受膏者”（*now* I know that YHWH saves his anointed；诗 20:7，和合本 20:6）；
וַתָּבוֹא וַתַּעֲמוֹד מֵאָז הַבֹּקֶר וְעַד־עַתָּה, “她来了，而且从早晨一直待到现在”（She came and stayed from this morning until just *now*；得 2:7）；אַתָּה עתה תַּעֲשֶׂה מְלוּכָה עַל־יִשְׂרָאֵל, “你现在统治以色列吗？”(Do you *now* reign over Israel；王上 21:7）；
וְגַם־עַתָּה נְאֻם־יְהוָה שֻׁבוּ עָדַי בְּכָל־לְבַבְכֶם וּבְצוֹם וּבִבְכִי וּבְמִסְפֵּד, “‘现在虽然如此，’YHWH 宣告说，‘你们要以全心，而且以禁食、以哭泣、以哀恸归向我’”（‘Yet even *now*,’ declares YHWH, ‘Return to me with all your heart, and with fasting, with weeping, and with mourning’；珥 2:12）。

(b) 表示逻辑（Logical）——通常以复合形式 וְעַתָּה，表示在不打断主题的情况下，论点或语篇叙述流的转换。反观过去的事件而诉诸现在或者未来的动作时，这一转换通常伴随时间的转换：

אַתֶּם חֲטָאתֶם חֲטָאָה גְדֹלָה
וְעַתָּה אֶעֱלֶה אֶל־יְהוָה אוּלַי אֲכַפְּרָה בְּעַד חַטַּאתְכֶם,

“你们自己犯了大罪；而现在我要上 YHWH 那里去，或许能为你们赎罪”(You yourselves have committed a great sin; *and now* I will go up to YHWH, perhaps I can make atonement for your sin；出 32:30）；

הֵן הָאָדָם הָיָה כְּאַחַד מִמֶּנּוּ לָדַעַת טוֹב וָרָע
וְעַתָּה פֶּן־יִשְׁלַח יָדוֹ וְלָקַח גַּם מֵעֵץ הַחַיִּים,
“实在地，人类已经变得像我们中的一位，知道善恶；而现在，他们可能伸手也从生命树上摘【果子】”（Indeed, humanity has become like one of us, knowing good and evil; *and now*, they might stretch out their hand and take also from the tree of life；创 3:22）；

מַדּוּעַ אֵינְכֶם מְחַזְּקִים אֶת־בֶּדֶק הַבָּיִת וְעַתָּה אַל־תִּקְחוּ־כֶסֶף מֵאֵת מַכָּרֵיכֶם, “你们怎么不修理殿的破损之处呢？因此，现在你们不要从所认识的人再收银子”（Why do you not repair the damages to the house? *Now, therefore*, do not take any money from your acquaintances；王下 12:8，和合本 12:7）。

4.2.15 רַק

(a) 表示限制（Restrictive）——用于对某个观点加以限制：

רַק אֶתְכֶם יָדַעְתִּי מִכֹּל מִשְׁפְּחוֹת הָאֲדָמָה, “唯独你们、我认识，在地上的万族中”（You, *only*, have I known among all the nations of the earth；摩 3:2）；

וַיַּעַשׂ הָרַע בְּעֵינֵי יְהוָה רַק לֹא כְּמַלְכֵי יִשְׂרָאֵל אֲשֶׁר הָיוּ לְפָנָיו, “他行
YHWH 眼中看为恶的事，只是不像在他之前的以色列诸王”（He 152
did evil in the eyes of YHWH, *though* not like the kings of Israel who were before him；王下 17:2）；

רַק הַבָּמוֹת לֹא־סָרוּ עוֹד הָעָם מְזַבְּחִים וּמְקַטְּרִים בַּבָּמוֹת, “只是邱坛还没有废去，人们仍在邱坛献祭焚香”（*Only* the high places were not removed. The people still sacrificed and burned incense on the high places；王下 14:4）。

有时，这种对观点的限制会扩展成为两个观点之间的对比：וַיַּעַשׂ הַיָּשָׁר בְּעֵינֵי יְהוָה רַק לֹא כְּדָוִד אָבִיו，“他做 YHWH 眼中看为正确的事，但是不像他的父亲大卫”（He did right in the eyes of YHWH, *but* not like his father David；王下 14:3）。

当涉及与指令有关的谈话，副词 רַק 的这一限制性用法具有解释说明的作用：הִנֵּה כָל־אֲשֶׁר־לוֹ בְּיָדֶךָ רַק אֵלָיו אַל־תִּשְׁלַח יָדֶךָ，“看，他所有的一切都在你手中，只是不可以伸手害他”（See, all that he has in in your hands; *only*, do not send forth your hand upon him；伯 1:12）；
אָנֹכִי אֲשַׁלַּח אֶתְכֶם...רַק הַרְחֵק לֹא־תַרְחִיקוּ לָלֶכֶת，“我会让你们走……只是不可以走得太远”（I will let you go...*only*, do not go very far away；出 8:24，和合本 8:28）；
אִם־לֹא תֹאבֶה הָאִשָּׁה לָלֶכֶת אַחֲרֶיךָ וְנִקִּיתָ מִשְּׁבֻעָתִי זֹאת
רַק אֶת־בְּנִי לֹא תָשֵׁב שָׁמָּה，
“如果那女人不愿意与你一起来，你就与我的这个誓言无关了。只是，你不能带我的儿子回到那里”（If the woman is not willing to go with you, you will be free from this my oath. *Only*, you must not take my son back there；创 24:8）。

（b）表示确定性（Asseverative）——对观察的正确性表示信服：אָמַרְתִּי רַק אֵין־יִרְאַת אֱלֹהִים בַּמָּקוֹם הַזֶּה，“我以为在这个地方一定没有敬畏神的人”（I thought, *certainly* there is no fear of God in this place；创 20:11）；רַק עַם־חָכָם וְנָבוֹן הַגּוֹי הַגָּדוֹל הַזֶּה，“确实地，这大国是有智慧、有分辨力的人民”（*Surely*, this great nation is a wise and discerning people；申 4:6）。

4.2.16 שָׁם

(a) 表示位置（Locative）——指出动作发生的地点——“那里”：
וּבָאת עַד־בָּבֶל שָׁם תִּנָּצֵלִי，“去巴比伦，你将在那里得拯救”（Go to Babylon, *there* you will be rescued；弥 4:10）；
וַיָּשֶׂם שָׁם אֶת־הָאָדָם אֲשֶׁר יָצָר，“他把他所造的人安置在那里”（*there* he placed the man whom he had formed；创 2:8）；
שָׁם תֹּאכְלֵךְ אֵשׁ תַּכְרִיתֵךְ חֶרֶב，“在那里，火将烧灭你，剑将剪除你”（*There* the fire will consume you, the sword will cut you down；鸿 3:15）；
וַיַּעַשׂ לוֹ שָׁם סֻכָּה וַיֵּשֶׁב תַּחְתֶּיהָ בַּצֵּל עַד אֲשֶׁר יִרְאֶה מַה־יִּהְיֶה בָּעִיר，“他在那里为自己搭了一座棚，坐在棚下，直到看见那城会发生什么”（He made for himself *there* a booth, and he sat under it until he could see what would happen to the city；拿 4:5）。

副词 שָׁם 与关系代词 אֲשֶׁר 连用，引导指向地理位置的关系子句： 153
הָעֲרָפֶל אֲשֶׁר־שָׁם הָאֱלֹהִים，“神所在【那里】的厚云”（the thick cloud *where* God was；出 20:21）；
וַיֵּלֶךְ לְמַסָּעָיו מִנֶּגֶב וְעַד־בֵּית־אֵל עַד־הַמָּקוֹם אֲשֶׁר־הָיָה שָׁם אָהֳלוֹ，“他继续他的行程，从南地到伯特利，就是到他以前【在那里】支搭帐篷的地方”（He went on his journeys, from the Negeb to Bethel, to the place *where* his tent had been；创 13:3 *Qere*）。

(b) 表示终止（Terminative）——通常，当副词 שָׁם 与表示

移动的动词连用，而且带着指向性的 ָה- 为后缀，则具有终点的含义，强调的是动作的终点目标而不是一个静态的地理方位：

אִמָּלְטָה נָּא שָׁמָּה，“请让我逃往那里”（Please let me escape *to there*；创 19:20）；יְהוֹשֻׁעַ בִּן־נוּן הָעֹמֵד לְפָנֶיךָ הוּא יָבֹא שָׁמָּה，“站在你面前的、嫩的儿子约书亚将进入那里”（Joshua, son of Nun, who stands before you; he will enter *there*；申 1:38）；

וַיָּנֻסוּ שָׁמָּה כָּל־הָאֲנָשִׁים וְהַנָּשִׁים וְכֹל בַּעֲלֵי הָעִיר，“所有的男人和女人，以及那城里所有的头领都逃往那里”（All the men and women, and all the leaders of the city fled *to there*；士 9:51）。

4.2.17 תָּמִיד

表示方式（Manner）——常用来表示动作是以持续或者持久的方式进行：שִׁוִּיתִי יְהוָה לְנֶגְדִּי תָמִיד，“我常常将 YHWH 摆在我面前”（I have set YHWH *continually* before me；诗 16:8）；

עֵינַי תָּמִיד אֶל־יְהוָה，“我的眼睛一直仰望 YHWH”（my eyes are *ever* toward YHWH；诗 25:15）；כִּי עַל־מִי לֹא־עָבְרָה רָעָתְךָ תָּמִיד，“因为谁没有时常遭遇你【亚述】的恶行呢？”（for on whom has your [Assyria's] wickedness not passed *continually*；鸿 3:19）。

4.3 连词（Conjunctions）

连词用来连接单词、短语或者子句并表达它们之间的关系。连词可以分为两类：**并列连词**（coordinate conjunctions）和**从属连词**（subordinate conjunctions）。并列连词连接语法功能等同的名词或者子句，在圣经希伯来文中，这类连词是 וְ 和 אוֹ。[40] 从属连词则把一个从句（即从属子句）与其主句连接起来，在圣经希伯来文中这类例子很多（כִּי，אִם，פֶּן，等等）。然而，在圣经希伯来文中， 154
由于 *wayyiqtol* 和 *wəqatal*（见 3.5.1 和 3.5.2）的 waw 频繁地用于动词之间的连接，因此子句是并列的还是从属的通常需要作出解释。故此，从属子句通常没有语法上的标记，因为连词通常并不明确。[41]

4.3.1 אוֹ

表示选择（Alternative）——通常用于在两个或者更多的名词之间提供一个选择：

שְׁאַל־לְךָ אוֹת מֵעִם יְהוָה אֱלֹהֶיךָ הַעְמֵק שְׁאָלָה אוֹ הַגְבֵּהַ לְמָעְלָה, “你要向 YHWH 你的神求一个兆头，深处像阴间那么深，或高处像天那么高”（Ask for a sign from YHWH your God, as deep as Sheol *or* as high as heaven；赛 7:11）；

רַק הִיא יְחִידָה אֵין־לוֹ מִמֶּנּוּ בֵּן אוֹ־בַת, “她是唯一的孩子；除了她，他【耶弗他】没有儿子或者女儿”（She was an only child; except for her, he [Jephthah] had no son *or* daughter；士 11:34）；

אִם־עֶבֶד יִגַּח הַשּׁוֹר אוֹ אָמָה, “如果一头牛触死了一个男仆或者一个女仆”（if an ox gores a male slave *or* a female slave；出 21:32）。

4.3.2 אִם

(a) 表示条件 / 可能性（Conditional/Contingency）——引

40 有时 אִם 和 כִּי 也可以作为并列连词。

41 Meyer 1992, 181-182; van der Merwe, Naudé, and Kroeze 1999, 57-58, 294-305; 与希伯来文刻文的比较，见 Gogel 1998, 223-230 以及 Aḥituv, Garr, and Fassberg 2016, 64。

入条件性陈述的从句部分（“如果”部分）：

אִם־אֶמְצָא בִסְדֹם חֲמִשִּׁים צַדִּיקִם, “如果我在所多玛发现五十个义人”（*if* I find in Sodom fifty righteous people；创 18:26）；

אִם־בִּדְרָכַי תֵּלֵךְ וְאִם אֶת־מִשְׁמַרְתִּי תִשְׁמֹר וְגַם־אַתָּה תָּדִין אֶת־בֵּיתִי, “如果你走在我的道路上，而且如果你遵守我的吩咐，你就可以掌管我的家”（*If* you walk in my ways, and *if* you keep my requirements, then you will govern my house；亚 3:7）；

בְּנִי אִם־חָכַם לִבֶּךָ יִשְׂמַח לִבִּי גַם־אָנִי, “我的儿，如果你的心有智慧，我的心也会欢喜”（My son, *if* your heart is wise, my heart also will be glad；箴 23:15）。这一用法的否定形式借由小品词 לֹא 表达，表示否定的条件从句：אִם־לֹא חָפַצְתָּ בָּהּ, “如果你不喜欢她”（*if* you are *not* pleased with her；申 21:14）；

אִם־לֹא יִמָּצֵא הַגַּנָּב וְנִקְרַב בַּעַל־הַבַּיִת אֶל־הָאֱלֹהִים, “如果贼没被找到，家主就要到审判官面前”（*If* the thief is *not* caught, the master of the house shall appear before the judges；出 22:7，和合本 22:8）。[42]

155 (b) 表示让步（Concessive）——אִם 表示某个动作被预期导致另一个动作的发生，但实际上并没有发生：

אִם־יַעֲלוּ הַשָּׁמַיִם מִשָּׁם אוֹרִידֵם, “即使他们上到天上，我也必把他们从那里拉下来”（*though* they go up to the heavens, I will bring them down from there；摩 9:2）；

אִם־יַעֲמֹד מֹשֶׁה וּשְׁמוּאֵל לְפָנַי אֵין נַפְשִׁי אֶל־הָעָם הַזֶּה, “即使摩西和

---

42 关于与 כִּי 相比，אִם 在法律材料、尤其是在约典（Covenant Code；出 21:2-23:19）核心中的使用方法，见 4.3.4, f。

撒母耳站在我面前，我的心也不会向着这百姓”（*Even if* Moses and Samuel were before Me, my heart would not be with this people；耶 15:1）。

（c）表示选择（Alternative）——在疑问子句中，当重复的部分是作为可替代的选项时，אִם 标识出作为选项的部分：

הֲתָבוֹא לְךָ שֶׁבַע שָׁנִים רָעָב בְּאַרְצֶךָ אִם־שְׁלֹשָׁה חֳדָשִׁים נֻסְךָ לִפְנֵי־צָרֶיךָ וְהוּא רֹדְפֶךָ וְאִם־הֱיוֹת שְׁלֹשֶׁת יָמִים דֶּבֶר בְּאַרְצֶךָ, “是这地有七年饥荒呢？还是你愿意当敌人追赶你，你在敌人面前逃跑三个月呢？抑或在你这地有三天的瘟疫呢？”（Shall seven years of famine come to you in your land? *Or* will you flee three months before your foes while they pursue you? *Or* shall there be three days' pestilence in your land?；撒下 24:13）；

הֲלָנוּ אַתָּה אִם־לְצָרֵינוּ, “你是帮助我们还是帮助我们的敌人呢？”（Are you for us *or* for our enemies；书 5:13）；

הַלְּבֶן מֵאָה־שָׁנָה יִוָּלֵד וְאִם־שָׂרָה הֲבַת־תִּשְׁעִים שָׁנָה תֵּלֵד, “一百岁的人还能生孩子吗？或者，撒拉已经九十岁，还能生养吗？”（Can a child be born to a man 100 years old, *or* will Sarah, who is 90 years old, give birth?；创 17:17）。

（d）表示例外（Exceptive）——副词 אִם 通常与 כִּי 或 בִּלְתִּי 配合，表示某个动作在另一个动作发生的情况下才会发生：

לֹא אֲשַׁלֵּחֲךָ כִּי אִם־בֵּרַכְתָּנִי, “你除非给我祝福，我不让你走”（I will not let you go *unless* you bless me；创 32:27，和合本 32:26）；

הֲיִתֵּן כְּפִיר קוֹלוֹ מִמְּעֹנָתוֹ בִּלְתִּי אִם־לָכָד, “少壮狮子除非有所捕获，

怎么会在洞中咆哮呢？”（Does a young lion growl from his den *unless* he has made a capture；摩 3:4）。

同样地，אִם 的例外用法表述的是一种没有其他选择或者可能性的情况，通常是强调当下的处境：
אֵין זֹאת בִּלְתִּי אִם־חֶרֶב גִּדְעוֹן בֶּן־יוֹאָשׁ אִישׁ יִשְׂרָאֵל, “这不是别的，乃是以色列人约阿施的儿子基甸的刀”（This is *nothing less* than the sword of Gideon, son of Joash, a man of Israel；士 7:14）；
אֵין זֶה כִּי אִם־בֵּית אֱלֹהִים, “这不是别的地方，而是神的殿”（This is *nothing less* than the house of God；创 28:17）。

（e）**表示诅咒（Maledictory）**——尤其在誓言声明中，副词
156 אִם 可独自强调性地声明一个否定的誓言，指出确定不会发生的动作（见 5.3.2）：אִם־יִרְאוּ אֶת־הָאָרֶץ אֲשֶׁר נִשְׁבַּעְתִּי לַאֲבֹתָם, “【我指着我的永生起誓】……他们必不得看见我向他们列祖起誓【给】的地”（[as I live]…they *will not* see the land that I swore [to give] to their ancestors；民 14:23）；חַיֶּךָ וְחֵי נַפְשֶׁךָ אִם־אֶעֱשֶׂה אֶת־הַדָּבָר הַזֶּה, “指着你的生命，并且指着你灵魂的生命起誓，我决不会做这事！”（By your life, and by the life of your soul, I *will not* do this thing！；撒下 11:11）；חַי־יְהוָה אִם־יוּמָת, “指着永生的 YHWH 起誓，他必不会被处死”（As YHWH lives, he *shall not* be put to death；撒上 19:6）。

（f）**表达誓言（Oath）**——与副词 אִם 的诅咒用法相反，אִם 与 כִּי 或 לֹא 成对出现，引入一个正面誓言，即一个人承诺会采取的行动（见 5.3.2）：נִשְׁבַּע יְהוָה צְבָאוֹת בְּנַפְשׁוֹ כִּי אִם־מִלֵּאתִיךְ אָדָם,

“万军之 YHWH 指着自己起誓：‘我必使人充满你’”（YHWH of hosts swears by himself, ‘I will *surely* fill you with people’；耶 51:14）；

אִם־לֹא הָאָרֶץ אֲשֶׁר דָּרְכָה רַגְלְךָ בָּהּ לְךָ תִהְיֶה לְנַחֲלָה וּלְבָנֶיךָ עַד־עוֹלָם, “你脚所踏的地必定归你和你的子孙永远为业”（*Surely* the land on which your foot has walked shall be an inheritance for you and your children permanently；书 14:9）；

אִם־לֹא יִסְחָבוּם צְעִירֵי הַצֹּאן אִם־לֹא יַשִּׁים עֲלֵיהֶם נְוֵהֶם, “他们羊群中最小的也必定被拉去，他必定使他们的牧场因为他们而荒废”（*Surely* the little ones of the flock will be dragged away; *surely* he will make their pasture desolate because of them；耶 49:20）。

(g) 表示疑问（Interrogatory）——副词 אִם 常引入一个问题：

אִם־תִּתֵּן עֵרָבוֹן עַד שָׁלְחֶךָ, “在你送它来之前，你愿意给个担保吗？”（*Will* you give a pledge until you send it?；创 38:17）；

אִם מֵאֵת אֲדֹנִי הַמֶּלֶךְ נִהְיָה הַדָּבָר הַזֶּה, “是我主我王做了这事吗？”（*Has* this thing been done by my lord, the king?；王上 1:27）；

אִם־יִתָּקַע שׁוֹפָר בְּעִיר וְעָם לֹא יֶחֱרָדוּ, “如果城中吹起号角，人们会不惊慌吗？”（*If* a trumpet blows in the city, *will* not the people tremble?；摩 3:6）。

4.3.3 וְ

连词 וְ 在两个层面用作连词：连接名词和连接子句。连词 waw 与限定性动词的联合形式则具有独特的作用（见 3.5）。

（a）表示反对（Adversative）——通常引导相反或者对立的观点：נִחַמְתִּי כִּי עֲשִׂיתִם וְנֹחַ מָצָא חֵן בְּעֵינֵי יְהוָה, “‘我后悔造了他
157 们。’但是挪亚在 YHWH 眼里蒙恩”（‘I am sorry I have made them.’ *But* Noah found favor in the eyes of YHWH；创 6:7-8）；וּנְתַתִּיו לְגוֹי גָּדוֹל וְאֶת־בְּרִיתִי אָקִים אֶת־יִצְחָק, “我要使他成为大国；但是，我将与以撒建立我的约”（and I will make him a great nation; *but* my covenant I will establish with Isaac; 创 17:20-21）；רְאֵה נָא אָנֹכִי יוֹשֵׁב בְּבֵית אֲרָזִים וַאֲרוֹן הָאֱלֹהִים יֹשֵׁב בְּתוֹךְ הַיְרִיעָה, “看哪！现在我住在香柏木的殿里，但是神的约柜却在帐篷里”（See, now, I live in a house of cedar, *but* the ark of God dwells within a tent；撒下 7:2）。

（b）表示连接（Conjunctive）——将两个或者多个原本并不相关的概念或者情况关联起来：קֹנֵה שָׁמַיִם וָאָרֶץ, “天和地的创造者”（Maker of heaven *and* earth；创 14:19）；הִנְנִי גֹרֵשׁ מִפָּנֶיךָ אֶת־הָאֱמֹרִי וְהַכְּנַעֲנִי וְהַחִתִּי וְהַפְּרִזִּי וְהַחִוִּי וְהַיְבוּסִי, “看哪，我要把亚摩利人和迦南人和赫人和比利洗人和希未人和耶布斯人，从你面前赶逐出去”（See, I am going to drive out from before you the Amorite, *and* the Canaanite, *and* the Hittite, *and* the Perizzite, *and* the Hivite, *and* the Jebusite；出 34:11）；וַיִּקַּח יוֹחָנָן בֶּן־קָרֵחַ וְכָל־שָׂרֵי הַחֲיָלִים אֵת כָּל־שְׁאֵרִית יְהוּדָה, “加利亚的儿子约哈难和军队所有的首领带走了犹大的全部余民”（Johanan son of Kareah *and* all the commanders of the armies took the entire remnant of Judah；耶 43:5）。

当 waw 把一个名词与另一个带有复指人称词尾（resumptive pronominal suffix）（有时甚至不带词尾）的名词连接起来时，这种连接用法也带有伴随（accompaniment）或者包含（inclusiveness）的概念：הָאִשָּׁה וִילָדֶיהָ תִּהְיֶה לַאדֹנֶיהָ, “那妻子和她的孩子们都要属于她的主人”（the wife *together with her children* shall belong to her master；出 21:4）；וּשְׂמַחְתֶּם בְּכֹל מִשְׁלַח יֶדְכֶם אַתֶּם וּבָתֵּיכֶם, “你们和你们的家人都要因手中所办的一切事而欢乐”（and you shall celebrate over all your handiwork, you *together with your households*；申 12:7）。

(c) 表示选择（Alternative）——表明选择或者选项：וְלֹא אוֹשִׁיעֵם בְּקֶשֶׁת וּבְחֶרֶב וּבְמִלְחָמָה בְּסוּסִים וּבְפָרָשִׁים, “我不靠着弓或剑、或争战、【或】马匹或马兵去拯救他们”（I will not save them by bow *or* by sword *or* by war [*or*] by horses *or* by horsemem；何 1:7）；וְלֹא־יָדַע בְּשִׁכְבָהּ וּבְקוּמָהּ, “他不知道她是何时躺卧或何时起来的”（He did not know when she lay down *or* when she arose；创 19:33）；הִכָּה דָוִד אֶת־הָאָרֶץ וְלֹא יְחַיֶּה אִישׁ וְאִשָּׁה, “大卫攻打那地，没有留下一个活的男人或女人”（David attacked the land and did not leave man *or* woman alive；撒上 27:9）。

该连词和选项重复出现时，通常翻译为“无论是……还是……”（whether…or)：אָנֹכִי אֲחַטֶּנָּה מִיָּדִי תְּבַקְשֶׁנָּה גְּנֻבְתִי יוֹם וּגְנֻבְתִי לָיְלָה,
“我自己承担了损失，无论是白天被偷的、还是晚上被偷的，你都从我 158
手里讨回”（I bore the loss myself; from my hand you required it, *whether stolen* by day *or stolen* by night；创 31:39）。

（d）**表达解释（Epexegetical）**——引入一个子句或者短语来澄清、扩展或者解说前面的子句：אֲבָל אִשָּׁה־אַלְמָנָה אָנִי וַיָּמָת אִישִׁי，“唉，我是个寡妇，就是说，我丈夫死了”（Alas, I am a widow, *that is*, my husband died；撒下 14:5）；
וְעַתָּה שְׁמַע יַעֲקֹב עַבְדִּי וְיִשְׂרָאֵל בָּחַרְתִּי בוֹ，“而现在，我的仆人雅各，【也就是】我所拣选的以色列啊，你要听！”(And now, listen, O Jacob my servant, [*that is*] Israel, whom I have chosen；赛 44:1）；
כֹּל אֲשֶׁר־דִּבֶּר יְהוָה נַעֲשֶׂה וְנִשְׁמָע，“YHWH 说的所有话，我们都将去行，也就是说，我们都将顺服”（All that YHWH has spoken, we will do, *that is*, we will obey；出 24:7）；
וַיָּשֶׂם אֹתָם בִּכְלִי הָרֹעִים אֲשֶׁר־לוֹ וּבַיַּלְקוּט，“他把它们放进他的牧人口袋，也就是囊里”（He put them in his shepherd’s bag, *that is*, in the pouch；撒上 17:40）。

（e）**表示环境（Circumstantial）**——详细描述某个动作发生时的环境（见 5.2.11）：
וַיָּבֹא מַלְאַךְ הָאֱלֹהִים עוֹד אֶל־הָאִשָּׁה וְהִיא יוֹשֶׁבֶת בַּשָּׂדֶה，“当那妇人正坐在田间的时候，上帝的使者再次来到妇人那里”(the messenger of God came again to the woman *while* she was sitting in the field；士 13:9）；הָבָה נִבְנֶה־לָּנוּ עִיר וּמִגְדָּל וְרֹאשׁוֹ בַשָּׁמַיִם，“来吧，我们为自己建造一座城和一个塔，而且塔顶通天”（Come, let us build ourselves a city and a tower, *with* its top in the heavens；创 11:4）。

（f）**表示条件（Conditional）**——引入条件句的**主句**（apodosis）：

בְּבֹאָה רַגְלַיִךְ הָעִירָה וּמֵת הַיָּלֶד, “当你的脚踏入这城，那么你的孩子就必死亡”（When your feet enter the city, *then* the child will die；王上 14:12）；

אִם־כֹּה יֹאמַר נְקֻדִּים יִהְיֶה שְׂכָרֶךָ וְיָלְדוּ כָל־הַצֹּאן נְקֻדִּים, “如果他说：‘有斑点的算是你的工资’，那么羊群所生的就全部都有斑点”（If he said, ‘The speckled shall be your wages,’ *then* all the flock brought forth speckled；创 31:8）。

有时条件句的从句不出现，使得 waw 承担了时间方面的含义，翻译为“然后”（then；见 5.2.4）：בְּיוֹם אֲכָלְכֶם מִמֶּנּוּ וְנִפְקְחוּ עֵינֵיכֶם, “在你们吃的日子，然后你们的眼睛就会打开”（on the day you eat of it, *then* your eyes will be opened；创 3:5）；

וְכָל־יִשְׂרָאֵל יִשְׁמְעוּ וְיִרָאוּן, “然后全以色列听见了就会害怕”（*Then* all Israel shall hear and be afraid；申 13:12，和合本 13:11）。

（g）重言法（Hendiadys）——该词将两个或者更多的单词连接为一体，来指向一个概念或事物。因此，被连接起来的词汇相 159
当于带有修饰语的一个单词。这种表达方式称为重言法，[43] 可以由两个或两个以上的名词，或两个以及两个以上的动词构成。前者被称为名词重言法（nominal hendiadys），是被普遍接受的叫法。而后者即动词构成的结构，我们称之为动词重言法（verbal hendiadys），有时会被分类为某些词根的限定性动词形式的副词用法。[44] 然而，也可以将动词重言法视为附属不定式动词补充功能

43 术语“重言法”源自拉丁语对希腊语几个词汇 *hen*（一，one）、*dia*（借着，through）和 *dyoin*（二，two）所做的修改。

44 见 Kautzsch 1910, 386; Joüon and Muraoka 2006, 610。

（见 3.4.1, a3）的细微改变。

(g.1) 名词重言法——וְעַתָּה יַעַשׂ־יְהוָה עִמָּכֶם חֶסֶד וֶאֱמֶת, “现在，愿 YHWH 向你们显示真正忠诚”（Now, may YHWH show you *true faithfulness*；撒下 2:6）；הָאֵל הַנֶּאֱמָן שֹׁמֵר הַבְּרִית וְהַחֶסֶד, “信实的神，持守他忠诚之约”（The faithful God, who keeps his *covenant loyalty*；申 7:9）；וְהָאָרֶץ הָיְתָה תֹהוּ וָבֹהוּ, “地是无形空虚”（The earth was a *formless void*；创 1:2）。

(g.2) 动词重言法——一个动词用作副词来修饰另一个动词。两个动词可能采取同样的式态：וַתְּמַהֵר וַתֹּרֶד כַּדָּהּ, “她快速放下她的罐子”（She *quickly lowered* her jar；创 24:18）；וַתְּמַהֵר וַתֵּרֶד מֵעַל הַחֲמוֹר, “她急忙下驴”（She *quickly dismounted* from the donkey；撒上 25:23）；וַיָּשֻׁבוּ וַיִּבְכּוּ גַּם בְּנֵי יִשְׂרָאֵל, “以色列人也再次哭泣”（Also, the people of Israel *wept again*；民 11:4）。也有可能两个动词的字形采用不同式态：וְאַתָּה תָשׁוּב וְשָׁמַעְתָּ בְּקוֹל יְהוָה, “你们要再次听从 YHWH 的话”（And you shall *again obey* the voice of YHWH；申 30:8）。尤其是字根 יסף 后面常跟着附属不定式，其作用类似附属不定式的动词补充用法：וְלֹא־הֹסִיף עוֹד מֶלֶךְ מִצְרַיִם לָצֵאת מֵאַרְצוֹ, “埃及王不再从他的地出来”（The king of Egypt *did not come out of his land again*；王下 24:7）；לָכֵן לֹא־אוֹסִיף לְהוֹשִׁיעַ אֶתְכֶם, “因此，我不会再拯救你们”（Therefore, I will not *deliver you again*；士 10:13）。

4.3.4 כִּי 160

(a) **表示起因（Causal）**——这个连词[45]以起因关系连接两个子句，说明动作或者处境发生的原因，或者提供应该做某事的动机：

קֵץ כָּל־בָּשָׂר בָּא לְפָנַי כִּי־מָלְאָה הָאָרֶץ חָמָס מִפְּנֵיהֶם，“凡有血肉的，他们的尽头已经在我面前来到，因为地上由于他们而满了强暴”（the end of all flesh has come before me *because* the earth is filled with violence because of them；创 6:13）；

אֲהָהּ לַיּוֹם כִּי קָרוֹב יוֹם יְהוָה，“呜呼那日！因为 YHWH 的日子近了”（Alas for the day! *For* the day of YHWH is near；珥 1:15）；

בְּזֵעַת אַפֶּיךָ תֹּאכַל לֶחֶם עַד שׁוּבְךָ אֶל־הָאֲדָמָה כִּי מִמֶּנָּה לֻקָּחְתָּ，“你必汗流满面才有饭吃，直到你归于土；因为你被取自土”（By the sweat of your brow, you shall eat food until you return to the earth; *because* you were taken from it；创 3:19）；

לֹא תַעֲלוּ וְלֹא־תִלָּחֲמוּ כִּי אֵינֶנִּי בְּקִרְבְּכֶם，“不要上去也不要打仗，因为我不在你们中间”（Do not go up, or fight, *because* I am not among you；申 1:42）。

(b) **表示证据（Evidential）**[46]——尽管小品词 כִּי 的证据用法在翻译上与**起因**（Causal）用法相似，但证据用法呈现的是所述内容背后的动机或者证据，而不是动作或者处境发生的原因。因此，

---

45 小品词 כִּי 被认为最初起源于指示小品词（Kautzsch 1910, 305; Meyer 1992, 436; Brockleman 1956, 151）。该小品词的多种用法可以分成两大类：某些强调用法（Muilenberg 1961, 135-160 提供了最全面的讨论），或者作为连词（Aejmelaeus 1986, 205）。然而，Muraoka 声明该小品词基本上是指示词，含有次级衍生而来的细微强调含义（1985, 132）。

46 Claasen 1983, 37-44; Aejmelaeus 1986, 203.

起因性连接是与说话这动作——而不是说话的内容——有关，焦点不在于说话者说了什么，而是这么说的原因。鉴于此，证据用法小品词 כִּי 为整个陈述或者陈述中的具体部分、特别的单词甚至陈述的感情基调提供证据：

וַיֹּאמֶר דָּוִד אֶל־אַבְנֵר הֲלוֹא־אִישׁ אַתָּה וּמִי כָמוֹךָ בְּיִשְׂרָאֵל
וְלָמָּה לֹא שָׁמַרְתָּ אֶל־אֲדֹנֶיךָ הַמֶּלֶךְ
כִּי־בָא אַחַד הָעָם לְהַשְׁחִית אֶת־הַמֶּלֶךְ אֲדֹנֶיךָ,

161 “大卫对押尼珥说：‘你不是个好汉吗？以色列中谁能比得上你呢？你为什么没有保护你主你王呢？因为众民中有一个人来了要杀害你主你王’”（David said to Abner, ‘Are you not a man? Who is like you in Israel? Why did you not guard your lord, the king? *For* one of the people came to kill the king, your lord’；撒上 26:15）；

וַיֹּאמֶר נָתָן אֲדֹנִי הַמֶּלֶךְ אַתָּה אָמַרְתָּ
אֲדֹנִיָּהוּ יִמְלֹךְ אַחֲרָי וְהוּא יֵשֵׁב עַל־כִּסְאִי
כִּי יָרַד הַיּוֹם וַיִּזְבַּח שׁוֹר וּמְרִיא־וְצֹאן לָרֹב,

“拿单说：‘我主我王啊，你说过“亚多尼雅将接续我作王，必坐我的王位”吗？因为今天他下去，献了许多公牛、肥犊和羊’”（Nathan said, “My lord, the king, have you said, ‘Adonijah will rule after me as a king, and he shall sit on my throne?’ *For* today he has gone down and has sacrificed oxen, fatted cattle, and sheep in abundance”；王上 1:24-25a）。

(c) 表示澄清——引导从属子句来解释或者说明主句：

זֶה־לְּךָ הָאוֹת כִּי אָנֹכִי שְׁלַחְתִּיךָ, “这将是那记号，就是我差遣你的

记号”（this will be the sign *that* I have sent you；出 3:12）；הַמְעַט כִּי הֶעֱלִיתָנוּ מֵאֶרֶץ זָבַת חָלָב וּדְבַשׁ, “这是小事吗？就是你们把我们从流奶与蜜之地带了出来”（Is it not enough *that* you brought us out from a land flowing with milk and honey；民 16:13）。

(d) 表示结果（Result）——引入子句来表达主句的动作或处境所引发的结果或后果：וְגַם־פֹּה לֹא־עָשִׂיתִי מְאוּמָה כִּי־שָׂמוּ אֹתִי בַּבּוֹר, “甚至在这里，我也没有做什么事以致他们应该关我在监狱里”（Even here, I have not done anything, *that* they should put me into the dungeon；创 40:15）。该词的这一用法普遍出现在问句之后：מָה רָאִיתָ כִּי עָשִׂיתָ אֶת־הַדָּבָר הַזֶּה, “你看见了什么，以致做这事呢？”（What have you seen, *that* you have done this thing?；创 20:10）；מִי אָנֹכִי כִּי אֵלֵךְ אֶל־פַּרְעֹה, “我是谁，以致能去法老那里？”（Who am I *that* I should go to Pharaoh?；出 3:11）。

(e) 表示时间（Temporal）——表示从属子句所提到的时间与主句是同步的（见 5.2.4）：

וַיְהִי כִּי־הֵחֵל הָאָדָם לָרֹב עַל־פְּנֵי הָאֲדָמָה וּבָנוֹת יֻלְּדוּ לָהֶם
וַיִּרְאוּ בְנֵי־הָאֱלֹהִים אֶת־בְּנוֹת הָאָדָם כִּי טֹבֹת הֵנָּה,

“当人们开始在地上多起来又生养女儿的时候，神的儿子们看到人的女儿们美貌”（*When* people began to multiply on the face of the earth and daughters were born to them, the sons of God saw that the daughters of humanity were beautiful；创 6:1-2）；כִּי אַתֶּם עֹבְרִים אֶת־הַיַּרְדֵּן אֶל־אֶרֶץ כְּנָעַן, “当你们穿越约旦河进入迦

南地的时候”（*When* you cross over the Jordan into the land of Canaan；民 33:51）；
וְהָיָה כִּי־תִקְרֶאנָה מִלְחָמָה וְנוֹסַף גַּם־הוּא עַל־שֹׂנְאֵינוּ, “在战争中【字面意思：当战争来临时】，他们也会加入我们的敌人”（*In the event* of war [literally: *when* war befalls], they will also join themselves to our enemies；出 1:10）。

162 当涉及将来的处境，时间用法与下面所述条件用法（见 4.3.4, f）非常相似。

（f）**表示条件（Conditional）**——引入条件性陈述句的从句，即“如果”部分：כִּי־תִמְצָא אִישׁ לֹא תְבָרְכֶנּוּ, “如果你遇到任何人，不要问候他”（*If* you meet any man, do not greet him；王下 4:29）；כִּי אָמַרְתִּי יֶשׁ־לִי תִקְוָה, “如果我说：‘我有盼望’”（*If* I said, ‘I have hope’；得 1:12）；כִּי תִקְנֶה עֶבֶד עִבְרִי שֵׁשׁ שָׁנִים יַעֲבֹד, “如果你买一个希伯来人做奴仆，他要服侍你六年”（*If* you buy a Hebrew slave, he shall serve for six years；出 21:2）；
וְכִי־יִפְתַּח אִישׁ בּוֹר אוֹ כִּי־יִכְרֶה אִישׁ בֹּר וְלֹא יְכַסֶּנּוּ, “如果有人打开了坑口，或者如果有人挖了一个坑但没有盖住坑口”（*If* a person opens a pit, or *if* a person digs a pit and does not cover it；出 21:33）。最后两个例子显示了 כִּי 在约典（Covenant Code；出 21:2-23:19）的决疑法中如何引入主要律法以及因此处于新法律单元的开头；而 אִם（见 4.3.2）常用来在条件的分层排序中引入子条件。[47] 这种区分主要法律和子条件的系统在后来的五经律法，例如，申命记的核心（Deuteronomic core；第 12-26 章）中没有得到保持。

47 Levinson and Zahn 2013, 21-34.

时间用法和条件用法的区别有时较为含糊，尤其是涉及与将来时间相关的陈述时。[48] 考虑下述例句：

כִּי־יִשְׁאָלְךָ בִנְךָ מָחָר לֵאמֹר...וְאָמַרְתָּ לְבִנְךָ, 可以翻译为“<u>如果</u>你的儿子将来问你说……那么你要回答你的儿子”（*<u>If</u>* your son asks you in time to come, saying...then you shall answer your son），或者“<u>当</u>你的儿子将来问你说……那么你要回答你的儿子”（*<u>When</u>* your son asks you in time to come, saying...then you shall answer your son；申 6:20-21）。

连词 כִּי 与小品词 עַתָּה 或 אָז 连用，引入条件句的**主句**（apodosis），即“那么”部分: כִּי לוּלֵא הִתְמַהְמָהְנוּ כִּי־עַתָּה שַׁבְנוּ זֶה פַעֲמָיִם, “因为，如果我们没有耽搁，【<u>那么</u>】第二次都回来了”（For if we had not delayed, [*<u>then</u>*] we could have returned twice；创 43:10）；חַי הָאֱלֹהִים כִּי לוּלֵא דִּבַּרְתָּ כִּי אָז מֵהַבֹּקֶר נַעֲלָה הָעָם, “指着永活的神起誓，如果你没有说话，<u>那么</u>大家早上就已经走了”（As God lives, if you had not spoken, *<u>then</u>* the people would have gone away in the morning；撒下 2:27）。

(g) **表示反对（Adversative）**——在否定句之后引入相反的说 163
明，通常为否定性陈述提供一个替代选项：

לֹא־תִקְרָא אֶת־שְׁמָהּ שָׂרָי כִּי שָׂרָה שְׁמָהּ, “不要称呼她的名字为撒莱，<u>而是</u>要称呼她撒拉”（Do not call her name Sarai, *<u>but</u>* her name will be Sarah；创 17:15）；לֹא־תִגַּע בּוֹ יָד כִּי־סָקוֹל יִסָּקֵל אוֹ־יָרֹה יִיָּרֶה, “不可用手摸他，<u>而是</u>必须拿石头打死，或是用箭射穿”（No hand shall touch him, *<u>but</u>* he shall surely be stoned or shot through,

---

48 Aejmelaeus 1986, 197.

出 19:13）；

לֹא־אֶקַּח אֶת־כָּל־הַמַּמְלָכָה מִיָּדוֹ כִּי נָשִׂיא אֲשִׁתֶנּוּ כֹּל יְמֵי חַיָּיו，"我不会将整个国从他手里取回；相反地，我要使他在活着的日子做君王"（I will not take the whole kingdom from his hand, *but* I will make him ruler all the days of his life；王上 11:34）。

这种相反的含义也可以用 כִּי אִם 来表达，让我们再次注意，这一用法为否定性陈述提供了替代性选项：[49]

לֹא יִירָשְׁךָ זֶה כִּי־אִם אֲשֶׁר יֵצֵא מִמֵּעֶיךָ，"这个人不会成为你的后嗣，而是将从你身体所出的那一位"（This man will not be your heir, *but* one who will come forth from your body；创 15:4）；

לֹא יַעֲקֹב יֵאָמֵר עוֹד שִׁמְךָ כִּי אִם־יִשְׂרָאֵל，"你的名字不要再叫雅各，而是要叫以色列"（Your name shall no longer be Jacob, *but rather* Israel；创 32:29，和合本 32:28）。

(h) 表示让步（Concessive）——引导一个子句，该子句原本应该导致或者预期会导致主句动作的发生，但事实上，所预期的并没有发生。因此，主句所描述情况的出现，并不受 כִּי 所引导的子句的影响：כִּי־יִפֹּל לֹא־יוּטָל，"虽然他跌跤，却不会跌倒"（*though* he falls, he will not stumble; 诗 37:24); כִּי אָנַפְתָּ בִּי יָשֹׁב אַפְּךָ וּתְנַחֲמֵנִי，"虽然你向我发怒，但你的怒气已转消，你已安慰了我"（*Although* you were angry with me, your anger turned away and you comforted me；赛 12:1）；

מֵאֹתוֹת הַשָּׁמַיִם אַל־תֵּחָתּוּ כִּי־יֵחַתּוּ הַגּוֹיִם מֵהֵמָּה，"虽然列国因天上的

---

49 较长的短语 כִּי אִם 表达反对的含义是更常见的。该结构的否定作用可能来自于 כִּי 的反对用法，并借着赘用 אִם 得到加强（Schoors 1981, 251-252）。

兆头惊惶，你们却不要因这些惊惶”（Do not be terrified by the signs of the heaven, *though* the nations are terrified by them; 耶 10:2）。

(i) 表示确定性（Asseverative）——强调所修饰的子句。连词 כִּי 的这一用法可能源自以宣誓表示将要采取行动：[50]
חַי־יְהוָה כִּי בֶן־מָוֶת הָאִישׁ הָעֹשֶׂה זֹאת，“我指着永活的 YHWH 起誓，做这事的人确实该死”（As YHWH lives, *surely* the man who did this thing deserves to die; 撒下 12:5）； 164
כֹּה־יַעֲשֶׂה אֱלֹהִים וְכֹה יוֹסִף כִּי־מוֹת תָּמוּת יוֹנָתָן，“愿上帝严严地这样做；约拿单啊，你必须死”（May God do this and more; *you shall surely die,* Jonathan; 撒上 14:44）；חֵי פַרְעֹה כִּי מְרַגְּלִים אַתֶּם，“指着法老的性命起誓，你们一定是探子”（As Pharaoh lives, you are *surely* spies; 创 42:16）。

短语 כִּי אִם 强调负面的誓言，即某人不会采取的行动或者发誓不允许的动作 / 情况：וְאוּלָם חַי־יְהוָה אֱלֹהֵי יִשְׂרָאֵל...כִּי אִם־נוֹתַר לְנָבָל，“然而，我指着以色列永生的神 YHWH 起誓……必定没有留下给拿八的”（Nevertheless, as YHWH, the God of Israel lives…*surely there would not have been* left to Nabal; 撒上 25:34）。但是，有时 כִּי אִם 与 כִּי 表示确定性的用法一致，都指将要采取的行动：חַי־יְהוָה כִּי־אִם־רַצְתִּי אַחֲרָיו וְלָקַחְתִּי מֵאִתּוֹ מְאוּמָה，“我指着永活的 YHWH 起誓，我一定要跑去追上他，向他要一点东西”（As YHWH lives, *I will surely run* after him and take something from him;

---

50 Williams and Beckman 2007, 157-158.

王下 5:20）；אִם־תַּעֲשׂוּן כָּזֹאת כִּי אִם־נִקַּמְתִּי בָכֶם，“你们既然这样做，我必定在你们身上报仇”（Since you act like this, *I will surely take revenge* on you；士 15:7）。

表达确定性的 כִּי 同样用在誓言之外其他类型的语篇中，强调事实或者处境的真确性：כִּי יֵבֹשׁוּ מֵאֵילִים אֲשֶׁר חֲמַדְתֶּם，“他们必定因你们所喜爱的橡树抱愧”（*Surely*, they will be ashamed of oaks that you have desired；赛 1:29）；אִם לֹא תַאֲמִינוּ כִּי לֹא תֵאָמֵנוּ，“如果你们不信，就必定不能持久”（If you do not believe, *surely* you will not last；赛 7:9）；כִּי אִם־יֵשׁ אַחֲרִית，“必定仍有未来”（*Surely*, there is a future；箴 23:18）。

(j) 表示感知（Perceptual）——当与表示感知（看、听、相信、感觉，等等）的动词连用，连词 כִּי 可以引导从属子句作为感知动词的宾语：וַיַּרְא אֱלֹהִים כִּי־טוֹב，“神看【它】是好的”（God saw *that [it] was good*；创 1:10）；וַיְהִי כִּשְׁמֹעַ אִיזֶבֶל כִּי־סֻקַּל נָבוֹת וַיָּמֹת，“当耶洗别听说拿伯被石头打死”（When Jezebel heard *that Naboth had been stoned and was died*；王上 2:15）；וִידַעְתֶּם כִּי אֲנִי יְהוָה אֱלֹהֵיכֶם，“你们要知道我是 YHWH 你们的神”（You shall know *that I am YHWH, your God*；出 6:7）。

(k) 表示主语（Subject）——引导子句做句子的主语：טוֹב כִּי־תִהְיֶה־לָּנוּ מֵעִיר לַעְזוֹר，“你从城里向我们提供帮助更好”（It is better *that you send us* help from the city；撒下 18:3 *Qere*）；אַל־יִחַר בְּעֵינֵי אֲדֹנִי כִּי לוֹא אוּכַל לָקוּם מִפָּנֶיךָ，“愿我主不要生气，

我不能在你面前站起来”（Let not my lord be angry *that I am not able to rise* before you；创 31:35）。

(1) 表示直接引语（Recitative）——引导直接引语，通常省略不 165
译：וַיֹּאמֶר חֲזָהאֵל כִּי מָה עַבְדְּךָ הַכֶּלֶב כִּי יַעֲשֶׂה הַדָּבָר הַגָּדוֹל הַזֶּה，“哈薛说：‘你的仆人——一只狗，算什么呢，以至于能做这大事？’”（Hazael said < *that* >，‘What is your servant, a dog, that he should do this great thing?’；王下 8:13）；

כִּי כַּאֲשֶׁר נִשְׁבַּעְתִּי לָךְ בַּיהוָה אֱלֹהֵי יִשְׂרָאֵל לֵאמֹר כִּי־שְׁלֹמֹה בְנֵךְ יִמְלֹךְ אַחֲרַי，“我确实地曾指着 YHWH 以色列的神向你起誓说：‘你的儿子所罗门将在我之后做王’”（Surely, as I swore to you by YHWH, God of Israel, saying < *that* >，‘Solomon, your son, will be king after me’；王上 1:30）；כֵּן אֲמַרְתֶּם לֵאמֹר כִּי־פְשָׁעֵינוּ וְחַטֹּאתֵינוּ עָלֵינוּ，“因此，你们曾说：‘我们的过犯和我们的罪恶在我们身上’”（Thus, you have said < *that* >，‘Our transgressions and our sins are upon us’；结 33:10）。

连词 כִּי 与疑问小品词 הֲ 连用，可以在语境中引导说话者提出的问题：וַיֹּאמֶר דָּוִד הֲכִי יֶשׁ־עוֹד אֲשֶׁר נוֹתַר לְבֵית שָׁאוּל，“大卫说：‘扫罗家还有剩下的人吗？’”（David said < *that* >，‘Is there anyone still left of the house of Saul?’；撒下 9:1）；
וַיֹּאמֶר הֲכִי קָרָא שְׁמוֹ יַעֲקֹב，“然后【以扫】说：‘他不是被恰当地称为雅各吗？’”（Then [Esau] said < *that* >，‘Is he not rightly named Jacob?’；创 27:36）。

（m）表示例外（Exceptive）——表示某个动作或者情况除非伴随另一个动作 / 情况或发生在另一个动作 / 情况之后，否则不会发生。表示例外的 **כִּי** 通常翻译为“除了”或“除非”：

וְלֹא יֹאכַל מִן־הַקֳּדָשִׁים כִּי אִם־רָחַץ בְּשָׂרוֹ בַּמָּיִם，“他不能吃圣物，除非他用水洗身”（And he will not eat from the holy offerings *unless* he washes his body with water；利 22:6）；

אֵין־חֵפֶץ לַמֶּלֶךְ בְּמֹהַר כִּי בְּמֵאָה עָרְלוֹת פְּלִשְׁתִּים，“王不想要任何聘礼，除了一百张非利士人的阳皮”（The king does not desire any dowry, *except* for 100 foreskins of the Philistines；撒上 18:25）。

短语 **כִּי אִם** 常常在一般性的否定陈述之后，引导与否定说明相反的特定情况：[51] **לֹא־תִרְאֶה אֶת־פָּנַי כִּי אִם־לִפְנֵי הֱבִיאֲךָ אֵת מִיכַל**，“你见不到我的面，除非你带米甲来”（You shall not see my face, *unless* you bring Michal；撒下 3:13）；

נְהַג וָלֵךְ אַל־תַּעֲצָר־לִי לִרְכֹּב כִּי אִם־אָמַרְתִּי לָךְ，“快赶着【驴】走吧，不要为我慢下来，除非我告诉你”（Drive and go forward; do not slow down the pace for me *unless* I tell you；王下 4:24）。

（n）表示疑问（Interrogative）——连词 **כִּי** 有时用于引导疑问句：**כִּי הָאָדָם עֵץ הַשָּׂדֶה**，“田间的树木是人吗？”（Are trees in
166 the field human beings?；申 20:19）；**כִּי־הִצִּילוּ אֶת־שֹׁמְרוֹן מִיָּדִי**，“他们曾从我的手中救过撒玛利亚吗？”（Have they delivered Samaria from my hand?；王下 18:34）。

---

51 Schoors 1981, 251-252.

4.3.5 פֶּן

表达结果（Consequential）——这个连词常常表示一个不受欢迎的动作或者处境是由另一个动作所导致的：

לֹא תֹאכְלוּ מִמֶּנּוּ וְלֹא תִגְּעוּ בּוֹ פֶּן־תְּמֻתוּן，“你们不要吃也不要摸它，免得你们死”（You shall not eat from it or touch it, *lest* you die；创 3:3）；אַל־תַּשְׁמַע קוֹלְךָ עִמָּנוּ פֶּן־יִפְגְּעוּ בָכֶם אֲנָשִׁים מָרֵי נֶפֶשׁ，“不要让我们听到你的声音，否则暴躁的人会攻击你们”（Do not let your voice be heard among us, *or else* fierce men will attack you；士 18:25）；אַל־תּוֹכַח לֵץ פֶּן־יִשְׂנָאֶךָּ，“不要责备亵慢人，免得他恨你”（Do not reprove a scoffer, *lest* he hate you；箴 9:8）。

4.4 表示存在 / 不存在的小品词（Particles of Existence/Nonexistence）

希伯来文用 אַיִן 和 יֵשׁ 表示不存在和存在。[52]

4.4.1 אַיִן

(a) 表示不存在（Nonexistence）——否定一个实体的存在，这种情况下，通常与前面的名词并列出现：

אָדָם אַיִן לַעֲבֹד אֶת־הָאֲדָמָה，“没有人耕种这地”（*There was no* human to cultivate the ground；创 2:5）。然而，该词也可以出

52 Joüon and Muraoka 2006, 541-542, 569-571; Williams and Beckman 2007, 146-148, 170-171; van der Merwe, Naudé, and Kroeze 1999, 320-321; Seow 1995, 107-108.

现在附属结构中，后面跟着名词或者人称代词：
אֵין־יִרְאַת אֱלֹהִים בַּמָּקוֹם הַזֶּה，“在这个地方没有对神的敬畏”（*There is no* fear of God in this place；创 20:11）。

(b) **表示不拥有**（**Nonpossession**）——该词也与介词 לְ 连用，表示介词宾语不拥有某个实体：אֵין לָהּ וָלָד，“她没有孩子”（*She had no* child；创 11:30）；וְאִם־אֵין לָאִישׁ גֹּאֵל，“但是，如果这个人
167 没有近亲”（But if *the man has no* next of kin；民 5:8）。

(c) **表示否定**（**Negative**）——当该小品词带人称词尾时，也可以用来否定动词性子句。在这种情况下，人称词尾作为被否定之动词的主语，通常动词是分词：אֵינֶנִּי נֹתֵן לָכֶם תֶּבֶן，“我现在不给你草”（*I am not giving* you straw；出 5:10）；אֵינֶנִּי שֹׁמֵעַ，“我不听”（*I will not listen*；赛 1:15）。

4.4.2 יֵשׁ

(a) **表示存在**（**Existence**）——与 אַיִן 相反，小品词 יֵשׁ 确认一个实体的存在。该词在修饰名词性子句上与 אַיִן 的作用一样：
אָכֵן יֵשׁ יְהוָה בַּמָּקוֹם הַזֶּה，“确实地，YHWH 在这地”(Surely, YHWH *is* in this place；创 28:16)。该词的人称词尾后缀可作为无动词句的主语：אֶת־אֲשֶׁר יֶשְׁנוֹ פֹּה，“与在这里的那人”(With *the one who is* here；申 29:14，和合本 29:15)。

(b) **表示拥有**（**Possession**）——与带人称词尾的介词 לְ 连用

表示拥有，人称词尾表明拥有者：מַה־יֶּשׁ־לָךְ，“你有什么？”（What *do you have?*；王下 4:2 *Qere*）；יֶשׁ־לִי רָב，“我有很多”（*I have* enough；创 33:9）。

(c) **表示陈述（Predicate）**——该词带人称词尾，可用作分词的主语。这种情况下常在前面搭配 אִם 来表示目的或者愿望：אִם־יֶשְׁךָ מְשַׁלֵּחַ אֶת־אָחִינוּ אִתָּנוּ，“如果你愿意差遣我们的兄弟与我们一起”（*If you will send* our brother with us；创 43:4）；וְעַתָּה אִם־יֶשְׁכֶם עֹשִׂים חֶסֶד，“现在，如果你们愿意忠诚地对待”（Now then, *if you will deal* loyally；创 24:49）。

4.5 小品词 הִנֵּה 和 וְהִנֵּה

尽管在英文中，传统上将小品词 הִנֵּה 和 וְהִנֵּה 翻译为“看哪！你看”（Behold, Lo），但是这两个词都不限于指示用法。事实上，指示用法甚至不是这两个小品词的主要用法。相反地，它们的主要 168
用法是作为“利益小品词”（particle of interest），[53] 呼吁对文中的某个要素——要么是某个单词，要么是整个陈述——给与注意。因为这个小品词呼吁对某个目标给与关注，因此它也表明了叙述中的视角转换。基本上，这个小品词引入叙述角度的转移，以生动地呈现叙述中某个特殊说话者或人物的视角。与此相应地，随着每个说话者的独特视角被展开，הִנֵּה 标志着对话中视角的导入和转承（见 4.5.2 的“感知”部分）。[54] 此外，基于感叹词的特质，该词有强烈

---

53 Waltke and O'Connor 1990, 300; Pratico and Van Pelt 2001, 148-149.
54 Schneider 1989, 261-268.

的“感情色彩”。[55] 因此，英文中没有一个词可以足够准确地翻译这两个小品词的用法，因为这两个词的具体用法不仅取决于上下文语境，也取决于说话者的情感状态以及叙事中的其他人物。

4.5.1 הִנֵּה

这个没有连词waw的小品词其独特性在于常与动词אמר连用。[56] 因此，它用于引入直接引语，很像小品词כִּי的直接引语用法（见4.3.4, l）。在这种用法之内，该词可以表达多种细微差异。

(a) 表示感叹（Exclamatory）——常常用作“陈述性感叹”(presentative exclamation)，[57] 强调“立即”或者“当下”，[58] 常
169 用作对召唤的回应。这种感叹性强调通常与某人或者某物存在于现场有关，是呼吁将注意力聚焦于这个现场目标：[59] הִנְנִי שְׁלָחֵנִי, “我在这里，请差遣我！”（*Here I am*, send me!；赛 6:8）；הִנֵּה הָאֵשׁ וְהָעֵצִים וְאַיֵּה הַשֶּׂה לְעֹלָה, “火和柴在这里，但是献祭用的羊羔在哪里？”(*Here is* the fire and the wood, but where is the lamb for the sacrifice?；创 22:7)；וַיֹּאמֶר אֵלָיו אַבְרָהָם וַיֹּאמֶר הִנֵּנִי, “【神】对他说：‘亚伯拉罕’，【亚伯拉罕】说：‘我在这里！’”([God] said to him ‘Abraham,’ and [Abraham] said ‘*Here I am!*’；创 22:1)。

---

55 McCarthy 1980, 331.
56 Zewi 1996, 21-37.
57 Waltke and O’Connor 1990, 674.
58 Lambdin 1971a, 168.
59 Berlin 1983, 91. 也见 Andersen 1974, 94。

（b）**表示即时性（Immediacy）**——与感叹用法相关，该词与动词或者分词连用，能够指出动词动作或者分词的即时性：
הִנֵּה אָבִיךָ חֹלֶה，“你的父亲现在病了”（your father is *now* sick；创 48:1）；הִנֵּה אֲנָשִׁים בָּאוּ הֵנָּה הַלַּיְלָה מִבְּנֵי יִשְׂרָאֵל，“就是在今晚，以色列中有人来到了这里”（Some men from the people of Israel have come here *just* tonight；书 2:2）。

4.5.2 וְהִנֵּה

该小品词带连词 waw，经常与表示视觉的动词连用，或在相关语境引入感知动作的宾语。[60]

（a）**即时感知（Immediate perception）**——在一些叙述语境中，小品词 וְהִנֵּה 不是指向即时发生的动作，而是指向对某个动作或者动作之结果的即时感知。因此，它是用来表示“感知呈现的突然性”，而不是所述事件的即时性或突然性：
וַיְהִי בַּחֲצִי הַלַּיְלָה וַיֶּחֱרַד הָאִישׁ וַיִּלָּפֵת וְהִנֵּה אִשָּׁה שֹׁכֶבֶת מַרְגְּלֹתָיו，“在半夜，这人惊醒，翻起身来，看哪，有个女人正躺在脚边”（It happened in the middle of the night that the man was startled and bent forward; and *behold* there was a woman lying at his feet；得 3:8）；וּבֹעַז עָלָה הַשַּׁעַר וַיֵּשֶׁב שָׁם וְהִנֵּה הַגֹּאֵל עֹבֵר，“然后波阿斯上城门去，坐在那里；看哪，那位赎业至亲正从那里经过”（Now Boaz went to the gate and sat there, and *behold*, the

60 Zewi 1996, 37.

kinsman-redeemer was passing by；得 4:1）。[61]

170 （b）**表示感知（Perception）**——该词与表示感知的动词连用，或者在描述感知的语境中，从不同于叙述者或叙事中其他人物的视角引入感知，[62] 这一视角对于说话者而言是独特的，可被称为“参与者视角”（participant perspective）。[63] וְהִנֵּה 的这一用法与“即时感知”不同，指的是说话者感知到某个动作时的独特视角，而不一定是动作的即时性。该小品词富有情感意味，通常对于所感知到的赋予一种激动的色彩：וָאָקֻם בַּבֹּקֶר לְהֵינִיק אֶת־בְּנִי וְהִנֵּה־מֵת，“我早晨起来给我的儿子喂奶，【就看见】他死了”（I got up in the morning to nurse my son and *[saw that] he was dead*；王上 3:21）；

וְלֹא־הֶאֱמַנְתִּי לַדְּבָרִים עַד אֲשֶׁר־בָּאתִי וַתִּרְאֶינָה עֵינַי וְהִנֵּה לֹא־הֻגַּד־לִי הַחֵצִי，“我先前不信那些报告，直到我来，亲眼看见我被告知的还不到一半”（I did not believe the reports until I came and my eyes had seen *that the half was not told to me*；王上 10:7）。

（c）**表示逻辑（Logical）**——当引入感知时，该小品词也有多种逻辑功能来把两个概念连接起来：

（c.1）表示起因（Causal）——

וְהִנֵּה אֵין־יוֹסֵף בַּבּוֹר וַיִּקְרַע אֶת־בְּגָדָיו，“因为约瑟不在坑中，他就撕裂

61 Berlin 1983, 91. Berlin 注意到在这两节经文中，对突然性的强调并不是针对路得躺卧在旁边或者赎业至亲正经过这两个动作，而是强调在某个时刻，波阿斯注意到这些正在发生的动作。因此，这个小品词表示“当波阿斯一开始意识到路得在那里时他的感觉”，并指出“波阿斯是突然看到了那赎业至亲，而不是那赎业至亲即时出现”。

62 Berlin 1983, 60.

63 Andersen 1974, 94.

了自己的衣服”（*Because* Joseph was not in the pit, he tore his clothes；创 37:29）；וַיָּרָץ אֶל־תּוֹךְ הַקָּהָל וְהִנֵּה הֵחֵל הַנֶּגֶף בָּעָם, “然后【亚伦】跑进会众中间，因为瘟疫已经在人们中间发作了”(Then [Aaron] ran into the midst of the assembly *because* the plague had begun among the people; 民 17:12, 和合本 16:47）。

(c.2) 表示场合 / 环境（Occasion/Circumstantial）——

וְהִנֵּה אֲנַחְנוּ מְאַלְּמִים אֲלֻמִּים בְּתוֹךְ הַשָּׂדֶה, “我们正在田间捆庄稼的时候”（*While* we were binding sheaves in the field；创 37:7）；וַיָּבֹא אֶל־הָאִישׁ וְהִנֵּה עֹמֵד עַל־הַגְּמַלִּים עַל־הָעָיִן, “他去到那人旁边，当时那人正站在水泉旁的骆驼那里”（He went to the man *while* he was standing by the camels at the spring；创 24:30）。

(c.3) 表示条件（Conditional）—— 171

וְרָאָהוּ הַכֹּהֵן בַּיּוֹם הַשְּׁבִיעִי וְהִנֵּה הַנֶּגַע עָמַד בְּעֵינָיו לֹא־פָשָׂה, “祭司要在第七天察看他，如果在他看来，感染没有发展”(The priest will look at him on the seventh day, *and if,* in his eyes, the infection has not changed；利 13:5）；וְהִנֵּה נֵלֵךְ וּמַה־נָּבִיא לָאִישׁ, “如果我们去，要带什么给那人呢？”(*If* we go, what shall we take for the man?；撒上 9:7）。

(c.4) 表示时间（Temporal）——

וְהִנֵּה אָנֹכִי בָא בִּקְצֵה הַמַּחֲנֶה וְהָיָה כַאֲשֶׁר־אֶעֱשֶׂה כֵּן תַּעֲשׂוּן, “当我到达城郊时，按照我所做的去做”(*When* I arrive to the outskirts of town, do as I do; 士 7:17）; וְיָרַדְתָּ לְפָנַי הַגִּלְגָּל וְהִנֵּה אָנֹכִי יֹרֵד אֵלֶיךָ, “你在我以先下到吉甲去，【然后】我会下到你那里去”(Go down before me to Gilgal, and [*then*] I will go down to you；撒上 10:8）。

(c.5) 表示结果（Result）——

הֵן לִי לֹא נָתַתָּה זָרַע וְהִנֵּה בֶן־בֵּיתִי יוֹרֵשׁ אֹתִי, “你没有给我后裔，所以那个生在我家里的人将是我的后裔”（You have given me no offspring, *so* one born in my house is my heir；创 15:3）；כָּרְתָה בְרִיתְךָ אִתִּי וְהִנֵּה יָדִי עִמָּךְ לְהָסֵב אֵלֶיךָ אֶת־כָּל־יִשְׂרָאֵל, “你与我立约吧，以致我的手就帮助你，使以色列人都归向你”（Make your covenant with me, *so that* my hand will be with you to bring to you all of Israel；撒下 3:12）。

(c.6) 表示反对（Adversative）——

כִּי לֹא אֶחְמוֹל עוֹד עַל־יֹשְׁבֵי הָאָרֶץ

נְאֻם־יְהוָה וְהִנֵּה אָנֹכִי מַמְצִיא אֶת־הָאָדָם אִישׁ בְּיַד־רֵעֵהוּ,

“‘因此我不再怜恤这地的居民，’YHWH 宣告说，‘相反地，我会使人们落入各人的邻舍手中’”（‘For I will no longer have pity on the inhabitants of the land,’ declares YHWH, ‘*but rather* I will cause the men to fall each into the hand of a neighbor’；亚 11:6）；

וַיִּקְרָא אֲדֹנָי יְהוִה צְבָאוֹת בַּיּוֹם הַהוּא

לִבְכִי וּלְמִסְפֵּד וּלְקָרְחָה וְלַחֲגֹר שָׂק וְהִנֵּה שָׂשׂוֹן וְשִׂמְחָה,

“在那日，主万军之 YHWH 呼吁人哭泣哀号、剃光头发、穿上麻布；相反，人倒欢喜快乐”（The Lord, YHWH of hosts, called on that day to weeping and lamenting, to shaving the head and wearing sackcloth. *Instead* there is rejoicing and merriment；赛 22:12-13）。

4.6 关系小品词（the Relative Particles）

圣经希伯来文中关系子句（更多内容，见 5.2.13）从属于主句，但是使用主句之外的谓语来描述主句的性质、状态或者动作概念。下述小品词可作为关系子句的记号。[64]

4.6.1 אֲשֶׁר 172

最常见的关系代词是无词形变化的 אֲשֶׁר:[65]

הַמַּיִם אֲשֶׁר מִתַּחַת לָרָקִיעַ, “穹苍以下<u>的</u>水”（The waters *<u>that</u>* were under the dome；创 1:7）；

אָנֹכִי יְהוָה אֱלֹהֶיךָ אֲשֶׁר הוֹצֵאתִיךָ מֵאֶרֶץ מִצְרַיִם, “我是带你出埃及地<u>的</u> YHWH 你的神”（I am YHWH your God, *<u>who</u>* brought you out of the land of Egypt；出 20:2，申 5:6）。复指的人称词尾（通常不翻译）可以指出先行词，标识出其在关系性子句中的作用：

הָאָרֶץ אֲשֶׁר אַתָּה שֹׁכֵב עָלֶיהָ, “你<u>所</u>躺卧<u>的</u>那地【字面意思：那地，你<u>所</u>躺卧在<u>它上面的</u>】”（The land *<u>upon which</u>* you lie [literally: the land, *<u>which</u>* you are lying *<u>upon it</u>*]；创 28:13）。

---

64 Holmstedt 2016, 61-101; Joüon and Muraoka 2006, 108-109, 503-505; van der Merwe, Naudé, and Kroeze 1999, 259-262; Bauer and Leander 1991, 264-265; Williams and Beckman 2007, 163-168. 除了这三个关系代词，小品词在承担定语用法和实名词用法时在英文中需要翻译为关系子句（见 3.4.3, a 以及 3.4.3, c）。

65 该词也可以在其他语境中用作连词或者名词；*HALOT* 1:98-99; *DCH* 1:419-436。关于该词更多内容，可见 Holmstedt 2016, 68-69, 86-90; Webster 2009, 271-272; Kautzsch 1910, 112,444-446, 485-489; Schneider 2016, 229-231; Garrett and DeRouchie 2009, 301-302; Joüon and Muraoka 2006, 503。

4.6.2 -שֶׁ, -שַׁ

关系代词 -שֶׁ 或 -שַׁ（后面所跟的辅音字母可能双写）最常用于后期书卷（传道书、雅歌，常出现在昆兰书卷），有时出现在远古诗体中：[66]
שַׂעְרֵךְ כְּעֵדֶר הָעִזִּים שֶׁגָּלְשׁוּ מֵהַר גִּלְעָד，“你的头发好像从基列山坡上下来的羊群”（Your hair is like a flock of goats, *which* moves down the slopes of Gilead；歌 4:1）；
מַה־יִּתְרוֹן לָאָדָם בְּכָל־עֲמָלוֹ שֶׁיַּעֲמֹל תַּחַת הַשָּׁמֶשׁ，“人从他们一切的劳碌，就是日光之下所劳碌的得到什么益处呢？”（What profit has anyone from all their labor, *at which* they toil under the sun?；传 1:3）；כַּחוֹל שֶׁעַל־שְׂפַת הַיָּם לָרֹב，“【米甸人、亚玛力人和东方人】数不胜数，如同海边的沙”（[The Midianites, Amalekites, and people of the East were] countless as the sand *that is* upon the seashore；士 7:12）。

173
4.6.3 זֶה, זֹה, זוֹ, זוּ

在远古诗体中，单词 זֶה 及其相关形式 זֹה，זוֹ 和 זוּ，可以作为关系代词出现：עַם־זוּ גָּאָלְתָּ，“你所救赎的人民”（the people *whom* you redeemed；出 15:13）；אַחַת דִּבֶּר אֱלֹהִים שְׁתַּיִם־זוּ שָׁמָעְתִּי，“神说过一次，我所听到的是两次”（Once God has spoken; twice *that* I have heard；诗 62:12，和合本 62:11）。

---

66 关于 -שֶׁ 和 זֶה（见 4.6.3）字形方面更多内容，可见初阶语法书，例如，Seow 1995, 106-107; Lambdin 1971a, 24, 48-49, 64-65; *DCH* 3:94-95, 8:201-204。来自于腓尼基语的证据显示远古希伯来文（archaic Hebrew）采用 -שׁ 为关系小品词，这也从阿卡德语中 ša 的常见用法得到支持。但是在标准圣经希伯来文中它逐渐被 אֲשֶׁר 取代；Holmstedt 2016, 91-101; Joüon and Muraoka 2006, 108。

5 子句和句子（Clauses and Sentences） 174

到目前为止，我们处理了有关个别单词和词组的句法。此处“词组”（phrase），指的是单个单词的用法以及单词之间如何相互联系成为更大的单元，即组成名词词组、动词词组、副词词组以及介词词组。在大多数情况下，词组是以一系列单词来承担单个单词的作用。在本书的最后一部分，我们转而讨论子句和句子。[1]

“子句”和“句子”的定义本身可能有问题，所以一开始我们要澄清几个术语。简单而言，一个子句指一系列单词中包含一个主语并且只含有一个谓语（predicate）。[2] 这把子句与词组区别开来，词组没有特定的语法上的谓语。澄清了“子句”和“句子”的概念 175
之后，我们需要限定和解释文章开始时的陈述：“到目前为止，我

---

1 越来越多的学者采用语篇分析（discourse analysis，或“语篇语言学”［discourse linguistics］，在欧洲也被称为“文本语言学”［text linguistics］，见 Lowery 1995, 107）来进行研究，对传统的以单词为导向和以句子为导向的圣经希伯来文语法研究提出了质疑，而强调需要在语言研究中纳入更长的文本单元（Heller 2004, 1-32; van der Merwe 1994, 14-15; Andersen 1974, 17-20）。部分研究取得了丰硕成果（尤其可见 Andersen 1970, 1974；Longacre 2003; Miller 1996, 1999a；以及 Heller 2004），这种方法是在句子层面之上，将普遍性的句法结构连续地应用于段落层面的语篇。从某种意义上说，这些学者的工作是将我们此处总结为“子句和句子”的内容应用于希伯来文圣经中更大范围的语篇之中。详见 Bodine 1995 和 Bergen 1994 的各种文章。

2 在我们这个简要而实用的定义背后，是语言学家们悬而未决的争议。这些问题如何具体地与圣经希伯来文语法相关？这方面的严格定义和解释，参见 Andersen 1974, 21-28; Joüon and Muraoka 2006, 525-527; van der Merwe, Naudé, and Kroeze 1999, 59-65; Waltke and O'Connor 1990, 77-80。

们处理了有关个别单词和词组的句法。”这一陈述有所例外的是限定动词部分（见 3.2 和 3.3）以及动词加前缀 waw 字形（见 3.5）。因为希伯来文的限定动词本身包含主语（借着人称代词的要素绑定在动词中），子句的主语和谓语都包含在动词中，导致在研究动词句法的时候不可能不考虑子句层面的关系。[3] 尽管如此，我们之前对圣经希伯来文句法的研究主要是集中在名词、动词以及小品词的词组层面的关系。[4] 在第 5 章，我们要转而讨论子句和子句之间的关系。

一个句子由一个或者更多子句组成，是文章或者文本之外最大的语法结构单位。因此，句子组合产生文本，而根据文本语言学的衔接惯例和语法结构又可对文本做进一步分析。[5] 所以，语法结构的层级是从单词到词组、到子句、再到句子乃至到语篇。[6]

176 我们可能需要对“句子”做更进一步的定义，以对在圣经希伯来文中可能出现的句子类型做分类说明。只有一个子句的句子可称为“简单句”（simple sentence），简单句可能是名词性的，也可能是动词性的（见 5.1）。例如，下面取自诗篇 121:5 的名词子句可以单独列出来作为一个简单句：יְהוָה שֹׁמְרֶךָ，“YHWH【是】你的守护者”（YHWH [is] your keeper）。此外，创世记 1:1 中的动词子句可被列出来作为一个简单句: בָּרָא אֱלֹהִים, “神创造了”（God

3 举例而言，在约书亚记 8:32 中，用单词 כָּתַב 来指摩西律法是他在以色列人面前写下的（תּוֹרַת מֹשֶׁה אֲשֶׁר כָּתַב לִפְנֵי בְּנֵי יִשְׂרָאֵל, the law of Moses, which *he wrote* in the presence of the Israelites）。主语“他”就隐含在动词中，所以在希伯来文句法中，不存在独立于动词词组“在以色列人面前写下”（wrote in the presence of the Israelites）之外的名词词组（此处指主语“他”不可能与动词词组分离——译者注）。因此，处理动词部分时，我们必须远超词组的层面而在子句层面考虑动词与主语的关系。

4 因此，在此之前，本书的讨论尽可能局限于考虑词法的（morphosyntactical）关系。“词法考虑两个单词彼此相关的方式，或者在某些情况下词组内单词的复杂组合”(Richter 1978-1980, 2:3-83,尤其是第4部分Richter对词组［wortgruppe］的定义)。

5 van der Merwe, Naudé, and Kroeze 1999, 21, 51-52, 65-66.

6 或更完整而言，是从语素（有意义的最小语言单位）到单词、到词组、到子句、到句子、再到语篇。

created）。一个句子若有两个或者更多承担同等句法成分（或作用）的子句，则可称为“并列句”（compound sentence）。[7] 考虑出自撒母耳记上 3:9 的并列句：וַיֵּלֶךְ שְׁמוּאֵל וַיִּשְׁכַּב בִּמְקוֹמוֹ，“于是撒母耳过去睡在自己的地方”（Then Samuel went and lay down in his place）。这里两个子句【即“撒母耳过去”和“他睡在自己的地方”——译者注】有同一个主语，而且是具有同等作用的句法成分，尽管在第二个子句中主语是隐含的，而且动词有介词词组来修饰。圣经希伯来文叙事常用随处可见的连词 waw 连接这类并列结构中的动词序列（见 3.5）。一个句子若是包含两个或者更多句法成分不对等的子句，则称为“复合句”（complex sentence），其中一个子句会从属于另一个子句，即独立子句或者主句。

5.1 名词性子句和动词性子句（Nominal and Verbal Clauses）

子句可以进一步分为并列子句（coordinate）或者从属子句（subordinate）。[8] 这一部分讨论两类子句，即名词性子句和动词性子句，它们可以与其他子句并列或者搭配组成并列句，因此是最
基本的子句类型。在圣经希伯来文中可能出现的多种从属子句将在 177
5.2.9 部分涉及。[9]

---

7 Andersen 指出这一传统定义严格而言对于涵盖圣经希伯来文的实际情况是不足够的（Andersen 1974, 24-28）。但是这一传统定义对我们的目标仍然有益。读者也应该注意到语法学者们是以非常不同的方式使用“并列句”这个名词，参考 Kautzsch 和 Meyer 可以证明这一点（Kautzsch 1910, 457-458; Meyer 1992, 355-357）。

8 Joüon and Muraoka 2006, 525-526; Andersen 1974, 24-27.

9 Joüon and Muraoka 2006, 525-551; Meyer 1992, 348-357; Kautzsch 1910, 450-457; Williams and Beckman 2007, 201-208; Chisholm 1998, 113-114; van der Merwe, Naudé, and Kroeze 1999, 59-65, 336-350; 关于希伯来文刻文，可见 Gogel 1998, 273-292。

5.1.1 名词性子句（Nominal Clause）

圣经希伯来文能够不用限定动词而形成一个子句。[10] 这类名词性子句的主语是名词或者代词，谓语可能是另一个名词、代词、介词词组、副词或者附属不定词。[11]

名词性子句可以分为两大类。身份性子句（identification caluses）表明主语的性质或者身份，而描述性子句（description clause)则提及主语的特征或者属性。[12] 前者通常回答的问题是"谁？"或"什么？"，而后者则描述主语是怎样的。名词句中单词的顺序一般根据名词句的类型而定。一般而言，身份性子句的词序是主语—
178 谓语，谓语是限定性的，而描述性子句的词序一般是谓语—主语，谓语是非限定性的。然而，单词顺序仍有很多例外，取决于其他句法成分的存在、对其中某一成分有目的的"强调"，或者在某些情况下名词性子句的修辞用法。[13] 虽然这里偶尔会使用"强调"一词来解释某些词序安排（尤其是 5.1.2, b）的含义，但应该记住我们面对的是一种古老的语言，说话者无疑会使用语调、声音的轻重变化

10 我们此处将"名词性子句"狭义地定义为"没有动词的子句"，因此可与"无动词子句"（verbless clause）或者"非动词子句"（nonverbal clause）互换使用。该课题所用术语仍有争议；Miller 1999c, 6-10。这类无动词子句也出现在亚玛拿书信（Amarna letters）的迦南方言中；Rainey 1996, 1:180。

11 所以名词性子句也是"无动词"子句，因为其谓语几乎可以是除动词之外的任何词类（根据 Andersen 1970, 17-30）。近来，应该把名词性子句视为圣经希伯来文一种独特的句子类型这观点受到质疑。有观点认为，这类句子假设存在系动词 הָיָה，但该词的出现是可选择的，因此常常被视为不必要而省略。按照这一观点，所谓的名词句或者无动词子句仅仅是一种不含系动词的动词性子句；Sinclair 1999, 75。

12 Andersen 更倾向于用"身份"（identifidation）子句和"类别"（classification）子句（1970, 31-34）。关于解释名词性子句的一般原则，见 Garrett and DeRouchie 2009, 371-372。

13 见 Waltke and O'Connor 1990, 130-135; Joüon and Muraoka 2006, 528-543; Kautzsch 1910, 454; Williams and Beckman 2007, 206-208。

以及有意的停顿来表明强调。[14] 因为这些强调方式已经远超过当今所能了解的程度，我们要非常谨慎地用“强调”来解释单词顺序或者排列的特别之处。

在圣经希伯来文中可能出现的名词性子句的变化形式和用法如下所述。

(a) **名词作谓语**（见 2.1.2 谓语主格）——אַתָּה הָאִישׁ，“你是那人”（You *are the man*；撒下 12:7）；יְהוָה מֶלֶךְ，“YHWH 是王”（YHWH *is king*；诗 10:16）。谓语可以是专有名词：אֲנִי יְהוָה，“我是 YHWH”（I *am YHWH*；创 15:7）；אֲנִי יוֹסֵף，“我是约瑟”（I *am Joseph*；创 45:3）。注意在描述性名词句中谓语—主语的次序：נָבִיא הוּא，“他是一个先知”（He *is a prophet*；创 20:7）。

有时，主语和谓语之间会有一个**冗余的**（pleonastic）代词。这个代词用作系动词还是导致错位结构的回指代词（当下主要看法）仍是有争议的课题。[15] 最好是假设冗余代词常用作回指，但是偶尔也根据语境具有系动词的性质。在这两种情况中代词都是多余 179
的，因为从语法而言对完成谓语部分并不必要（比较 יְהוָה הָאֱלֹהִים，“YHWH 是神”［YHWH *is God*；书 22:34］和 יְהוָה הוּא הָאֱלֹהִים，“YHWH 是神”［YHWH *is God*；王上 18:39］）：עֵשָׂו הוּא אֱדוֹם，“以扫是以东”（Esau *is Edom*；创 36:8）。[16]

(b) **形容词作为谓语**（见 2.5.2）——

---

14 Gross 1987, 8-9.

15 Holmstedt and Jones 2014.

16 代词的这种冗余用法明显不是为了表示强调。见 Muraoka 1985, 15。

הִנֵּה אֲנַחְנוּ פֹה בִּיהוּדָה יְרֵאִים, “看，我们在犹大这里害怕”（Look, we are afraid here in Judah；撒上 23:3）；טוֹב הַדָּבָר, “这话是好的”（The word is good；王上 2:38）；הַמַּיִם רָעִים, “这水是坏的”（The water is bad；王下 2:19）；הַנַּעֲרָה יָפָה עַד־מְאֹד, “这个女孩非常漂亮”（The girl was very beautiful；王上 1:4）。形容词经常在描述性子句中做谓语：הָרָה אָנֹכִי, “我是怀孕的”（I am pregnant；撒下 11:5）；טָמֵא הוּא, “他是不洁净的”（He is unclean；利 13:11）。

（c）**分词作为谓语**（见 3.4.3, b）——
עֹבְרִים אֲנַחְנוּ מִבֵּית־לֶחֶם יְהוּדָה עַד־יַרְכְּתֵי הַר־אֶפְרַיִם, “我们正从犹大的伯利恒过来，要到以法莲山地的偏远地区去”（We are passing from Bethlehem of Judah to the remote part of the hill country of Ephraim；士 19:18）；יְהוָה שֹׁמְרֶךָ, “YHWH 是你的保护者”（YHWH is your keeper；诗 121:5）；
כִּי הִנֵּה־אָנֹכִי מֵקִים רֹעֶה, “因为我要兴起一个牧者”（For I am about to raise up a shepherd；亚 11:16）；
מַדּוּעַ פָּנֶיךָ רָעִים וְאַתָּה אֵינְךָ חוֹלֶה, “你既然没有病，为什么面带愁容呢？”（Why is your face sad, though you are not sick?；尼 2:2）。

被动分词在谓语中常有祈愿的意思：בָּרוּךְ יְהוָה, “YHWH 是应当称颂的”或“愿 YHWH 被称颂”（‘Blessed is YHWH’ or ‘May YHWH be blessed’；得 4:14）；אֹרְרֶיךָ אָרוּר וּמְבָרֲכֶיךָ בָּרוּךְ, “咒诅你的，愿他受咒诅；给你祝福的，愿他蒙福”（Cursed be those who curse you, and blessed be those who bless you；创 27:29）。[17]

---

17 Joüon and Muraoka 2006, 530.

（d）**介词词组作为谓语——הָאֱלֹהִים בַּשָּׁמַיִם**, “神在天上”（God is *in heaven*；传 5:1，和合本 5:2）；קוֹל מִלְחָמָה בָּאָרֶץ, “有战争的声音在那地”（The noise of battle *is in the land*；耶 50:22）；לַיהוָה הוּא, “它是属于 YHWH 的”（It *is YHWH's*；利 27:26）；לֹא בָרַעַשׁ יְהוָה, “YHWH 不在地震中”（YHWH *was not in the earthquake*；王上 19:11)；יְהוָה עִמְּךָ, “YHWH 与你同在”（YHWH *is with you*；士 6:12）。

5.1.2 动词性子句（Verbal Clause） 180

动词性子句的主语是名词或者代词，谓语是限定动词（即完成式态或者未完成式态动词）或者是具有限定动词作用的非限定动词。

因为动词性子句在圣经希伯来文中非常普遍，我们先来了解一下其形式。

（a）**动词性子句的主语**

（a.1）名词做主语——动词性子句最常用的主语是名词：וַיְצַו יְהוֹשֻׁעַ אֶת־הַכֹּהֲנִים, “约书亚吩咐祭司们”（*Joshua* commanded the priests；书 4:17）；וַיִּכְתֹּב מֹשֶׁה אֵת כָּל־דִּבְרֵי יְהוָה, “摩西写下了 YHWH 的一切话”（*Moses* wrote down all the words of YHWH；出 24:4）。

（a.2）代词做主语——当独立人称代词用作一个动作的主语，通常有凸显主语的含义，因为动词形式中已经包含主语。尤其是作为主语的人称代词可以是“分离性的”(disjunctive)，表达强烈的对比或分离意义，以使动词主语相对于另一个主语得到强调：

וַיָּשֶׂם אֶת־הַשְּׁפָחוֹת וְאֶת־יַלְדֵיהֶן רִאשֹׁנָה וְאֶת־לֵאָה וִילָדֶיהָ אַחֲרֹנִים וְאֶת־רָחֵל וְאֶת־יוֹסֵף אַחֲרֹנִים וְהוּא עָבַר לִפְנֵיהֶם, “他把婢女和她们的孩子安排在前面，利亚和她的孩子们在后面，拉结和约瑟在更后面。但是他自己在他们前面过去”（He put the maids and their children in front, and Leah and her children next, and Rachel and Joseph next. *But he* passed on before them；创 33:2-3）。

人称代词作为主语也可以是**强调性的**（emphatic），即强调主语：הוּא יְשׁוּפְךָ רֹאשׁ וְאַתָּה תְּשׁוּפֶנּוּ עָקֵב, “他将伤你的头，而你将伤他的脚跟”（*He* shall bruise your head, and *you* shall bruise his heel；创 3:15）；הוּא יַעֲבֹר לִפְנֵי הָעָם הַזֶּה, “他将在这百姓前面过去”（*He shall* go across before this people；申 3:28）。[18]

使用第一人称代词来对“自己”进行强调，可以表示**坚决**（assertive）的态度，意味着一种自我意识或者决心：[19]

181 אַתָּה גְּמַלְתַּנִי הַטּוֹבָה וַאֲנִי גְּמַלְתִּיךָ הָרָעָה, “你以良善回报我，但是我却以恶回报你”（you have repaid me with good, *but I* have repaid you with evil；撒上 24:18，和合本 24:17）；

אָנֹכִי אֵשֵׁב עַד שׁוּבֶךָ, “我会等你回来”（*I* will remain until you return；士 6:18）。

(a.3) 非限定性主语（Indefinite subject）——某些情况中，动词的主语不是特定的人，而是一般性的“有人”“人”或者“任何人”。下述几种结构可以用来表达这种非限定性[20]或不确定性。[21]首先，

18 Muraoka 1985, 48.
19 Joüon and Muraoka 2006, 506.
20 Waltke and O’Connor 1990, 70-71.
21 Joüon and Muraoka 2006, 543-544.

第三人称阳性单数主动动词，以实名词性分词作为主语或者没有明确的主语，通常表示主语为非限定性的：

עַל־כֵּן קָרָא שְׁמָהּ בָּבֶל，“因此，人称它的名为巴别”（Therefore *one calls* its name Babel；创 11:9）；כִּי־יִפֹּל הַנֹּפֵל מִמֶּנּוּ，“如果任何人从它【你的房顶】跌落下来”（if *anyone falls* from it [your roof]；申 22:8）。其次，**第三人称阳性单数被动动词**也可以用于非限定性主语：וְכִסָּה אֶת־עֵין הָאָרֶץ וְלֹא יוּכַל לִרְאֹת אֶת־הָאָרֶץ，“它们将遮满地面，以致没有人能看到地”（And they will cover the surface of the land so that *no one will be able to see* the land；出 10:5）；אָז הוּחַל לִקְרֹא בְּשֵׁם יְהוָה，“那时人开始呼求 YHWH 的名”（Then *people began* to call on the name of YHWH；创 4:26）。第三，**第三人称阳性复数动词**，也可以实名词性分词作为主语或者不带明确主语，来用于非限定性主语：

מִן־הַבְּאֵר הַהִוא יַשְׁקוּ הָעֲדָרִים，“他们用那井里的水饮羊群”（*they watered* the flock from that well；创 29:2）；

שָׁמָּה קָבְרוּ אֶת־אַבְרָהָם וְאֵת שָׂרָה，“在那里他们埋葬了亚伯拉罕和撒拉”（There *they buried* Abraham and Sarah；创 49:31）。第四，**单数和复数分词**也可以用于非限定性主语：לְבֵנִים אֹמְרִים לָנוּ עֲשׂוּ，“他们一直对我们说：‘要做砖！’”（*They keep saying* to us，‘Make bricks!’；出 5:16）；אֵלַי קֹרֵא מִשֵּׂעִיר，“有人正从西珥呼叫我”（*Someone is calling* me from Seir；赛 21:11）。最后，**不带冠词的 אִישׁ** 也可以用作限定动词的非限定性主语：

לִקְטוּ מִמֶּנּוּ אִישׁ לְפִי אָכְלוֹ，“各人要按照自己的饭量去收取”（Gather from it，*everyone*，as much as they should eat；出 16:16）；

אִם־נָשַׁךְ הַנָּחָשׁ אֶת־אִישׁ וְהִבִּיט אֶל־נְחַשׁ הַנְּחֹשֶׁת וָחָי，“如果这蛇咬了任

何人，那人一望这铜蛇就活了”（If the serpent bits *anyone*, and he looks to the bronze serpent, he will live；民 21:9）。

182 **(b) 动词子句的谓语**

如前所述，在动词性子句中，谓语由限定性动词承担。对动词一般性句法的讨论见第三章，此处讨论限于动词性子句的结构。

(b.1) 词序（word order）——圣经希伯来文中，动词性子句的基本词序或者无标记（unmarked）词序是动词—主语—宾语（verb-subject-object, VSO）：וַיֶּאֱהַב יִצְחָק אֶת־עֵשָׂו，“以撒爱以扫”（Isaac loved Esau；创 25:28）。[22] 通常，时间小品词或者副词性词组作为标记被放在动词之前来强调时间（temporal emphasis），并描述谓语动词发生时的环境：בְּרֵאשִׁית בָּרָא אֱלֹהִים אֵת הַשָּׁמַיִם וְאֵת הָאָרֶץ，“起初，神创造了天地”（*In the beginning*, God created the heavens and the earth；创 1:1）。然而，应该注意，对词序的研究并没有达成一致地认为圣经希伯来文实际是“动词—主语—宾语”结构。也许可以主张应该把圣经希伯来文动词句的基本词序看作“主语—动词”结构，然而由于大量的语法、句法和实用性需要，这个结构常常颠倒。[23] 由于这种颠倒如此常见，以至于“动词—主语”在统计含义上是最常见的词序，学生最好将“动词—主语—宾语”或“动词—主语”视为默认（default）词序。[24]

(b.2)“动词—主语—宾语”这一般语序常因为几个原因而改变。第一，主语可以放在动词之前以示**对主语的强调**：

22 由于种种原因，这仍然是一个有争议的话题，但几乎没有人怀疑“根据类型研究，圣经是 VSO 结构的主流观点得到了统计证据的有力支持”（Moshavi 2010, 17）。

23 Cook 2012, 235-257; Cook and Holmstedt 2013, 60, 114-115.

24 Moshavi 2010, 7-17; Hackett 2010, 69; Williams and Beckman 2007, 201-208.

וְנֹחַ מָצָא חֵן בְּעֵינֵי יְהוָה, “但是挪亚却在 YHWH 的眼里蒙恩”（*But Noah* found favor in the eyes of YHWH；创 6:8）；
וַיהוָה הֵטִיל רוּחַ־גְּדוֹלָה אֶל־הַיָּם, “YHWH 抛掷大风在海上”（YHWH hurled a great wind upon the sea；拿 1:4）。[25] 第二，在叙述序 183
列中，当主语发生改变时，通常会把主语置于动词之前：
וַיִּשָּׁבַע לוֹ וַיִּמְכֹּר אֶת־בְּכֹרָתוֹ לְיַעֲקֹב וְיַעֲקֹב נָתַן לְעֵשָׂו לֶחֶם וּנְזִיד עֲדָשִׁים, “所以他【以扫】向他起誓，把长子的权利卖给了雅各。然后雅各给了以扫食物和豆汤”（So he [Esau] swore to him, and sold his birthright to Jacob. *Then Jacob* gave Esau bread and lentil stew；创 25:33-34）。[26] 第三，也可以把宾语置于动词之前**对动词宾语进行强调**：[27] אֶת־קֹלְךָ שָׁמַעְתִּי בַּגָּן, “你的声音，我在园中听到了”（*Your voice*, I heard in the garden；创 3:10）；
אֶת־הָאֱלֹהִים הִתְהַלֶּךְ־נֹחַ, “与神，挪亚行走”（*with God*, Noah walked；创 6:9）；אֶת־דִּמְכֶם לְנַפְשֹׁתֵיכֶם אֶדְרֹשׁ, “你们的生命，我要追讨”（*Your lifeblood*, I will require；创 9:5）。第四，必须注意诗歌（poetry）体裁的文本，其中词序极为多变：כִּי־הוּא עַל־יַמִּים יְסָדָהּ, “因为他把它建立在诸海之上”（For he has founded it upon the seas；诗 24:2）；עֹמְדוֹת הָיוּ רַגְלֵינוּ בִּשְׁעָרַיִךְ יְרוּשָׁלִָם, “耶路撒冷啊！我们的脚正站在你的门内”（Our feet are standing within your gates, O Jerusalem!；诗 122:2）。第五，在回答某个提问时，**答复**的核心部

25 然而，当名词做主语，似乎只有人称代词的冗余用法标志着真正的强调（见 5.1.2, a2；以及 Andersen 1970, 24）。

26 然而，Gesenius 注意到，通常主语置于动词之前时，不是由于叙事的转移，而是出于对叙事中主语状态的描述；Kautzsch 1910, 455。

27 与称为“强调”（见 5.1.1 的提醒）相比，可能最好是将其与之前的主语变化类别一起视为前置的例子：为了主题或者聚焦的目的，主语或宾语可以从其默认位置移到前面的位置；Holmstedt 2014, 115-118。

分通常会先出现：וַיֹּאמְרוּ אֵלָיו אַיֵּה שָׂרָה אִשְׁתֶּךָ וַיֹּאמֶר הִנֵּה בָאֹהֶל，“他们对他说：‘你的妻子撒拉在哪里？’他说：‘<u>在帐篷里</u>’”（They said to him ‘Where is Sarah, your wife?’ He said, ‘<u>*She is in the tent*</u>’；创 18:9）；

וַיֹּאמֶר חֲזָאֵל מַדּוּעַ אֲדֹנִי בֹכֶה וַיֹּאמֶר כִּי־יָדַעְתִּי אֵת אֲשֶׁר־תַּעֲשֶׂה，“哈薛说：‘我主为什么哭呢？’他回答说：‘<u>因为我知道</u>你将做什么’”（Hazael said ‘Why is my lord weeping?’ And he said, ‘<u>*Because I know*</u> what you will do’；王下 8:12）。最后，引导直接疑问和间接疑问的**疑问小品词**（interrogative particles），在动词句中常常位于句首：מִי הִגִּיד לְךָ כִּי עֵירֹם אָתָּה，“<u>谁</u>告诉你，你是赤身露体的？”（<u>*Who*</u> told you that you were naked?；创 3:11）；עַל־מָה הִכִּיתָ אֶת־אֲתֹנְךָ，“<u>为什么</u>你击打你的驴呢？”（<u>*Why*</u> have you struck your donkey；民 22:32）。

184
5.2 从属子句（Subordinate Clauses）

在含有两个或者更多谓语的组合中，从属子句依赖并且修饰一个**独立子句**（independent clause）（或者主句）（见本章开头的“复合句”部分）。下面分类有助于考虑不同类型的从属句。由于圣经希伯来文在从属子句和并列子句之间不做语法上的区别，因此读者应该仔细注意引导这些子句的各种小品词。不过，同时应该记住的是，大多数这类子句可以由简单的并列子句（没有连词）来导入或者由连接性 waw 来引入。[28]

---

28 在圣经希伯来文叙事中，waw 随处可见地以并列方式（并列子句）或者从属方式（从属子句）来连接子句。Niccacci 主张，由于欧洲语言的当代惯例，很多圣经希伯来文子句被视为从属子句，尽管根据希伯来文句法并不要求其为从属子句（Niccacci 1990, 128）。

一般而言，有两种从属子句：补语子句（complement clause）和附加子句（supplement clause）。补语子句是从属子句，但紧紧连结于主句，如果被省略会改变主句的意思。相反地，附加子句是用作状语的从属子句，如果省略不会改变主句的意思。[29] 下述分类中的第一类即实名词子句（substantival clause）属于补语子句，其他的属于附加子句。[30]

5.2.1 实名词子句（Substantival Clause） 185

圣经希伯来文可以使用名词性或者动词性子句代替名词，在主句中用作主格、所有格和宾格。正如我们在名词部分所讨论的（第 2 章），“格”这称呼并不表示希伯来文在字形上有主格、所有格或者宾格等字形变化，而是指这些子句在句法上承担此类功能。

(a) **用作主格（Nominative）**——代替名词用作主格，通常以小品词 כִּי 或 אֲשֶׁר 为标志，或者以带前缀介词 לְ 的附属不定式为标志。这类子句可以用作主句的主语（见 2.1.1）：וַיֻּגַּד לְמֶלֶךְ מִצְרַיִם כִּי בָרַח הָעָם，“百姓逃跑了被告诉给埃及王”（The king of Egypt was told *that the people had fled*；出 14:5）；或用作谓语主格（predicate nominative；见 2.1.2）：זֶה אֲשֶׁר לֹא־תֹאכְלוּ，“这是你们不可以吃的”（This is *that which you shall not eat*；申 14:12）；或者用作谓语形容词（predicate adjective；见 2.5.2 以

29 van der Merwe, Naudé, and Kroeze 1999, 64-65, 367. 另一个区别是，说话人不能在附加子句中进行说话的动作，但可以在补语子句中执行这动作。

30 Joüon and Muraoka 2006, 554-606; Meyer 1992, 432-460; Waltke and O'Connor 1990, 632-646; Kautzsch 1910, 467-506; Williams and Beckman 2007, 172-201; Garrett and DeRouchie 2009, 283-335; Webster 2009, 263-270; Chisholm 1998, 119-135. 关于希伯来文刻文，见 Gogel 1998, 277-291。

及 5.1.1, b）: טוֹב אֲשֶׁר לֹא־תִדֹּר, “你不起誓更好”（It is better that *you do not vow*; 传 5:4）。这类子句也可以用作疑问句的主语。**无连词的**（asyndetic，或无标志的，unmarked）主格子句很少见。

(b) 用作所有格（Genitive）——代替名词用作所有格（见 2.2），跟随或者修饰其前面的名词或者子句。所有格子句与其所修饰成分，可以用附属名词和跟随其后的所有格子句来表达，或者由简单的并列子句来表达: כָּל־יְמֵי הִתְהַלַּכְנוּ אִתָּם, “我们与他们同行的所有日子”（all of the days *we went about with them*; 撒上 25:15）。所有格子句也可以用小品词 אֲשֶׁר 引导，如下所示:
כָּל־יְמֵי אֲשֶׁר הַנֶּגַע בּוֹ יִטְמָא טָמֵא הוּא, “在他染病的所有日子里，他就一直不洁净; 他是不洁净的”（All of the days *that he has the disease* he shall remain unclean; he is unclean; 利 13:46）。

(c) 用作宾格（Accusative）——代替名词用作宾格，表示动
186 词宾语（见 2.3.1）: וַיַּרְא יְהוָה כִּי רַבָּה רָעַת הָאָדָם, “YHWH 看到人类的罪恶很大”（YHWH saw *that the evil of humanity was great*; 创 6:5）。动作作为动词宾语时常由 כִּי 或 אֲשֶׁר 引导:[31] וַיָּשֶׂם דָּנִיֵּאל עַל־לִבּוֹ אֲשֶׁר לֹא־יִתְגָּאַל, “但是但以理决心【字面意思: “放在他的心上”】不玷污自己”（But Daniel was resolved [literally: ‘placed upon his heart’] *that he would not defile himself*; 但 1:8）。小品词 כִּי 尤其常与感知动词连用，或用来标示直接叙述（direct narration）: וַתֵּרֶא הָאִשָּׁה כִּי טוֹב הָעֵץ, “这个女人看到那树是好的”（the woman saw *that the tree was good*;

31 有时甚至带限定性直接宾语标志 אֶת־（王上 18:13）。

创 3:6）；וַיֹּאמֶר כִּי אֶת־שֶׁבַע כְּבָשֹׂת תִּקַּח，“他说：‘你取走这七只母羊羔’”（He said ‘*Take these seven ewe lambs*’；创 21:30）。这类子句也可以用作状语来修饰动词动作（见 2.3.2）：וַיַּרְא שָׁאוּל אֲשֶׁר־הוּא מַשְׂכִּיל מְאֹד，“扫罗看见他非常兴旺”（Saul saw *that he was prospering greatly*；撒上 18:15）。宾格用法是实名词子句最常见的用法。

5.2.2 条件子句（Conditional Clause）

条件句（condidtional sentences，表达“如果……那么……”）是用作为从属子句的条件子句，也就是条件句的“从句”（protasis）来表述条件。条件子句由几个小品词来引导，包括有时使用简单连词 waw。有时条件句的主句也由简单的条件性 waw（conditional waw；见 4.3.3, f）来引导：וְרָאִיתִי מָה וְהִגַּדְתִּי לָךְ，“如果我看到什么，那么我会告诉你”（*If I see anything*, then I will tell you；撒上 19:3）；וְיֵשׁ יְהוָה עִמָּנוּ וְלָמָּה מְצָאַתְנוּ כָּל־זֹאת，“如果 YHWH 与我们同在，那为什么所有这些事会发生在我们身上？”（*If YHWH is with us*, why then has all this befallen us?；士 6:13）。

条件子句的两种主要类型是真实条件子句（real conditional clauses）和非真实条件子句（unreal conditional clauses）。前者指的是在过去已经实现，或者有被实现之可能性的动作或情况，后者指的是与事实相反的动作或者情况。非真实条件要么不能被实现，要么与过去已经发生的情况相反。

(a) **真实条件子句**最常见的是由小品词 כִּי，אִם 或者 הֵן 来引导：187
אִם תִּהְיוּ כָּמֹנוּ，“如果你们成为像我们一样”（*If you become* like

us；创 34:15）；כִּֽי־תִמְצָא אִישׁ לֹא תְבָרְכֶנּוּ, “如果你遇到人，不要向他打招呼”（*If you encounter a man*, do not greet him；王下 4:29）；מַה־נֹּאכַל בַּשָּׁנָה הַשְּׁבִיעִת הֵן לֹא נִזְרָע, “如果我们不能耕种，在第七年我们吃什么？”（What shall we eat in the seventh year *if we may not sow*?；利 25:20）。

有时 אֲשֶׁר 也能用于引导真实条件子句：

אֶת־הַבְּרָכָה אֲשֶׁר תִּשְׁמְעוּ אֶל־מִצְוֹת יְהוָה אֱלֹהֵיכֶם, “如果你们听从 YHWH 你们神的吩咐，那么就必蒙福”（the blessing [will obtain]，*if you listen to the commandments of YHWH your God*；申 11:27）。

否定的真实条件子句可以由 אִם־לֹא 引导：

וְהָיָה אִם־לֹא חָפַצְתָּ בָּהּ, “如果你不喜欢她”（*If you are not pleased* with her；申 21:14）。

(b) **非真实条件句**主要以小品词 לוּ 和与其相关的小品词 לוּלֵא 为标记：לוּלֵא הִתְמַהְמָהְנוּ, “如果我们没有耽延”（*if we had not delayed*；创 43:10）；לוּ הַחֲיִתֶם אוֹתָם לֹא הָרַגְתִּי אֶתְכֶם, “如果你们【当时】让他们存活，我就不杀你们了”（*if you had saved them alive*, I would not kill you；士 8:19）。小品词 כִּי 也有这种用法。

5.2.3 目的子句（Final Clause）

圣经希伯来文的目的子句和结果子句之间并不总是有明确的区分，这两种子句也可以统称为“目的结果子句”（telic clauses）。[32]

32 Joüon and Muraoka 2006, 595-597; Williams and Beckman 2007,184-187.

目的子句主要是由带介词前缀 לְ 的附属不定式来引导：

וַיַּעֲלֶה אַחְאָב לֶאֱכֹל וְלִשְׁתּוֹת，“所以亚哈上去吃喝”（So Ahab *went up to eat and to drink*；王上 18:42，目的子句）；

לָמָּה לֹא־מָצָתִי חֵן בְּעֵינֶיךָ לָשׂוּם אֶת־מַשָּׂא כָּל־הָעָם הַזֶּה עָלָי，“为什么我没有在你眼前蒙恩，以至于你放所有这些百姓的重担在我身上？”（Why have I not found favor in your eyes, *that you put* the burden of all this people on me?；民 11:11，结果子句）。

(a) 目的子句（Final Clauses）——表达主句中动作或者处境的目的或动机，通常由小品词 אֲשֶׁר 引导。小品词 לְמַעַן 和 בַּעֲבוּר 也 188
可以引导目的子句，通常与 אֲשֶׁר 连用，但也可以单独出现：

אַשְׁמִעֵם אֶת־דְּבָרָי אֲשֶׁר יִלְמְדוּן לְיִרְאָה אֹתִי，“我要让他们听我的话，好使他们学习敬畏我”（I will make them hear my words, *so that they may learn to fear me*；申 4:10）；

לְמַעַן יַאֲמִינוּ כִּי־נִרְאָה אֵלֶיךָ יְהוָה，“好使他们可以相信 YHWH 向你显现了”（*so that they might believe* that YHWH appeared to you；出 4:5）。

命令式动词和简单前缀连词 waw 可以用来表达目的（见 3.5.3, b）：מָה אֶעֱשֶׂה לָכֶם וּבַמָּה אֲכַפֵּר וּבָרְכוּ אֶת־נַחֲלַת יְהוָה，“我能为你们做什么？我怎么赎罪好使你们祝福 YHWH 的产业呢？”（What can I do for you, and How can I make atonement *that you will bless* the inheritance of YHWH?；撒下 21:3）。

(b) 结果子句（Result Clauses）——表达主句情况或动作的最终结果或后果。与目的子句一样，结果子句由 אֲשֶׁר 引导。小品

词 לְמַעַן 支配限定性或非限定性动词，也可以用来引导结果子句：[33]
וַיִּקְרָא אַבְרָהָם שֵׁם־הַמָּקוֹם הַהוּא יְהוָה יִרְאֶה אֲשֶׁר יֵאָמֵר הַיּוֹם，“亚伯拉罕给那地方起名叫‘YHWH 必预备’，以至于直到今日人们仍说……”（Abraham called the name of that place ‘YHWH will provide,’ *so that it is said* to this day...；创 22:14）。

通常，如果主句是问句，结果子句则由 כִּי 引导，如下所示：
מָה־אֱנוֹשׁ כִּי־תִזְכְּרֶנּוּ，“人是什么呢，以至于你纪念他？”（What is man *that you remember him*?；诗 8:5）；
הַאֱלֹהִים אָנִי לְהָמִית וּלְהַחֲיוֹת כִּי־זֶה שֹׁלֵחַ אֵלַי לֶאֱסֹף אִישׁ מִצָּרַעְתּוֹ，“我岂是神吗，能使人死、使人活？以至于这人发话给我，让我医治一个人的大麻风病？”（Am I God, to kill and to make alive, *that this man is sending word* to me to cure a man of his leprosy?；王下 5:7）。

(c) 否定的目的 / 结果子句（Negative Final/Result Clauses）——这类子句用来否定目的子句或者结果子句，由 אֲשֶׁר לֹא 引导：
אֲשֶׁר לֹא יִשְׁמְעוּ אִישׁ שְׂפַת רֵעֵהוּ，“好使他们不能理解对方的话”（*so that they will not understand* one another's speech；创 11:7，否定的目的子句）；אֲשֶׁר לֹא־יֹאמְרוּ זֹאת אִיזָבֶל，“以至于没有人会说‘这是耶洗别’”（*so that no one will say* ‘This is Jezebel’；王下 9:37，否定的结果子句）。

189 小品词 פֶּן，לְבִלְתִּי 和 לְמַעַן לֹא 用于标示否定的目的子句：
בְּלִבִּי צָפַנְתִּי אִמְרָתֶךָ לְמַעַן לֹא אֶחֱטָא־לָךְ，“我把你的话藏在了我心

---

33 Waltke and O'Connor 1990, 638.

里，好使我不会犯罪得罪你”（I have hidden your word in my heart, *so that I will not sin against you*；诗 119:11，否定的目的子句）。

5.2.4 时间子句（Temporal Clause）

从属性时间子句表达动作或处境的时间框架以及该框架如何与主句所表达的概念相关联。时间子句主要是借不定式与介词 בְּ，כִּי，אַחַר，אַחֲרֵי 或 מִן 来表达，但也使用其他介词。正如下述各种时间子句所显示的，不定式可以表达同时发生、之前发生以及后续发生的动作（见 3.4.1, b）：בֶּן־שְׁלֹשִׁים שָׁנָה דָּוִד בְּמָלְכוֹ，“当他【大卫】开始做王的时候，大约三十岁”（David was about thirty years old *when he began to reign*；撒下 5:4）；בָּעֶרֶב כְּבוֹא הַשֶּׁמֶשׁ，“在晚上，当太阳下山的时候”（in the evening, *when the sun sets*；申 16:6）；אַחֲרֵי הַכֹּתוֹ אֵת סִיחֹן，“在他打败西宏之后”（*after he had defeated* Sihon；申 1:4）；וַיִּמָּלֵא שִׁבְעַת יָמִים אַחֲרֵי הַכּוֹת־יְהוָה אֶת־הַיְאֹר，“YHWH 击打尼罗河之后过了七天”（seven days passed *after YHWH had struck* the Nile；出 7:25）。

除了不定式，时间子句也可以用其他方式来表达。注意，下面一些例子表明 *wayyiqtol*（过去叙事；见 3.5.1）有时可以引入时间子句，也可以引入时间子句的主句（见 3.5.1, e）。

（a）同时发生的动作或者处境（Contemporary action or situation）——由 כַּאֲשֶׁר 或 כִּי 引导的从属性时间子句可以描述与主句同时发生的动作或者处境：

וַיְהִי כַּאֲשֶׁר כִּלָּה לְהַקְרִיב אֶת־הַמִּנְחָה וַיְשַׁלַּח אֶת־הָעָם, “当他【以笏】献完礼物，就把百姓打发走了”（*When he [Ehud] finished presenting* the tribute, he sent the people away；士 3:18）；וַיְהִי כַּאֲשֶׁר הִקְרִיב לָבוֹא מִצְרָיְמָה, “当他【亚伯拉罕】快要来到埃及的时候”（*When he [Abraham] came near* to Egypt; 创 12:11）。

190 **(b) 后面或者后续的情况（Later or succeeding situation）**——由 עַד 或复合形式 עַד אֲשֶׁר, עַד אֲשֶׁר אִם, עַד אִם 或 עַד כִּי 引导的时间子句，可以表达在主句动作之后发生的动作。小品词 טֶרֶם 也被发现以介词 בְּ 为前缀可以表达后续的状况。此处再次说明，连续的概念也可以用 *wayyiqtol* 模式以及介词 לִפְנֵי 和副词 בָּרִאשֹׁנָה 来表达。应该注意的是各种小品词的译法，从“直到”“在……之前”到“在……之后”是多样的，然而最关键的是要注意，无论小品词如何翻译，从属子句都是指时间上发生在主句之后的情况：תָּמִים אַתָּה בִּדְרָכֶיךָ מִיּוֹם הִבָּרְאָךְ עַד־נִמְצָא עַוְלָתָה בָּךְ, “你从受造之日所行的都完全，直到在你中间有不义被发现”（You were blameless in your ways from the day you were created, *until iniquity was found in you*；结 28:15）；

לֹא־הֶאֱמַנְתִּי לַדְּבָרִים עַד אֲשֶׁר־בָּאתִי וַתִּרְאֶינָה עֵינַי, “我不信这些事，直到我来了亲眼看见”（I did not believe these things *until I came and my eyes saw*；王上 10:7）；

וַיְהִי כַּאֲשֶׁר כִּלּוּ הַגְּמַלִּים לִשְׁתּוֹת וַיִּקַּח הָאִישׁ נֶזֶם זָהָב, “当骆驼喝完，这人拿出一个金环”（When the camels had finished drinking, *the man took* a gold ring；创 24:22）；וַיָּלִנוּ שָׁם טֶרֶם יַעֲבֹרוּ,

“<u>在过去之前</u>，他们在那扎营”（they camped there <u>*before they crossed over*</u>；书 3:1）。

叙事中常用短语 אַחַר הַדְּבָרִים 表示后续情况：

אַחַר הַדְּבָרִים הָאֵלֶּה הָיָה דְבַר־יְהוָה אֶל־אַבְרָם, “<u>在这些事之后</u>，YHWH 的话临到亚伯兰”（<u>*After these things*</u>, the word of YHWH came to Abram；创 15:1）。

(c) 表示之前的情况（Preceding situation）——提及发生在主句动作之前的情况，最常由 אַחֲרֵי/אַחַר 引导，引导词 אַחֲרֵי/אַחַר 也可以与 אֲשֶׁר 连用。较少情况下，小品词 מֵאָז 也有这种用法。再次提醒，重要的是注意到子句指出主句之前的情况：

בְּאַרְבַּע עֶשְׂרֵה שָׁנָה אַחַר אֲשֶׁר הֻכְּתָה הָעִיר, “<u>在这城被攻陷之后</u>第十四年”（in the fourteenth year <u>*after the city was struck down*</u>；结 40:1）；אַחַר הַדָּבָר הַזֶּה לֹא־שָׁב יָרָבְעָם מִדַּרְכּוֹ הָרָעָה, “<u>在这件事之后</u>，耶罗波安没有从他的恶道中转回”（<u>*After this event*</u>, Jeroboam did not return from his evil way；王上 13:33）；

וַיְהִי בָרָד וְאֵשׁ מִתְלַקַּחַת בְּתוֹךְ הַבָּרָד כָּבֵד מְאֹד

אֲשֶׁר לֹא־הָיָה כָמֹהוּ בְּכָל־אֶרֶץ מִצְרַיִם מֵאָז הָיְתָה לְגוֹי, 191

“所以有冰雹，而且有火在冰雹中不断地闪烁，非常厉害以至于<u>自从立国以来</u>，在埃及全地未曾有过这样的情况”（So there was hail with fire flashing continually in the midst of the hail, so severe that there had not been anything like it in all the land of Egypt <u>*since it became a nation*</u>；出 9:24）。

通常，连词 waw 加主语（名词或代词）再加完成式动词表示英语中的现在完成式或过去完成式（只能根据上下文确定是哪一种）：[34] וַיָּשָׁב אַהֲרֹן אֶל־מֹשֶׁה אֶל־פֶּתַח אֹהֶל מוֹעֵד וְהַמַּגֵּפָה נֶעֱצָרָה，“然后亚伦回到会幕门口摩西那里，那时瘟疫已经止住了”（Then Aaron returned to Moses at the entrance of the tent of meeting; *now the plague had been checked*；民 17:15，和合本 16:50）；הַבֹּקֶר הָיָה וְרוּחַ הַקָּדִים נָשָׂא אֶת־הָאַרְבֶּה，“早晨的时候，东风已经刮来了蝗虫”（When morning came, *the east wind had [already] brought* the locusts；出 10:13）。

5.2.5 起因子句（Causal Clause）

从属性起因子句显示主句所述情况或者动作发生的原因或背景。圣经希伯来文有多种起因子句，可以由连词 waw、[35] 不定式子句（一般是附属不定式带着介词 לְ）、动词性子句（*wəqatal*；见 3.5.2）或者小品词 כִּי 和 אֲשֶׁר 来引导，不过 Joüon and Muraoka 注意到小品词 אֲשֶׁר 通常表示较弱的原因。[36] 小品词 כִּי 和 אֲשֶׁר 都可以分别与 יַעַן 连用，יַעַן 也可以单独使用来引导起因子句。介词 עַל 也可以表示起因子句，可以单独使用，也可以与 כִּי 或 אֲשֶׁר 连用。这个介词也用在公式化表达 עַל־דְּבַר אֲשֶׁר 中。[37] 还有很多不太常见的小品词和介词组合用来引导起因子句。

192 举例：כִּי עָשִׂיתָ זֹּאת אָרוּר אַתָּה，“因为你做了这事，你是被咒诅

34 所以 waw+ 主语 + 完成式 = 之前的动作或情况。Zevit 展示了圣经希伯来文作者可以清楚地用这种方式来指之前的动作，即在主句动作之前开始的动作（Zevit 1998, 15-37；也可见 Joüon and Muraoka 2006, 587）。

35 Kautzsch 1910, 492.

36 Joüon and Muraoka 2006, 599.

37 Waltke and O'Connor 1990, 640.

的”（*Because* you did this, you are cursed；创 3:14）；
יַעַן אֲמָרְכֶם אֶת־הַדָּבָר הַזֶּה，“因为你说了这话”（*because* you speak this word；耶 23:38）；גֵר לֹא תִלְחָץ וְאַתֶּם יְדַעְתֶּם אֶת־נֶפֶשׁ הַגֵּר，“你们不可欺压寄居的，因为你们知道寄居者的生活”（You shall not oppress a stranger, *since* you know the life of a stranger；出 23:9）。

(a) Joüon 和 Muraoka 注意到小品词 עֵקֶב（有时与 אֲשֶׁר 连用）含有特别的原因意味，表达“对采取的行动给予奖赏”，或者以否定的方式表达“对采取的行动给予惩罚”：[38]
וְהִתְבָּרֲכוּ בְזַרְעֲךָ כֹּל גּוֹיֵי הָאָרֶץ עֵקֶב אֲשֶׁר שָׁמַעְתָּ בְּקֹלִי，“地上万国都必透过你的后裔得福，因为你听从了我的话”（By your seed all the nations of the earth will gain blessing for themselves, *because* you obeyed my voice；创 22:18）；
כֵּן תֹּאבֵדוּן עֵקֶב לֹא תִשְׁמְעוּן בְּקוֹל יְהוָה אֱלֹהֵיכֶם，“你们也必照样灭亡，因为你们没有听从 YHWH 你们神的话”（so you shall perish *because* you have not listened to the voice of YHWH your God；申 8:20）。

(b) 介词 מִן 也能用来表示原因：נְעָלֵינוּ בָּלוּ מֵרֹב הַדֶּרֶךְ מְאֹד，“因为长途旅行，我们的鞋子都破了”（Our sandals are worn out *because of* the very long journey；书 9:13）；
לֹא־יָכֹל עוֹד לְהָשִׁיב אֶת־אַבְנֵר דָּבָר מִיִּרְאָתוֹ אֹתוֹ，“他【伊施波设】一

38 Joüon and Muraoka 2006, 600.

句话也不能对押尼珥说，因为他害怕他”（He [Ishbaal] could not answer Abner another word, *because he was afraid of* him; 撒下 3:11）。

5.2.6 比较子句（Comparative Clause）

(a) 从属子句（subordinate clause）通常用来与主句的动作或者情况作比较。比较的标准通常在**主句**或者**结果子句**（apodosis）中说明，被用来作比较的情况通常以**从属子句**或者**条件子句**（protasis）做出解释。比较子句最常见的结构是 כַּאֲשֶׁר 加条件子句，后面跟着 כֵּן 引导的主句：וַיְהִי כַּאֲשֶׁר פָּתַר־לָנוּ כֵּן הָיָה，“如同他向我们解释的那
193 样，事情就这样发生了”（And *just as* he interpreted for us, *so* it happened；创 41:13）。有时顺序反过来，主句在前：כֵּן תַּעֲשֶׂה כַּאֲשֶׁר דִּבַּרְתָּ，“这样去做，如同你所说的那样”（*So* do, *just as* you have spoken；创 18:5）。

(b) 子句间的关系也可以用小品词 כְּ 和 כֵּן 来表达，小品词 כְּ 引导从句，通常是动词性子句或者不定式子句，[39] 而小品词 כֵּן 引导主句：

כְעֵינֵי עֲבָדִים אֶל־יַד אֲדוֹנֵיהֶם כְּעֵינֵי שִׁפְחָה אֶל־יַד גְּבִרְתָּהּ
כֵּן עֵינֵינוּ אֶל־יְהוָה,

“如同仆人们的眼睛【望】向他们主人的手；如同婢女的眼睛【望】向她主人的手；我的眼睛也这样【望】向 YHWH”（*Just as* the eyes of the servants [look] to the hand of their masters; *just as* the eyes of the maidservant [look] to the hand of her mistress,

39 Waltke and O'Connor 1990, 641.

so our eyes [look] to YHWH；诗 123:2）。

比较关系也可以由介词 כְּ（见 4.1.9, b）来引导：

כִּי כָמוֹךָ כְּפַרְעֹה，“因为你像法老一样【字面意思：因为像你，像法老】”（for *you are like Pharaoh himself* [literally: for *like* you, *like* Pharaoh]；创 44:18）；כָּכֶם כַּגֵּר יִהְיֶה לִפְנֵי יְהוָה，“如同你们这样，寄居者在 YHWH 面前也这样”（*As you are, so is the alien* before YHWH；民 15:15）。

5.2.7 表例外的子句（Exceptive Clause）

这类子句用于对主句所述概念、动作或者情况提出例外。小品词 אִם 可单独使用，也可以与小品词 בִּלְתִּי（该词也可以单独使用）或 כִּי 连用来引导这类子句，אֶפֶס כִּי 以及 אַךְ 和 רַק 也可以引导这类子句（见 4.2.2 אַךְ，4.2.9 כִּי，4.2.15 רַק）：

לֹא אֲשַׁלֵּחֲךָ כִּי אִם־בֵּרַכְתָּנִי，“除非你祝福我，否则我不会让你走”（I will not let you go, *unless you bless me*；创 32:27，和合本 32:26）；

גַּם־יְהוָה הֶעֱבִיר חַטָּאתְךָ לֹא תָמוּת
אֶפֶס כִּי־נִאֵץ נִאַצְתָּ אֶת־אֹיְבֵי יְהוָה בַּדָּבָר הַזֶּה，
“YHWH 已经除去你的罪，你不会死。然而，因为这件事，你给了 YHWH 的敌人亵渎的机会”（YHWH has put away your sin; you will not die. *However*, because by this deed you have given occasion to the enemies of YHWH to blaspheme；撒下 12:13-14）。

194

5.2.8 表示限制的子句（Restrictive Clause）

限制性子句对主句的概念或者动作加以限制。这类子句通常由小品词 אֶפֶס כִּי, אַךְ 或 רַק（有关 אַךְ, 见 4.2.2,a；有关 רַק, 见 4.2.15,a）引导：

וְהִשְׁמַדְתִּי אֹתָהּ מֵעַל פְּנֵי הָאֲדָמָה
אֶפֶס כִּי לֹא הַשְׁמֵיד אַשְׁמִיד אֶת־בֵּית יַעֲקֹב,
"我要从地上把它除灭，<u>但是</u>我不会把雅各家完全除灭"（I will destroy it from the face of the earth, <u>*but*</u> I will not completely destroy the house of Jacob；摩 9:8）；

לַחְמֵנוּ נֹאכֵל וְשִׂמְלָתֵנוּ נִלְבָּשׁ רַק יִקָּרֵא שִׁמְךָ עָלֵינוּ, "我们会吃自己的食物，穿自己的衣服；<u>只要</u>让我们归入你的名下"（We will eat our own bread, and wear our own clothes; <u>*only*</u> let us be called by your name；赛 4:1）；

הָלֹךְ אֵלֵךְ עִמָּךְ אֶפֶס כִּי לֹא תִהְיֶה תִּפְאַרְתְּךָ, "我一定与你同去，<u>只是</u>荣耀将不属于你"（I will surely go with you, <u>*nevertheless*</u>, the honor shall not be yours；士 4:9）。

5.2.9 表示加强的子句（Intensive Clause）

这类子句对主句的概念加以拓展和增加，主要标志是 גַּם 和 אַף（关于 אַף, 见 4.2.4, a；关于 גַּם, 见 4.2.5, a）：

וַתִּקַּח מִפִּרְיוֹ וַתֹּאכַל וַתִּתֵּן גַּם־לְאִישָׁהּ עִמָּהּ וַיֹּאכַל, "她拿了从它所结的果子吃了；然后<u>也</u>给了与她在一起的丈夫，他也吃了"（She took from its fruit and ate, and she gave <u>*also*</u> to her husband with her, and he ate；创 3:6）；אַף־אֲנִי בַּחֲלוֹמִי, "在梦里<u>我也</u>看

见了”（*I also* saw in my dream；创 40:16）。

5.2.10 表示反对的子句（Adversative Clause）

这类从属子句对主句的概念提出反对，主句和从句之间的关系可以以 לֹא 和 כִּי（也可与 אִם 一起使用）或者小品词 אוּלָם 和 אֲבָל 来表示：וְעַתָּה לֹא־אַתֶּם שְׁלַחְתֶּם אֹתִי הֵנָּה כִּי הָאֱלֹהִים，“所以不是你们而是神差我到这里”（so it was not you who sent me here, *but God*；创 45:8）；

גַּם־הוּא יִהְיֶה־לְּעָם וְגַם־הוּא יִגְדָּל וְאוּלָם אָחִיו הַקָּטֹן יִגְדַּל מִמֶּנּוּ，“他也要成为一族，而且他也会强大。但是他的弟弟会比他更强大”（He also will become a people, and he also will be great. *But* his younger brother shall be greater than he；创 48:19）；

וַיֹּאמֶר לֹא כִּי אֲנִי שַׂר־צְבָא־יְהוָה עַתָּה בָאתִי，“他说：‘不。相反地，我现在来是作为 YHWH 军队的元帅’”（He said ‘No. *Rather*, I have come now as the captain of the army of YHWH’；书 5:14）。

连词 waw 也具有这个作用：

וְלֹא־יִקָּרֵא עוֹד אֶת־שִׁמְךָ אַבְרָם וְהָיָה שִׁמְךָ אַבְרָהָם，“你的名字不再被称为亚伯兰，而是称为亚伯拉罕”（No longer will your name be Abram, *but* it will be Abraham；创 17:5）；

אַל־תָּלֶן הַלַּיְלָה בְּעַרְבוֹת הַמִּדְבָּר וְגַם עָבוֹר תַּעֲבוֹר，“不要在旷野的渡口过夜，而是务必要过河”（Do not spend the night at the fords of the wilderness, *but* by all means cross over；撒下 17:16）。

5.2.11 环境子句（Circumstantial Clause）

这类从属子句描述主句的动作或者处境发生时的环境。对环境子句的理解“可以是广义的或者是狭义的”。[40] 广义理解源于某些环境子句属于时间子句或者起因子句（所以类似于 5.2.4 和 5.2.5）。一个环境子句是否具有广义的含义，有时是解释的问题，依赖于上下文语境的主题和所强调的内容。然而，狭义的理解无论在形式还是作用上都更加清晰，可见下面的例子。

通常简单连词 וְ 用来引导环境子句（见 4.3.3, e；waw 后面通常跟着名词和谓语）：[41] מִגְדָּל וְרֹאשׁוֹ בַשָּׁמַיִם, “一个塔，而其塔顶通天”（a tower *with its top in the sky*；创 11:4）；כֹּה הִרְאַנִי וְהִנֵּה אֲדֹנָי נִצָּב עַל־חוֹמַת אֲנָךְ וּבְיָדוֹ אֲנָךְ, “他这样使我看见：主站立在一道直墙边，手里拿着准绳”（Thus he showed me—the Lord was standing beside a vertical wall *with a plumb line in his hand*；摩 7:7）。

通常环境子句与主句并列，并无连接词：וַיֵּט אָהֳלֹה בֵּית־אֵל מִיָּם, “他支搭起了帐篷，伯特利在西边”（He pitched his tent, *with Bethel on the west*；创 12:8）；וַיִּתְקָעֵם בְּלֵב אַבְשָׁלוֹם עוֹדֶנּוּ חַי, “他还活着的时候，他用它们【三支矛】穿透了押沙龙的心”（and he thrust them [three spears] through Absalom’s heart *while he was still alive*；撒下 18:14）。

196 如之前所表明的，伴随主句所述情况出现的环境子句的谓语，可以是名词、形容词、介词短语，分词也有同样的作用：
וַיָּבֹא אֱלִישָׁע דַּמֶּשֶׂק וּבֶן־הֲדַד מֶלֶךְ־אֲרָם חֹלֶה, “亚兰王便哈达患病时，以利沙来到大马士革”（Elisha came to Damascus *while Ben-hadad, King of Aram was ill*；王下 8:7）；

40 Joüon and Muraoka 2006, 565.
41 Seow 1995, 232; Williams and Beckman 2007, 176-177.

וַיֵּרָא אֵלָיו יְהוָה בְּאֵלֹנֵי מַמְרֵא וְהוּא יֹשֵׁב פֶּתַח־הָאֹהֶל כְּחֹם הַיּוֹם, “当他在一天中最热之时坐在帐篷门口的时候，YHWH 在幔利橡树那里向他显现”（Now YHWH appeared to him by the oaks of Mamre, *while he was sitting* at the tent door in the heat of the day；创 18:1）。

限定性动词用来表达过去或者将来的环境。[42] 完成式动词作为环境子句的谓语表达之前发生的动作（见 3.5.4, c）：

אַל־תְּאַחֲרוּ אֹתִי וַיהוָה הִצְלִיחַ דַּרְכִּי, “不要耽误我，因为 YHWH 已经使我的道路顺利”（Do not delay me, since YHWH *has prospered* my way；创 24:56）；

וַיְהִי בְּבֹא דָוִד וַאֲנָשָׁיו צִקְלַג בַּיּוֹם הַשְּׁלִישִׁי
וַעֲמָלֵקִי פָשְׁטוּ אֶל־נֶגֶב וְאֶל־צִקְלַג,

“当第三天大卫和跟随他的人到了洗革拉，亚玛力人早已侵犯了南地和洗革拉了”（Now when David and his men came to Ziklag on the third day, the Amalekites *had made a raid* on the Negeb and on Ziklag；撒上 30:1）。

未完成式动词作为谓语表达将来的环境：

הַמְכַסֶּה אֲנִי מֵאַבְרָהָם אֲשֶׁר אֲנִי עֹשֶׂה וְאַבְרָהָם הָיוֹ יִהְיֶה לְגוֹי גָּדוֹל וְעָצוּם, “我想要做的事岂可瞒着亚伯拉罕呢？因为亚伯拉罕必将成为大而强盛的国”（Shall I hide from Abraham what I am about to do, *since Abraham will surely become* a great and mighty nation?; 创 18:17-18); אֶעְבְּרָה בְאַרְצֶךָ בַּדֶּרֶךְ בַּדֶּרֶךְ אֵלֵךְ לֹא אָסוּר יָמִין וּשְׂמֹאול, “让我经过你的地，我只走大路，我不会偏向左右”（Let me pass

42 Williams and Beckman 2007, 176-177. Gesenius 进一步注意到带有动词的环境从句对主句的动作提供具体说明，或者为主句的动作提供理由；Kautzsch 1910, 490。

through your land; I will travel only on the highway; <u>*I will not turn to*</u> the right or to the left；申 2:27）。

5.2.12 让步子句（Concessive Clause）

这类从属子句表示“矛盾的起因关系”(causal contrast)，[43]
197 也就是说，从句所呈现的动作或情况看似会导致或预期会引发主句的动作或者情况，但实际上却并非如此。从句与主句之间可以省略连词而并列出现，即从句**无连词**（asyndetic）作为标记，但是也可以带简单连词 waw：הִנֵּה־נָא הוֹאַלְתִּי לְדַבֵּר אֶל־אֲדֹנָי וְאָנֹכִי עָפָר וָאֵפֶר, “确实地，<u>尽管</u>我是尘土炉灰，现在还是斗胆向主说话”（Certainly, now, I have ventured to speak to the Lord, <u>*although*</u> I am dust and ashes；创 18:27）。小品词 **אִם** 和 **כִּי** 表达“尽管、即使”（even though）的含义（见 4.3.2, b 和 4.3.4, h），而小品词 עַל כִּי 或 גַּם כִּי 也可以表达“尽管、即使”（although）的含义：

גַּם כִּי־תַרְבּוּ תְפִלָּה אֵינֶנִּי שֹׁמֵעַ, “<u>即使</u>你们多多祷告，我也不听”（<u>*Even though*</u> you multiply prayers, I will not listen；赛 1:15）；

לֹא־נָחָם אֱלֹהִים דֶּרֶךְ אֶרֶץ פְּלִשְׁתִּים כִּי קָרוֹב הוּא, “神没有带领他们走非利士人的路，<u>尽管</u>那路是近的”（God did not lead them by the way of the Philistines, <u>*even though*</u> it was near；出 13:17）；

כִּי אִם־תְּכַבְּסִי בַּנֶּתֶר וְתַרְבִּי־לָךְ בֹּרִית נִכְתָּם עֲוֹנֵךְ לְפָנָי, “<u>即使</u>你用碱而且多用肥皂清洗自己，你罪恶的痕迹仍然在我面前”（<u>*Alhough*</u> you wash yourself with lye and use much soap, the stain of your iniquity is before me；耶 2:22）。

---

43 Joüon and Muraoka 2006, 601-602.

5.2.13 关系子句（Relative Clause）

关系子句从属于主句，描述主句的性质、状态或者动作概念。关系子句描述先行词（或所指代事物），通常紧跟着先行词出现。圣经希伯来文有限制性（restrictive）和非限制性（nonrestrictive）关系子句。[44] 限制性关系子句（也称为 limiting relative clause）用作在同一类别的诸多成员之间做区别：הַמַּיִם אֲשֶׁר מֵעַל לָרָקִיעַ，"穹苍以上的水"（The waters *that were above the dome*；创 1:7）；וַיִּבֶן יְהוָה אֱלֹהִים אֶת־הַצֵּלָע אֲשֶׁר־לָקַח מִן־הָאָדָם לְאִשָּׁה，"然后 YHWH 神把从这男人身上取下的肋骨建造成为一个女人"（Then YHWH God built the rib *that he had taken from the man* into a woman；创 2:22）。因此，限制性关系子句把先行词从与其可能相关或模糊相关的其他事物中区别出来，以此来界定所修饰的先行词。不太常见的非限制性关系子句（也称为 nonlimiting relative clause）只是表明先行词的一般属性，而不将其与"同类"的其他成员区分开来：אָנֹכִי יְהוָה אֱלֹהֶיךָ אֲשֶׁר הוֹצֵאתִיךָ מֵאֶרֶץ מִצְרַיִם，"我是 YHWH 你的神，曾将你从埃及地领出来的"（I am YHWH your God, *who brought you out of the land of Egypt*; 出 20:2, 申 5:6），וְעַתָּה אָרוּר אָתָּה מִן־הָאֲדָמָה אֲשֶׁר פָּצְתָה אֶת־פִּיהָ，"现在你从那土地受咒诅，它开了它的口"（And now, you are cursed from the ground, *which has opened its mouth*；创 4:11）。因此非限制性关系子句提供了与先行词相关的额外信息，而不将其与先行词指代的其他可能相关的事物做区别。圣经希伯来文没有特定的句法或词汇方式来标记限定还是非限定。注释者必须根据语境来分辨关系 198

44 Holmstedt 2016, 15-16; Joüon and Muraoka 2006, 557-558.

子句的一般含义。

(a) 关系子句最常见的标志是小品词 אֲשֶׁר，在诗体或者后期文本中，前缀 ־שֶׁ/־שַׁ 也可用作关系子句的标志（见 4.6.2）。在远古诗歌中，也曾使用单词 זֶה 及其与 ז 相关的形式（见 4.6.3）。有时，分词的**定语用法**（Attributive）也可以作为关系子句的标志，举例：

וְעַתָּה קוּם עֲבֹר אֶת־הַיַּרְדֵּן הַזֶּה
אַתָּה וְכָל־הָעָם הַזֶּה אֶל־הָאָרֶץ אֲשֶׁר אָנֹכִי נֹתֵן לָהֶם,
“所以现在，起来过这约旦河，你和所有这百姓，进入我要给你们的地”（So now, proceed to cross over the Jordan, you and all this people, into the land *that I am giving to them*；书 1:2）；הַיָּמִים אֲשֶׁר מָלַךְ דָּוִד עַל־יִשְׂרָאֵל，“大卫王统治以色列的日子”（The days *that David reigned over Israel*；王上 2:11）；בְּרֶשֶׁת־זוּ טָמָנוּ，“在他们【万国】隐藏的网中”（In the net *that they [the nations] hid*; 诗 9:16, 和合本 9:15）；מַה־שֶּׁהָיָה הוּא שֶׁיִּהְיֶה，“那曾经的就是那将来的”（That *which has been* is that *which will be*；传 1:9）。关系子句与主句之间也可以**没有连词**（asyndetic）：
בְּאֶרֶץ לֹא לָהֶם，“在不属于他们【的】土地上”（In a land *[that] is not theirs*；创 15:13）。

(b) 在某些关系子句中，特别是那些指向地理位置的子句中，会出现复指代词（resumptive pronoun）来指向关系代词的先行词，但复指代词在翻译成英文时最好不译（见 4.6.1）：[45]

45 *DCH* 1:423-428; Waltke and O'Connor 1990, 333-335; Joüon and Muraoka 2006, 561-562; Kautzsch 1910, 444-446.

הַמָּקוֹם אֲשֶׁר אַתָּה עוֹמֵד עָלָיו אַדְמַת־קֹדֶשׁ הוּא, “你所站立的地方是 199
圣地【字面意思：你所站立在它上面的地方，它是圣地】”（The place *which you are standing upon* is holy ground [literally: The place *which you are standing upon it*, it is holy ground]; 出 3:5）；גּוֹי אֲשֶׁר לֹא־תִשְׁמַע לְשֹׁנוֹ, “一个你听不懂其语言的国家【字面意思：一个国家，你听不懂它的语言】”（a nation *whose language you do not understand* [literally: a nation, *which you do not understand its language*]; 申 28:49）；
יִוָּדַע הַנָּבִיא אֲשֶׁר־שְׁלָחוֹ יְהוָה בֶּאֱמֶת, “那先知将被称为 YHWH 所真正差来的先知【那先知将被称为 YHWH 所真正差他来的先知】”（The prophet will be known [as] *one whom YHWH has truly sent* [The prophet will be known (as) that *YHWH has truly sent him*]; 耶 28:9）。副词，例如 שָׁם，可以代替复指代词：
הַמָּקוֹם אֲשֶׁר דִּבֶּר אִתּוֹ שָׁם אֱלֹהִים, “神在那里向他说话的那地方”（the place *where God spoke with him*; 创 35:15）。

（c）**谐音游戏（Paronomasia）**——一个单词既在主句也在关系子句中出现，这种重复可以用来表达不限定感：[46]
וַאֲנִי הוֹלֵךְ עַל אֲשֶׁר־אֲנִי הוֹלֵךְ, “……而我去任何我将去的地方”（... while I go *wherever I will go*; 撒下 15:20）；
וַיִּתְהַלְּכוּ בַּאֲשֶׁר יִתְהַלָּכוּ, “他们去了任何他们能去的地方”（They went *wherever they could go*; 撒上 23:13）；
וְחַנֹּתִי אֶת־אֲשֶׁר אָחֹן וְרִחַמְתִּי אֶת־אֲשֶׁר אֲרַחֵם, “我要恩待那个我恩待

46 Joüon and Muraoka 2006, 563-564.

的，我要怜悯<u>那个我怜悯的</u>”（and I will favor <u>*the one I favor*</u> [literally: <u>*that (one) I favor*</u>], and I will pity <u>*the one I pity*</u> [literally: <u>*that (one) I pity*</u>; 出 33:19）。下面这个重要的神学宣称可能也属于这一用法：אֶהְיֶה אֲשֶׁר אֶהְיֶה，“我是我所是”（I AM WHO I AM；出 3:14）。

5.3 其他句子类型

在本章开始，我们已经对“简单句”“并列句”和“复合句”以及“句子”这个难以明确的术语提供了实用的定义。下面我们对圣经希伯来文中其他重要的句子类型做个概览。

5.3.1 疑问句（Interrogative Sentences）

从最基本的含义而言，疑问句是提出一个直接的疑问，该疑问可能是向读者提出的，或者是限于叙事内的提问。这提问可能
200 是一个真的疑问，也可能只是一种修辞方式（反问，Rhetorical Question），在后者并不期望得到回答。疑问句通常仅能透过声调来区别，因为没有任何字形上的标志：וַיֹּאמֶר שָׁלֹם בּוֹאֶךָ，“然后他说：‘你来得平安吗？’”（And he said, ‘Do you come peacefully?’；撒上 16:4）。但是，下述小品词可以用作疑问句的标志。

(a) 疑问子句可以小品词 הֲ 为标志来指出直接疑问（direct question）：אַל־תִּירָאוּ כִּי הֲתַחַת אֱלֹהִים אָנִי，“不要害怕，<u>因为我岂能代替神呢？</u>”（Do not fear, <u>*for am I in the place of God?*</u>; 创 50:19）；הֲשָׁלוֹם לַנַּעַר לְאַבְשָׁלוֹם，“那少年人押沙龙<u>平安吗？</u>”（<u>*Is*</u>

it well with the young man Absalom?；撒下 18:32）。

(b) 在提出分离性问题（disjunctive question）“X 或是 Y？”时，小品词 אִם 引入第二个选项：הֲלָנוּ אַתָּה אִם־לְצָרֵינוּ，“你是帮助我们呢，或是帮助我们的敌人呢？”（Are you with us *or with our enemies?*；书 5:13）。

(c) 除了小品词 הֲ，有一组疑问代词可以引导特殊疑问句，这组疑问代词包括 מִי，מָה，אֵיךְ，אֵי，אָן 等等：מֶה חֳרִי הָאַף הַגָּדוֹל הַזֶּה，“什么引起了这么大的烈怒呢？【字面意思：什么（是）这大烈怒的热气？】”（*What* caused this great display of anger? [literally: *What* (is) the heat of this great anger?]; 申 29:23, 和合本 29:24)；מִי הִגִּיד לְךָ כִּי עֵירֹם אָתָּה，“谁告诉你，你是赤身露体呢？”（*Who* told you that you were naked?；创 3:11）；אֵיךְ תֹּאמַר אֲהַבְתִּיךְ，“你怎么能说‘你爱我’呢？”（*How* can you say ‘I love you?’；士 16:15）；אֵי הֶבֶל אָחִיךָ，“你的兄弟亚伯在哪里？”（*Where* is Abel, your brother?；创 4:9）。

(d) 小品词 אֵפוֹא 经常跟在疑问词后面，对问题给予额外强调：מִי־אֵפוֹא הוּא הַצָּד־צַיִד，“那么，是谁打来了猎物呢？”（*Who was it, then*, who hunted game？；创 27:33）。

疑问词也可以作为感叹句（exclamatory clause）的标志：הֲנִגְלֹה נִגְלֵיתִי אֶל־בֵּית אָבִיךָ，“我确实向你父家显示了我自己”（*I certainly revealed myself* to the house of your fathers；撒上 2:27)；אֵיךְ נָפְלוּ גִבֹּרִים בְּתוֹךְ הַמִּלְחָמָה，“英雄何竟在战场中仆倒！”

（*How the mighty have fallen* in the midst of the battle!；撒下 1:25）；מַה־טֹּבוּ אֹהָלֶיךָ יַעֲקֹב，“雅各啊，你的帐篷何等华美！”（*How beautiful* are your tents, O Jacob!；民 24:5）。此外，实名词（substantive）也可以用作感叹。这种用法不是根据字形，而
201 是根据上下文含义而定：וַיֹּאמֶר אֶל־אָבִיו רֹאשִׁי רֹאשִׁי，“他对他父亲说：‘我的头啊！我的头啊！’”（He said to his father, ‘*My head! My head!*’；王下 4:19）。

疑问子句也可以用来表示**间接疑问**（indirect question），即提及或者指出其他说话者的疑问，对提出的问题不必详细阐述。间接问句在逻辑上指的是另一个人说的话，因此不预期得到回答。引导这些子句的方式与引导直接问句的方式相同：

לֹא יָדַעְתִּי מֵאַיִן הֵמָּה，“我不知道它们从哪里来”（I do not know *where they are from*；书 2:4）；לֹא יָדַעְנוּ מִי־שָׂם כַּסְפֵּנוּ בְּאַמְתְּחֹתֵינוּ，“我们不知道谁把我们的钱放在我们的布袋里”（we do not know *who put our money in our sacks*；创 43:22）；שְׁאַל מָה אֶעֱשֶׂה־לָּךְ，“我应该为你做什么，尽管求我吧”（Ask *what I should do* for you；王下 2:9）。

5.3.2 誓言（Oath Sentences）

发咒（maledictory）起誓或者诅咒的引入通常是借一个公式化的陈述——“愿神这样惩罚并且更重地惩罚”（May God add to this and more）。发咒的内容即**主句**（apodosis）如果是否定的、表达一个人不愿采取的行动，则标志性的小品词是 אִם；相反地，אִם לֹא 和 כִּי 用来引入肯定的表达，即一个人愿意采取的行动（见 4.3.2, e, f）。

举例：כֹּה יַעֲשֶׂה יְהוָה לִי וְכֹה יֹסִיף כִּי הַמָּוֶת יַפְרִיד בֵּינִי וּבֵינֶךָ，

“如果在死亡之外有任何事把你和我分开【也就是说，除了死亡没有任何事能把你和我分开】，愿神这样惩罚而且更重地惩罚我”（Thus may YHWH do to me and more *if anything but death parts you and me* [that is, Nothing but death will part you and me]；得 1:17）；

כֹּה יַעֲשֶׂה־לִּי אֱלֹהִים וְכֹה יֹסִיף

כִּי אִם־לִפְנֵי בוֹא־הַשֶּׁמֶשׁ אֶטְעַם־לֶחֶם אוֹ כָל־מְאוּמָה,
“如果在日落之前我吃了面包或任何别的食物【即，我不会吃面包或者任何别的……】，愿神这样惩罚而且更重地惩罚我”（Thus may God do to me and more also *if I taste bread or anything else before the sun goes down* [that is, I will not taste bread or anything else...]；撒下 3:35）。

誓言的从句部分（protasis）也是由几种结构来引入，涉及形容词 חַי 或 חֵי 以及说话者自己（אָנֹכִי / אֲנִי）或诸如法老等某个权威人物，但更常见的是神（יְהוָה / אֱלֹהִים）。其主句由上面提及的小品词来引导——אִם 用于否定的表述，而 אִם לֹא 或 כִּי 用于肯定的表述： 202
חַי־יְהוָה כִּי בְנֵי־מָוֶת אַתֶּם，“我指着永生的 YHWH 起誓，你们所有人都必须死！”（As YHWH lives, *all of you must surely die*!；撒上 26:16）；חֵי פַרְעֹה כִּי מְרַגְּלִים אַתֶּם，“我指着法老的性命起誓，你们确实是间谍！”（By the life of Pharaoh, *you are surely spies*！；创 42:16）。

5.3.3 表达愿望（Wish Sentences）的句子

迫切愿望子句（desiderative clause）表达强烈的愿望或渴望。通常愿望的表达呈现**问句**或者**感叹**的特点。

(a) 在圣经希伯来文中，表达渴望最常见的方式是使用表意愿的动词（见 3.3）：יְהִי אוֹר，“要有光”（*Let there be* light；创 1:3）；הִפָּרֶד נָא מֵעָלָי，“请与我分开吧”（*Please separate* from me；创 13:9）。偶尔由限定性动词引导的愿望子句（optative clause）以 לוּ 或 אִם 为标记：וַיֹּאמֶר אַבְרָהָם אֶל־הָאֱלֹהִים לוּ יִשְׁמָעֵאל יִחְיֶה לְפָנֶיךָ，“亚伯拉罕对神说：‘噢，愿以实玛利在你面前活着！’”（Abraham said to God, ‘*O that Ishmael might live* before You!’；创 17:18）；לוּ־מַתְנוּ בְּאֶרֶץ מִצְרַיִם，“但愿我们死在了埃及地！”（*Would that we died* in the land of Egypt!；民 14:2）。

(b) 愿望的表达也常像是提出一个问题。因此，疑问小品词尤其是 מִי 也能用于引导强烈的愿望或者渴望：מִי־יְשִׂמֵנִי שֹׁפֵט בָּאָרֶץ，“惟愿谁能指定我在这地做审判官”（*O that someone would appoint* me judge in the land；撒下 15:4）。在圣经希伯来文中，מִי יִתֵּן 这个结构明显地用于表达意愿，有时会有“愿神给予！”的含义：[47] וּמִי יִתֵּן אֶת־הָעָם הַזֶּה בְּיָדִי，“惟愿这些百姓在我的权下！”（*Would that* this people were under my authority!；士 9:29）；וּמִי יִתֵּן כָּל־עַם יְהוָה נְבִיאִים，“惟愿 YHWH 的所有百姓都是先知！”（*Would that* all YHWH’s people were prophets!；民 11:29）。

(c) 愿望的表达也可以由分词或者介词短语在子句中做谓语来实现：אֹרְרֶיךָ אָרוּר וּמְבָרְכֶיךָ בָּרוּךְ，“咒诅你的，愿他被咒诅；

47 Joüon and Muraoka 2006, 579-580.

祝福你的，愿他被祝福”（*Cursed be* those who curse you and 203
blessed be those who bless you；创 27:29）；שָׁלוֹם לָכֶם，“平安归与你们”或“愿你们平安”（‘*Peace to you*’ or ‘*May you have peace*’；创 43:23）。

(d) 表达确定性的子句（asseverative clause）与宣告誓言相类似，都表达强烈的确定。这种确信的宣告可以是誓言，这时确定性子句用作隐晦的宣誓；然而，这种子句可以仅仅对事实做出强化和确认。除了已经提及的小品词，רַק、אָכֵן、אַךְ、אָמְנָה、אָמְנָם、אֲבָל 和 הִנֵּה 都可以用来表明这种确定：רַק אֵין־יִרְאַת אֱלֹהִים בַּמָּקוֹם הַזֶּה，“这地方必定没有人敬畏神”（*Surely* there is no fear of God in this place；创 20:11）；אֲבָל אֲשֵׁמִים אֲנַחְנוּ עַל־אָחִינוּ，“我们在对待我们兄弟的事上实在有罪”（*Surely* we are guilty concerning our brother；创 42:21）；אָכֵן יֵשׁ יְהוָה בַּמָּקוֹם הַזֶּה，“YHWH 确实在这个地方”（*Surely* YHWH is in this place；创 28:16）；הִנֵּה מִשְׁמַנֵּי הָאָרֶץ יִהְיֶה מוֹשָׁבֶךָ，“你的居所必定远离地上的沃土”（*Certainly* Your home will be away from the fertility of the land；创 27:39）。

5.3.4 表示存在的句子（Existential Sentences）

在圣经希伯来文中，表示事物或者人的存在有两种主要方式。

(a) 对于**过去或者未来的时间**，用动词 הָיָה 表达：

וְהַנָּחָשׁ הָיָה עָרוּם מִכֹּל חַיַּת הַשָּׂדֶה，“蛇是比田野任何其他的动物都狡猾”（The serpent *was* more crafty than any other animal of the field；创 3:1）；אִישׁ הָיָה בְאֶרֶץ־עוּץ，“在乌斯地曾有一个人”（There *was* a man in the land of Uz; 伯 1:1）；כֹּה יִהְיֶה זַרְעֶךָ，“你的后裔将是如此”（So *shall* your descendants *be*；创 15:5）。

(b) 对于**现在时间**，则不用动词 הָיָה，而是用表示存在的小品词 יֵשׁ（见 4.4.2）。这个小品词不表示否定，现在时间内某物不存在是用小品词 אַיִן 表达（见 4.4.1）：אָכֵן יֵשׁ יְהוָה בַּמָּקוֹם הַזֶּה，“YHWH 确实是在这个地方”（Surely, YHWH *is* in this place；创 28:16）。

204 **5.3.5 表示否定的句子（Negative Sentences）**

(a) 尽管 אַל 与未完成式连用相当于否定的命令或否定其他意愿动词（见 4.2.3 和 4.2.11），但一般而言，动词句是由 לֹא 来否定：לְאָדָם לֹא־מָצָא עֵזֶר כְּנֶגְדּוֹ，“对这人没有发现合适的帮助者”（for the man *there was not found* a suitable helper；创 2:20）；אַל־תִּירָא מִפְּנֵיהֶם，“不要害怕他们”（*Do not be afraid* of them；书 11:6）。

(b) 名词性子句一般用 אֵין 来否定，尽管 לֹא 也可以否定名词句：אֵין לָהּ וָלָד，“她没有孩子”（She *had no* child；创 11:30）；לֹא־טוֹב הֱיוֹת הָאָדָם לְבַדּוֹ，“对这人而言单独一人不好”（It is *not good* for the man to be alone；创 2:18）。

(c) 特别地，附属不定式的否定使用 לְבִלְתִּי：
לְבִלְתִּי סוּר־מִמֶּנּוּ יָמִין וּשְׂמֹאול，“好使你们不会偏向左右”（*So that*

you *might not turn* from it to the right or to the left；书 23:6）；
הִשָּׁמֶר לְךָ פֶּן־תִּשְׁכַּח אֶת־יְהוָה אֱלֹהֶיךָ לְבִלְתִּי שְׁמֹר מִצְוֹתָיו，“你要谨慎，免得因不遵守他的命令而忘记 YHWH 你的神”（Take care that you do not forget YHWH your God, *by not keeping* his commandments；申 8:11）。

5.3.6 简略子句或者简略句（Elliptical Clauses and Sentences）

有时，圣经希伯来文句子中会省略部分内容。仔细关注上下文一般能发现被省略的元素，并很少出现歧义。

(a) 在比较句中实名词通常会被省略，尤其是被用来作比较的部分：מְשַׁוֶּה רַגְלַי כָּאַיָּלוֹת，“他使我的脚像母鹿【的脚】”（He makes my feet *like hinds [feet]*；撒下 22:34 *Qere*）；וַתָּרֶם כִּרְאֵים קַרְנִי，“你高举了我的角像野牛【的角】”（You have exalted my horn like *[that of] the wild ox*；诗 92:11，和合本 92:10）。

(b) 当代词的先行词在上下文中是清晰的，代词通常会被省略，这主要发生在两种情况中：一是**代词作为非限定动词的主语**：בַּהֲפֹךְ אֶת־הֶעָרִים אֲשֶׁר־יָשַׁב בָּהֵן לוֹט，“当【他】倾覆罗得所居住过的诸城”（*When [he] overthrew* the cities in which Lot lived；创 19:29）；עֹמֵד עַל־הַגְּמַלִּים עַל־הָעָיִן，“【他】正站在井旁的骆驼旁边”（*[He] was standing* by the camels at the well；创 24:30）。二是**代词用作动词宾语时**：וַיָּבֵא אֶל־הָאָדָם，“他把【它们】带到这人面前”（He brought *[them]* to the man；创 2:19）。 205

(c) 某些数量衡的表达，例如，跟在数字之后的“天”“月”或“年”等单位会被省略：וְלֹא אָנֹכִי שֹׁקֵל עַל־כַּפַּי אֶלֶף כֶּסֶף，“即使我能得到一千【锭】银子”（Even if I should weigh in my hand [that is, receive] a *thousand [pieces]* of silver；撒下 18:12 *Qere*）；אַךְ בֶּעָשׂוֹר לַחֹדֶשׁ הַשְּׁבִיעִי，“正好在第七个月的第十【天】”（On exactly the *tenth [day]* of the seventh month；利 23:27）。

(d) 省略也经常发生在否定的表达中：אַל בְּנֹתַי，“不，我的女儿们”（*No*, my daughters；得 1:13）；הֲיֵשׁ יְהוָה בְּקִרְבֵּנוּ אִם־אָיִן，“YHWH 在我们中间或不是【在我们中间】？”（Is YHWH in our midst or *not [in our midst]*?；出 17:7）。

附录A 词干表

207

<table>
<tr><td colspan="2"></td><td colspan="3">**横向——类型**</td></tr>
<tr><td colspan="2"></td><td>简单
(Simple)</td><td>状态使役
(Factitive-Causative)</td><td>使役
(Causative)</td></tr>
<tr><td rowspan="3">**纵向——语态**</td><td>主动
(Active)</td><td>קַל
QAL (G)</td><td>פִּעֵל
PIEL (D)</td><td>הִפְעִיל
HIPHIL (H)</td></tr>
<tr><td>被动
(Passive)</td><td>נִפְעַל
NIPHAL (N)</td><td>פֻּעַל
PUAL (Dp)</td><td>הָפְעַל
HOPHAL (Hp)</td></tr>
<tr><td>反身
(Reflexive)</td><td>נִפְעַל
NIPHAL (N)</td><td>הִתְפַּעֵל
HITHPAEL (HtD)</td><td>Φ</td></tr>
</table>

源自：Blau 2010, 216-237; Goshen-Gottstein 1969, 70-91, 尤其是 74-75; Greenberg 1965, 42; Harper 1888, 71; Joüon and Muraoka 2006, 113-114; Lam and Pardee 2016, 12–13; 以及 Waltke and O’Connor 1990, 353-354。

附录 B 词干拓展表

<table>
<tr><td colspan="2" rowspan="4"></td><td colspan="3">诱因轴——次要主语（Undersubject）的语态</td></tr>
<tr><td>无诱因</td><td>导致某种状态</td><td>使某个动作发生</td></tr>
<tr><td>不产生谓语</td><td>产生名词性谓语</td><td>产生动词性谓语</td></tr>
<tr><td>无次要主语</td><td>被动的次要主语
（Passive Undersubject）</td><td>主动的次要主语
（Active Undersubject）</td></tr>
<tr><td rowspan="3">语态轴
——主
要主语
（Primary
Subject）
的语态</td><td>主动</td><td>QAL
状态
（Stative）

动态
（Fientive）
➤不及物
➤及物</td><td>PIEL
状态使役
（Factitive）
1 使 2 成为 X
结果可由
► 形容词性子句来描述

► 结果性质的
（Resultative）
1 使 2 成为被……的
结果可由
分词子句来描述</td><td>HIPHIL
► 双重因素进入状态
1 使 2 成为 X

一重因素反身
1 使自己做 / 成为 X

► 双重因素使役
1 使 2 做 X

► 三重因素使役
1 使 2 向 3 做 X</td></tr>
<tr><td>被动</td><td>（Qal 的被动）
NIPHAL</td><td>（Piel 的被动）
PUAL</td><td>（Hiphil 的被动）
HOPHAL</td></tr>
<tr><td>关身</td><td>NIPHAL
关身
形容词性的
反身—相互</td><td>HITHPAEL
Piel 的反身—相互
后期也表达被动</td><td>HISHTAPHEL
只出现在
הִשְׁתַּחֲוָה</td></tr>
</table>

来源：基于 Waltke and O’Connor 1990 (343-361) 以及 Lawson G. Stone 的帮助。

词汇表

209

离格（Ablative）：表达分离的关系，或者从实体面前远离的动作。4.1.10; 4.1.13; 4.1.14

独立名词（Absolute Noun）：希伯来文中名词的基本形式和字典形式；可以用作主格、受格或者宾格。

伴随（Accompaniment）：表示对名词、动词动作或者处境的补充。4.1.4; 4.1.5; 4.1.16; 4.1.17

宾格（Accusative）：名词宾格，标记动词的直接宾语，即动作承受者。例如："我打**球**"。2.3

主动语态（Active Voice）：动词性子句结构，主语在其中是动作执行者。例如："他割草"。见被动语态（Passive Voice）。3.1.1

附加（Addition）：见伴随。4.1.2; 4.1.16; 4.2.4; 4.2.5

利益归属（Advantage）：此处特指为了他人利益而采取的动作或者情况。4.1.2; 4.1.7; 4.1.10

副词（Adverb）：修饰动词或者形容词，也可以修饰其他副词（项目副词），而且在很多情况下可以修饰整个句子（子句副词）；一般表达动作或者处境发生的方式。4.2

反对（Adversative）：表示反对或者对立。4.1.5; 4.1.16; 4.3.3; 4.3.4; 4.5.2; 5.2.10

施动含义（Agency Nuance）：与 Hiphil 或者 Hophal 使役词干连用，表示次要主语对第三方宾语采取行动；次要主语受到影响而对第三方宾语采取行动。见受动含义。3.1; 3.1.3; 3.1.6

施动者（Agent）：动作执行者。3.1.2; 3.5.4; 4.1.10; 4.1.13

一致性（Agreement）：表示相似性。4.1.9

选择（Alternative）：表示在两个或者更多选项中的选择。4.3.1; 4.3.2; 4.3.3

回指（Anaphoric）：一种句法成分，一般是代词，用来指之前文中提过的某事或者某人。2.6.1

不带冠词的（Anarthous）：见"非限定性的"。

简单过去时态（Aorist）：希腊语动词时态，一般指向过去时间，聚焦于动词的完成而不是其持续。3.2.1

主句（Apodosis）：条件性表述的主句，即"那么"部分。3.5.2; 4.2.1; 4.2.10; 4.3.3; 4.3.4; 5.2.6; 5.3.2

同位语（Apposition）：两个名词并列并且指向同一个要素，具有同样的语法功能，第二个名词（同位语）通常修饰第一个名词（先导词）。2.4

式态（Aspect）：来自德语*Aspekt*；在希伯来文和其他闪语中，动词的动作或者状态根据动作完成与否而与时间发生关系的方式。3.2

坚决（Assertive）：表达信心或者无惧。5.1.2

确定性（Asseverative）：对确定加以强调。4.2.2; 4.2.4; 4.2.5; 4.2.15; 4.3.4; 5.3.3

无连词的（Asyndetic）：一组无预期连词来连接的单词、短语或者子句。5.2.1, a; 5.2.12; 5.2.13, a

定语的（Attributive）：用来描述性质或者属性的结构。2.2; 2.2.5; 2.3.1, c; 2.4.2; 2.5.1; 3.4.3, a; 5.2.13, a

祝福（Benediction）：为了祝福别人而说的祝福话。3.3.1c

圣经希伯来文（Biblical Hebrew）：希伯来文圣经 / 旧约的语言；与刻文希伯来文（侧重于圣经外铭文）和拉比希伯来文（侧重于圣经之后写的希伯来文文本）形成对比。

基数词（Cardinal Numbers）：用于计数的数字，表示目标的数量。2.7.1

格（Case）：句子中名词的用法；见宾格、受格、所有格、主格。2.0

起因的（Causal）：表达动作或者情况的起因。2.2.7; 4.1.2, g; 4.1.5, f; 4.1.8; 4.1.10, d; 4.1.11, b; 4.1.13, d; 4.1.14, c; 4.1.16, d; 4.2.10, b; 4.3.4, a, b; 4.5.2, c1; 5.2.5

起因（Causation）：导致某个动作或想法发生的行为或者过程。2.3.1,e; 3.1; 3.1.3; 3.1.6

使役（Causative）：动词的主语导致他人（次要主语）采取行动。2.3.1, e; 3.1.3; 3.1.4; 3.1.5; 3.1.6; 3.1.7

环境的（Circumstantial）：指动作得以在其中发生的条件或者方式。4.3.3, e; 4.5.2, c2; 5.2.11

子句（Clause）：拥有一个主语并且只有一个谓语的一组单词，是组成主谓结构的基本单元；可以有动词或者无动词，可以是独立的或者从属的。见名词句、动词句、从属子句以及独立子句。5.1

同源宾格（Cognate Accusative）：动词及其宾语都源自同一字根的结构。例如，“我梦了一个梦。”2.3.1, c

鼓励式（Cohortative）：表达第一人称或者自己的强烈愿望或渴望。3.3.3

伴随（Comitative）：见伴随（Accompaniment）。

比较（Comparative）：两个或者更多名词之间在质或量方面的比较关系。2.5.4; 4.1.13, h; 4.2.4, c; 4.2.10, a; 5.2.6

补语宾格（Complement Accusative）：与某些不及物动词连用的宾语，这些不及物动词被修饰后用作及物动词。2.3.1, d

完全的被动（Complete Passive）：一种具体提及动词施动者的被动语态结构。大部分英语被动结构是完全的被动结构，而大部分希伯来文被动结构是不完全的被动语态。完全被动举例：“本书**被作者**写成”。见不完全的被动、被动语态。3.1.2, a

复合句（complex sentence）：一个句子中有两个或者更多子句连接在一起，一个子句从属于另一个子句。5.0
让步（Concessive）：表示某个动作或者情况预期导致或者可以导致另一个动作的发生，但实际上并没有。4.2.5, c; 4.3.2, b; 4.3.4, h; 5.2.12
条件（Conditional）：一个动作或者情况发生与否取决于另一个动作完成与否。真实条件是指有可能被满足的条件，而非真实条件是指不能或者不会被满足的条件。5.2.2
词形变化或构词形式（Conjugation）：动词因应动作的人称、性别、单复数以及式态和类型的不同而具有不同的形式。3.0
连词（Conjunction）：将两个或者更多单词或子句连接在一起的小品词。4.3
结果（Consequential）：表达一个动作 / 情况所产生的可能的或者实际的后果。3.5.1, b; 3.5.2, b; 4.3.5
附属链（Construct chain）：由附属名词及紧跟其后的独立名词所构成的词组，表示两个名词之间的所有格关系。2.2
附属名词（Construct Noun）：希伯来文中名词的一种形式，用来形成所有格关系。2.2
依情况而定的动作（Contingent）：一个动作或者概念取决于另一个动作或概念。3.2.2, d
并列（Coordinate）：表达在地位、等级或者品质上平等的概念。5.1
并列连词（Coordinate Conjunction）：连接语法功能等同的名词或者子句的连词。4.3
并列关系（Coordinate Relationship）：两个或者更多动词之间的连接关系，其中主导动词或者支配动词影响着所连接动词的式态和情况。3.5
并列副词（Coordinating Adverb）：用来表示两个子句之间并列关系的副词。4.2
对应（Correspondence）：表示两个实体之间在身份和品质上完全对等。4.1.9, b
惯例性动作（Customary）：描述过去或者现在有规律重复发生的动作。3.2.2, b
受格（Dative）：动词间接宾语的格式标志，这些间接宾语通常是表言说或者表给予这类动词的接受者。例如，“我扔球**给我的狗**”。4.1.10, e
宣告（Declarative）：表达评估、判断或者评价。3.1.3, d; 3.1.4, d; 3.1.6, c; 4.1.2, c
词类变化（Declensions）：加诸于名词或者形容词的不同形式，使其可以根据性别和数量而具有特定用法和指代作用。
限定性（Definiteness or Determination）：带有定冠词的名词，指向一个具体的或者为人所知的人物、地点或事物。2.6
程度（Degree）：与介词 עַד 连用表达极多的数量或者极端的品质。4.1.15, d
指示词（Demonstrative）：指向或者强调其他实名词的实名词，也被称为“deictic”。例如，“他写了**这本书**”。2.5.1; 2.6.6; 4.2.8, b
出自名词的动词（Denominative）：出自名词的动词形式。要记得在希伯来文中，名词形式是基本形式，而动词形式是从名词形式衍生而来。3.1.3, b; 3.1.4, b; 3.1.5, d; 3.1.6, d; 3.1.7, c
迫切愿望（Desiderative）：表达愿望或者渴望。5.3.3

限定性（Determination）：见限定性（Definiteness）。2.6

直接宾语（Direct Object）：动词动作的承受者。例如，“他踢球”。2.3.1

分离性的（Disjunctive）：在单词或者子句之间建立对比。5.1.2, a2; 5.2.14; 5.3.1, b

分布的（Distributive）：指向一组中的每一个成员。2.7.1, d

双宾格（Double Accusative）：两个宾格或者两个直接宾语与状态使役 / 使役动词连用，一个从主要主语接受动作；另一个从次要主语接受动作。见施动含义、受动含义、次要主语。2.3.1, e1

持续 / 持续的（Duration/Durative）：表示进行中的、持续的动作。3.4.2, b; 3.4.3, b

义务（Duty）：一个人被迫采取的行动。4.1.16, b

简略的（Elliptical）：用于描述部分内容被省略的子句。5.3.6

情感的（Emotive）：以介词 עַל 表示情感。4.1.16, i

解释的（Epexegetical）：提供补充解释或者说明。2.2.6; 3.5.1, d; 4.3.3, d

本质（Essence）：特别是与介词 בְּ 连用，标示子句的谓语。4.1.5, h

评估（Estimative）：对一个实体的价值、价格、重要性或者地位做出判断或评估。4.1.2, b; 4.1.10, k; 4.1.13, e

伦理受格（Ethical Dative）：为了他人而采取的行动，行动目的是为了别人。4.1.10, e.1

谐音的（Euphonic）：不具有语法功能，为了听觉效果而增加的字词或者小品词。3.3.2

证据的（Evidential）：表达所述内容的证据或者动机，焦点不在于说的内容，而在于为什么这样说。4.3.4, b

例外的（Exceptive）：表示从某些情况中被排除或者略去的情况。4.3.2, d; 4.3.4, m; 5.2.7

感叹（Exclamatory/Exclamation）：突然而发的言语，情感的突发表达。4.5; 5.3.1; 5.3.3

鼓励（Exhortation）：旨在鼓励的言语。3.3.3, c

关于存在的（Existential）：表达实体的存在或者临在。4.4; 5.3.4

感受（Experience）：表达心智状态的动词，例如，“爱”“恨”“恐惧”。3.2.1, c

阐释（Explicative）：是通常位于所修饰对象之前的实名词，来解释所修饰对象包含的内容。2.2.12; 2.4.5

状态使役（Factitive）：一种动词形式，表达引发某种状态。3.1.3, a; 3.1.4, a

动态动词（Fientive）：描述动作或者状态之改变的动词。3.1.1, a

目的子句（Final Clauses）：从属子句，表达主句思想背后的目的或者动机。5.2.3

限定动词（Finite）：根据式态、人称、性别和数量而发生字形变化的动词，可以在独立子句中用作谓语。

动作重复（Frequentative）：描述在时间上或者空间上重复的动作。见反复（Iterative）、重复（Pluralic）。3.1.3, c; 3.1.4, c

前置（Fronting）：句子的某些成分从默认位置移到前面，区别于独立主格（中断格）。2.1.4; 5.1.2, b.2

类别（Generic）：指相似或者相同的实体所组成的一类或者一群，而不是指具体的个体

或者类型。2.6.5

所有格（Genitive）：名词之间的一种关系，通常表示属性或者拥有关系，但也用于其他关系；在英语中通常用“的”（of）表示。2.2

族群（Gentilic）：该名词指集体群组——通常是种族或者民族——中的一员。2.6.3

支配动词（Governing Verb）：叙述文中占据并列关系第一位的动词，通常影响在其后与之相连接的动词的式态和用法。3.5

只出现一次的（Hapax Legomenon）：出自希腊语“读一次”的意思，指在文本中只用过一次的措辞、单词或者语言形式。

重言法（Hendiadys）：用两个独立的单词来表达一个概念的表达方式。4.3.3, g

即时性（Immediacy）：与叙事有关，表达动作几乎是即时发生的，强调“现在”。4.5.1, b

即将发生（Imminence）：即将发生（很快发生，与上下文有关）的动作或者情况。3.4.1, f

命令式（Imperative）：向他人表达意愿，向他人表达命令、请求或者愿望。3.3.2

不完全被动（Incomplete Passive）：不提及动作施动者的被动语态结构。例如，“这本书被写成”。见完全被动（Complete Passive）。3.1.2, a

非限定性的（Indefinite）：不带定冠词的名词，通常指一般性的类别而不是具体的个体。2.6

非限定性主语（Indefinite Subject）：动作的非特定执行者，在英语中通常表达为“有人”或“任何人”。5.1.2, a.3

独立子句（Independent Clause）：独自表达完整意义的子句。5.2

不确定的（Indeterminate）：见非限定性的。2.6

陈述性（Indicative）：表述动作或者陈明客观事实的一种动词形式。3.2.2

间接宾语（Indirect Object）：名词，表示动词动作的次级目标。见受格（Dative）。

间接疑问（Indirect Question）：提及或者指出他人的疑问，对所提问题不必细述。例如，“她知道**这只猫藏在哪里**”。5.1.2, b.2; 5.3.1

不定式（Infinitive）：一种动词形式，用作动词性名词，即其形式不受人称、性别或者数量的限制。3.4.1; 3.4.2

词形变化（Inflexion）：单词的字形变化，表示诸如格、性、数、时态、人称、语气和语态的区别。2.0

进入的（Ingressive）：表示进入某种状态。3.1.2; 3.1.6, b

工具的（Instrumental）：以人、地点或者事物为完成动作的方法、施行者或者工具。4.1.5, c

加强（Intensive）：增加力度或者表示强调，尤其对于 Piel 动词而言，表达重复的或者增强的动作。3.1.3, c; 4.2.12; 5.2.9

利益（Interest）：为了他人利益所采取的行动；与介词 עַל 连用，可指明情感所诉诸的对象。见伦理受格（Ethical Dative），利益归属（Advantage）。4.1.16, h

内在宾格（Internal Accusative）：与动词所表达的动作相同的抽象名词。例如，“他

将活出**生命**”。见同源宾格（Cognate Accusative）。2.3.1, c

疑问的（Interrogative）：表达问题，通常由提出问题的疑问小品词引导。4.3.4, n; 5.3.1

不及物动词（Intransitive Verb）：不带直接宾语的动词。

反复（Iterative）：表示动作在一段时间内重复。3.1.3, c; 3.1.5,c; 3.2.2, b

祈愿式（Jussive）：表达命令或者愿望，主要用于第三人称，但是也用于第二人称。3.3.1

并列（Juxtaposition）：两个单词的位置彼此相邻，一个紧挨着另一个。

先行词（leadword）：同位语结构中的第一个名词，通常由第二个被称为同位语的名词来修饰。2.4

被连接起来的动词（Linked verb）：处于并列关系中的动词，受支配动词影响并且接续支配动词。3.5

位置（Locative）：名词或者子句在时间或者空间上所处的位置。4.1.10, b; 4.1.12, a; 4.1.15, a; 4.1.16, a; 4.1.17, c; 4.1.18, b; 4.2.7; 4.2.8, b; 4.2.16, a

逻辑的（Logical）：表示动作或者情况的预期后果或结果。3.3.2; 3.5; 4.2.1, b; 4.2.14, b; 4.5.2, c

发咒（Maledictory）：表达咒诅或者恶意的誓言。5.3.2

方式（Manner）：表示动作的形式、习惯或者过程。2.3.2, c; 3.4.2, c; 4.1.5, i; 4.1.10, j; 4.1.16, e; 4.2.8, a; 4.2.10, a; 4.2.13; 4.2.17

材料（Material）：用来创造或者塑造其他事物的东西。2.2.10; 2.3.2,f; 2.4.3; 4.1.5,c; 4.1.13,c

方式（Means）：指执行动作所使用或凭借的实体。2.2.9

量度（Measure）：表示实体的数量。2.2.11; 2.4.4; 2.7.1,a

相对法（Merism）：用两个对立的名词来表达两极之间的全部。例如，“日夜”表达全部时间而不仅仅是“夜间”时段和“日间”时段。4.2.7，脚注 36

关身语态（Middle Voice）：一种动词结构，其中主语等同于宾语，但并不像反身那样强调主语作用于自身。3.1.2,b

情态动词（Modal）：一种动词形式，表达强烈愿望或者渴望。3.3

语气（Mood）：表达动作是否真实的动词变化形式，动作可能是真实的，如陈述性动词；也可能是不真实的，如意愿性动词或者情态动词。

语素（Morpheme）：具有意义的最小语言单位，通常指单个单词或者小品词，是由一组音素组成。

词法（Morphology）：对词类构成的研究。

命名（Naming）：用定冠词使一个普通名词成为专有名词。2.6.3

叙事（Narrative）：以故事形式呈现事件或者主题。

名词性子句（Nominal Clause）：谓语部分不包含限定动词，而是由两个实名词组成的子句。5.1.1

主格（Nominative）：一种名词格式，通常表明了动词主语。2.1

规范（Normative）：表示根据一个标准对实体进行分类，通常表示根据较小的组对较大的组进行分类。4.1.10,i

西北闪语（Northwest Semitic）：希伯来文所属的语系，包括亚兰语（Aramaic）、乌加列语（Ugaritic）和腓尼基语（Phoenician）。

誓言（Oath）：对自己所说话语的真实性作出郑重承诺，承诺会采取或不采取某个行动。4.3.2,f; 5.3.2

宾语（Object）：见直接宾语（Direct Object）、间接宾语（Indirect Object）。

义务（Obligation）：根据社会、文化或历史传统而应该采取或不应该采取的行动。3.2.2, d3; 3.4.1, e

表愿望的（Optative）：表达强烈的愿望或渴望。5.3.3

序数词（Ordinal Numbers）：表示项目在序列中所处顺序的数字。2.7.2

谐音游戏（Paronomasia）：与文字游戏有关的一种修辞方式，通常使用发音相似的单词；在关系子句中，谐音游戏经常用来表达不确定性。5.2.13,c

分词（Participle）：既有动词特性也有形容词特性的一类词。3.4.3

小品词（Particle）：具有连接或者限定作用的语言单位——冠词、介词、连词、副词或者感叹词。

部分（Partitive）：更大群组中的一份或者一部分。4.1.13,f

被动语态（Passive Voice）：一种语法结构，其中动词主语接受动词动作。例如，“这栋建筑是**被**承包方**建造**的”。3.1.2, a

受动含义（Patiency Nuance）：与状态使役动词连用，表示在动词动作中次级主语没有施加影响；次级主语只是受到影响而没有采取其他行动。见施动含义（Agency Nuance）。3.1.3

感知的（Perceptual）：表明感知的对象，确定被感知的事物。4.1.2,d; 4.1.12,c; 4.3.4,j; 4.5.2,b

表述性动作（Performative）：描述借语言或者说话完成的动作。例如，“你的名字将不再是亚伯兰，而是亚伯拉罕”。3.2.1,f

允许（Permissive）：描述主语允许而宾语接受的动作。3.1.6,e

人称补语（Personal Complement）：表明动词的间接宾语。4.1.17,b

视角（Perspective）：叙事中说话人的具体看法或观点。

音素（Phoneme）：语言中的一个字母单位，其作用是在该语言中产生一个独特的发音。

音韵学（Phonology）：对语言发音的研究。

词组（Phrases）：在句法上可以用作一个单词的一组单词。5.0

冗余的（Pleonasm / Pleonastic）：采用非必要、多余语汇的修辞方式。5.1.1,a

重复（Pluralic）：描述在空间上加强的动作。3.1.3,c

拥有（Possession）：表达某人、某地方或者某事物属于另外一个人。4.1.4,b; 4.1.10,f; 4.4.1,b; 4.4.2,b

后置（Postpositive）：部分字词的位置在某特定位置之后；例如，后置的不定式出现在其修饰的限定动词之后。出现在限定动词之前的独立不定式可以称为前置（Prepositive）不定式。3.4.2,b

谓语（Predicate）：对句子的主语做出说明的实名词或者动词。2.1.2; 2.5.2; 3.4.3,b; 4.4.2,c; 5.0

谓语形容词（Predicate Adjective）：对所修饰的实名词做出说明的形容词。2.5.2; 5.1.1, b

介词（Prepositions）：在名词或者子句之间表达各种空间、时间、逻辑或者比较关系的一类词。4.1

过去式（Preterite）：一种动词形式，特指在过去发生的陈述性动作。3.2.2

缺乏（Privative）：表示缺少或者去除。4.1.13,g

禁止（Prohibition）：限制行动的命令，旨在限制或者停止某行为。3.3.1,d; 4.2.3; 4.2.11

应许（Promise）：以命令式对命令接收方在未来采取某行动做出保证。3.3.2,c

条件句的从句（Protasis）：条件性陈述句的引入子句，即“如果”子句。5.2.2; 5.2.6; 5.3.2

目的（Purpose）：表达行动背后的原因或者理由。2.2.8; 3.4.1,c; 3.5.3,b; 4.1.10,d; 4.1.11,a

类似主动（Quasiactive）：常用于被动动词，也用于其宾语同时是其主语的状况。见关身语态。3.1.2,b

类似受格（Quasidatival）：表明动词间接宾语的结构。4.1.10,e

级别（Rank）：与 עַל 连用，表示一个人的位置或者责任。4.1.16,c

相互（Reciprocal）：两方或多方相互影响的动作。3.1.2,c; 3.1.5,b

直接引语（Recitative）：与介词 כִּי 连用，引导直接引语的内容；用来表明直接引语。4.3.4,l

指称用法（Referential）：与定冠词连用，指叙事中前文提及的人物、地点或事物。2.6.1

反身（Reflexive）：指向自身的动作，因此动词的主语和宾语是同一个。3.1.2,c; 3.1.5,a; 4.1.10, m

关系子句（Relative Clause）：依赖并修饰主句的子句。5.2.13

决心做某事（Resolve）：表达自己下决心。3.3.3,a

限制的（Restrictive）：表达动作或者观念的界限、例外或者限制。4.1.17,d; 4.2.2,a; 4.2.15,a; 5.2.8

结果（Result）：动作的结束 / 结果。3.4.1,d; 4.3.4,d; 4.5.2,c.5

结果子句（Result Clauses）：表达主句之最终结果的从属子句。5.2.3,b

结果性质的（Resultative）：以 Piel 词干表示引发动词字根所指明之动作的结果。3.1.3

修辞（Rhetorical）：尤其与 כִּי 连用，表达两个子句之间的比较关系，通常第二个子句表示出更大的说服力。4.2.4,c

反问（Rhetorical Question）：不期待回答的提问。4.2.4,c; 5.3.1

次要主语（Secondary Subject）：也被称为“次级主语”（under subject），与使役

动词或者状态使役动词一起来确定实名词：该实名词的动作、状态或者状态的变化是由动词的主要主语导致的。3.1

句子（Sentence）：由一个或者更多子句组成的语法单元。见“简单句”（Simple Sentence）和“复合句”（Complex Sentence）。5.0; 5.3

简单句（Simple Sentence）：只由一个子句组成的句子。见“复合句”（Complex Sentence）。5.0; 5.3

同时发生的（Simultaneous）：与其他动作同时发生的动作，或与其他状态同时存在的状态。3.4.1,b1; 3.4.1,b2; 3.4.2,b; 3.5.4,b; 5.2.4

专指用法（Solitary）：给指向某实体的普通名词冠以定冠词，因此该词变成专有名词。2.6.4

来源（Source）：起点或者动作的发起者。4.1.13,a

空间的(Spatial)：表达一个名词如何与空间相关。4.1.1,a; 4.1.2,f; 4.1.3; 4.1.4,d; 4.1.5,a; 4.1.6; 4.1.7,a; 4.1.10,a; 4.1.14,b; 4.1.16,a

子类（Species）：按照类型、组别或者品质将某事物从其他事物中分类出来。2.4.1

详细说明（Specification）：对动词性动作或者情况做出说明或者解释，是对事物做出具体说明的一种表述。2.2.6; 2.3.2,e; 3.4.1,g; 3.5.1,d; 4.1.2,g; 4.1.5,e; 4.1.10,h

状态动词（Stative Verbs）：表达状态而不是表达动作或者状态变化的动词，通常在英语中这一用法是借着谓语形容词来实现的。2.1.1; 3.1.1,b

词干或衍生词干（Stem or Derived Stem）：用于希伯来文动词字根的元音模式，以具体说明动作类型。3.1

主语（Subject）：动词动作的执行者。2.1.1

虚拟式（Subjunctive）：一种动词形式，表达非现实的动作或者情况，例如，愿望、期望、可能的动作以及条件性的动作。3.2.2

从属子句（Subordinate Clause）：与独立子句相关而且修饰其含义的子句。5.2

从属连词（Subordinate Conjunction）：将从属子句连接于主句即独立子句的连词。4.3

实名词（Substantive）：用作名词的一个单词或者一组单词。2.5.3; 3.1.3,b; 5.3.1,d

替代（Substitution）：用一个实名词代替另一个实名词。4.1.18,d

连续（Succession）：在并列关系中，被支配动词和被连接动词（Linked verb）之间形成的主要关系，表示在时间或者逻辑上，一个动作或者状况跟在另一个动作或者状况之后。3.5

最高级（Superlative）：形容词的最高级别。例如，“最高的”。2.2.13; 2.5.4,b; 4.1.10,k

句法（Syntax）：将语言中具有语法作用的部分组织成有意义的单位（例如，词组或子句）的方式。

目的结果（Telic）：表达目标或者向着目标的运动。作为子句通常表达动作的结果或者动作背后的动机。5.2.3

时间的（Temporal）：表达实名词与时间的关系；在子句中表达从属子句如何与主句的

时间相关。3.4.1,b; 3.5.1,a; 3.5.2,a; 4.1.1,b; 4.1.5,b; 4.1.6; 4.1.9,c; 4.1.10,c; 4.1.12,b; 4.1.13,b; 4.1.15,b; 4.2.1,a; 4.2.7; 4.2.14,a; 4.3.4,e; 4.5.2,c4; 5.2.4

时态（Tenses）：动词以不同的形式来表达动作发生的时间或者持续性。注意在圣经希伯来文中，动词并没有严格的时态标记，与时间的关系以式态（Aspect）来表示。

终止的（Terminative）：表示运动，特别强调运动达到目标。4.1.2,a; 4.1.5,a; 4.1.10,a; 4.1.16,a; 4.2.16,b

及物动词（Transitive）：带有明确的直接宾语的动态动词。3.1.1,a

动词性子句（Verbal Clause）：谓语由限定动词构成的子句。5.1.2

动词的补充成分（Verbal Complement）：用来补充完成动词含义的不定式。例如，“我知道如何**弹**钢琴”（I know how **to play** the piano）。3.4.1, a.3

呼格（Vocative）：表示直接呼吁的语法格式。2.1.3; 2.6.2

语态（Voice）：动词的变化形式，表示动词主语与动作之间的关系。在英语中，通常借由词序来表达语态，但是在圣经希伯来文中，语态是借着衍生词干来表达。见主动语态、被动语态。3.0

意愿动词（Volitional）：一种动词形式，表达一个人已经承诺或者将要承诺的选择或者决定。3.5.2,c

精选书目 221

Aejmelaeus, Anneli. 1986. "Function and Interpretation of כי in Biblical Hebrew." *Journal of Biblical Literature* 105: 193–209.

Aḥituv, Shmuel, W. Randall Garr, and Steven E. Fassberg. 2016. "Epigraphic Hebrew." Pages 55–68 in *A Handbook of Biblical Hebrew, Volume 1: Periods, Corpora, and Reading Traditions*. Edited by W. Randall Garr and Steven E. Fassberg. Winona Lake, IN: Eisenbrauns.

Andersen, Francis I. 1970. *The Hebrew Verbless Clause in the Pentateuch*. Journal of Biblical Literature Monograph Series 14. Nashville: Published for the Society of Biblical Literature by Abingdon Press.

Andersen, Francis I. 1974. *The Sentence in Biblical Hebrew*. Janua Linguarum, Series Practica 231. The Hague: Mouton.

Andersen, Francis I., and A. Dean Forbes. 1983. " 'Prose Particle' Counts of the Hebrew Bible." Pages 165–83 in *The Word of the Lord Shall Go Forth*. Edited by Carol L. Meyers and M. O'Connor. Winona Lake, IN: Eisenbrauns.

Andrason, Alexander. 2013a. "Future Values of the Qatal and Their Conceptual and Diachronic Logic: How to Chain Future Senses of the Qatal to the Core of Its Semantic Network." *Hebrew Studies* 54: 7–38.

Andrason, Alexander. 2013b. "QOTEL and Its Dynamics (Part One)." *Folia Orientalia* 50: 83–113.

Andrason, Alexander. 2014. "QOTEL and Its Dynamics (Part Two)." *Folia Orientalia* 51: 139–53.

Arad, Maya. 2005. *Roots and Patterns: Hebrew Morpho-Syntax*. Studies in Natural Language and Linguistic Theory 63. Dordrecht, The Netherlands: Springer.

Baden, Joel S. 2008. "The *Wəyiqtol* and the Volitive Sequence." *Vetus Testamentum* 58: 147–58.

Barr, James. 1989. " 'Determination' and the Definite Article in Biblical Hebrew." *Journal of Semitic Studies* 34: 307–35.

Bartelt, Andrew H., and Andrew E. Steinmann. 2004. *Fundamental Biblical Hebrew/Fundamental Biblical Aramaic*. Saint Louis, MO: Concordia Academic Press.

Barton, John. 2012. "Traces of Ergativity in Biblical Hebrew." Pages 33–44 in *Let Us Go Up to Zion: Essays in Honour of H. G. M. Williamson on the Occasion of His Sixty-Fifth Birthday*. Edited by Iain Provan and Mark J. Boda. Vetus Testamentum Supplements 153. Leiden, The Netherlands: Brill.

Bauer, Hans, and Pontus Leander. 1991. *Historische Grammatik der hebräischen Sprache des Alten Testamentes*. Halle, Germany: Niemeyer, 1918–1922. Repr., Hildesheim, Germany: Olms.

Bekins, Peter. 2013. "Non-Prototypical Uses of the Definite Article in Biblical Hebrew." *Journal of Semitic Studies* 58: 225–40.

Bekins, Peter. 2014. *Transitivity and Object Marking in Biblical Hebrew: An Investigation of the Object Preposition 'et*. Harvard Semitic Studies 64. Winona Lake, IN: Eisenbrauns.

Ben Zvi, Ehud, Maxine Hancock, and Richard Beinert. 1993. *Readings in Biblical Hebrew: An Intermediate Textbook*. New Haven, CT: Yale University Press.

Benton, Richard. 2012. "Verbal and Contextual Information: The Problem of Overlapping Meanings in the Niphal and Hitpael." *Zeitschrift für die alttestamentliche Wissenschaft* 124: 385–99.

Ber, Viktor. 2008. *The Hebrew Verb HYH as a Macrosyntactic Signal: The Case of wayhy and the Infinitive with Prepositions Bet and Kaf in Narrative Texts*. Studies in Biblical Hebrew. Frankfurt am Main, Germany: Peter Lang.

Bergen, Robert D., ed. 1994. *Biblical Hebrew and Discourse Linguistics*. Winona Lake, IN: Eisenbrauns for the Summer Institute of Linguistics.

Bergsträsser, Gotthelf. 1962. *Hebräische Grammatik mit Benutzung der von E. Kautzsch bearbeiteten 28. Auflage von Wilhelm Gesenius' hebräischer Grammatik*. 2 vols. Leipzig, Germany: Hinrichs, 1918/1929. Repr., Hildesheim, Germany: Olms.

Bergsträsser, Gotthelf. 1983. *Introduction to the Semitic Languages*. Translated and supplemented by Peter T. Daniels. Winona Lake, IN: Eisenbrauns.

Berlin, Adele. 1983. *Poetics and Interpretation of Biblical Narrative*. Sheffield, UK: Almond Press.

Beyer, Klaus. 1969. *Althebräische Grammatik: Laut- und Formenlehre*. Göttingen, Germany: Vandenhoeck und Ruprecht.

Blau, Joshua. 1971. "Studies in Hebrew Verb Formation." *Hebrew Union*

College Annual 42: 133–58.

Blau, Joshua. 1976. *A Grammar of Biblical Hebrew*. Ponta Linguarum Orientalium NS XII. Wiesbaden, Germany: Otto Harrassowitz.

Blau, Joshua. 2010. *Phonology and Morphology of Biblical Hebrew: An Introduction*. Linguistic Studies in Ancient West Semitic 2. Winona Lake, IN: Eisenbrauns.

Bodine, Walter R., ed. 1995. *Discourse Analysis of Biblical Literature: What It Is and What It Offers*. Semeia Studies. Atlanta: Scholars Press.

Boyd, Steven W. 1994. "A Synchronic Analysis of the Medio-Passive- Reflexive in Biblical Hebrew." PhD dissertation. Cincinnati: Hebrew Union College.

Brin, Gershon. 1992. "The Superlative in the Hebrew Bible: Additional Cases." *Vetus Testamentum* 42: 115–18.

Brockelmann, Carl. 1956. *Hebräische Syntax*. Neukirchen, Austria: Neukirchener Verlag.

Callaham, Scott N. 2010. *Modality and The Biblical Hebrew Infinitive Absolute*. Abhandlungen für die Kunde des Morgenlandes 71. Wiesbaden, Germany: Harrassowitz.

Callaham, Scott N. 2012. "Passive Paradox: Demoted Agent Promotion in Biblical Hebrew." *Zeitschrift für die alttestamentliche Wissenschaft* 124: 89–97.

Chisholm, Robert B., Jr. 1998. *From Exegesis to Exposition: A Practical Guide to Using Biblical Hebrew*. Grand Rapids, MI: Baker.

Claassen, W. T. 1983. "Speaker-Oriented Functions of KI in Biblical Hebrew." *Journal of Northwest Semitic Languages* 11: 29–46.

Cohen, Ohad. 2013. *The Verbal Tense System in Late Biblical Hebrew Prose*. Harvard Semitic Studies 63. Winona Lake, IN: Eisenbrauns.

Comrie, Bernard. 1976. *Aspect: An Introduction to the Study of Verbal Aspect and Related Problems*. Cambridge Textbooks in Linguistics. Cambridge: Cambridge University Press.

Cook, John A. 2008a. "The Hebrew Participle and Stative in Typological Perspective." *Journal of Northwest Semitic Languages* 34: 1–19.

Cook, John A. 2008b. "The Vav-Prefixed Verb Forms in Elementary Hebrew Grammar." *Journal of Hebrew Scriptures* 8: 1–16.

Cook, John A. 2012. *Time and the Biblical Hebrew Verb: The Expression of Tense, Aspect, and Modality in Biblical Hebrew*. Edited by Cynthia Miller-Naudé and Jacobus Naudé. Linguistic Studies in Ancient West Semitic 7. Winona Lake, IN: Eisenbrauns.

Cook, John A. 2014. "Current Issues in the Study of the Biblical Hebrew Verbal System." *Kleine Untersuchungen zur Sprache des Alten Testaments und seiner Umwelt* 17: 79–108.

Cook, John A., and Robert D. Holmstedt. 2013. *Beginning Biblical Hebrew: A Grammar and Illustrated Reader*. Grand Rapids, MI: Baker Academic.

Crawford, Timothy G. 1992. *Blessing and Curse in Syro-Palestinian Inscriptions of the Iron Age*. New York: Peter Lang.

Dallaire, Hélène. 2014. *The Syntax of Volitives in Biblical Hebrew and Amarna Canaanite Prose.* Linguistic Studies in Ancient West Semitic 9. Winona Lake, IN: Eisenbrauns.

Davies, Graham I. 1979. "A Note on the Etymology of HIŠTAḤ^AWĀH." *Vetus Testamentum* 29: 493–95.

Dobson, John H. 2005. *Learn Biblical Hebrew*. 2nd ed. Grand Rapids, MI: Baker Academic.

Ellis, Robert Ray. 2006. *Learning to Read Biblical Hebrew: An Introductory Grammar.* Waco, TX: Baylor University Press.

Emerton, J. A. 1977. "The Etymology of HIŠTAḤ^AWĀH." Pages 41–55 in *Instruction and Interpretation: Studies in Hebrew Language, Palestinian Archaeology and Biblical Exegesis: Papers Read at the Joint British-Dutch Old Testament Conference IIeld at Louvain, 1976*. Edited by II. A. Brongers. OtSt 20. Leiden, The Netherlands: E. J. Brill.

Emerton. J. A. 1994. "New Evidence for Use of Waw Consecutive in Aramaic." *Vetus Testamentum* 44: 255–58.

Emerton, J. A. 2000a. "Two Issues in the Interpretation of the Tel Dan Inscription." *Vetus Testamentum* 50:29–37.

Emerton, J. A. 2000b. "The Hebrew Language." Pages 171–199 in *Text in Context: Essays by Members of the Society for Old Testament Studies*. Edited by A. D. H. Mayes. New York: Oxford University Press.

Endo, Yoshinobu. 1996. *The Verbal System of Classical Hebrew in the Joseph Story: An Approach from Discourse Analysis*. Studia Semitica Neerlandica 32. Assen, The Netherlands: van Gorcum.

Eskhult, Mats. 1990. *Studies in Verbal Aspect and Narrative Technique in Biblical Hebrew Prose.* Acta Universitatis Upsaliensis – Studia Semítica Upsaliensia 12. Stockholm: Almqvist and Wiksell.

Fassberg, Steven E. 1999. "The Lengthened Imperative 'קְטְ'לָה' in Biblical Hebrew." *Hebrew Studies* 40: 7–13.

Fassberg, Steven E. 2001. "The Movement from *Qal* to *Pi"el* in Hebrew and the Disappearance of the *Qal* Internal Passive." *Hebrew Studies* 42: 243–55.

Fox, Joshua. 2003. *Semitic Noun Patterns*. Harvard Semitic Studies 52. Winona Lake, IN: Eisenbrauns, 2003.

Fuller, Russell T., and Kyoungwon Choi. 2006. *Invitation to Biblical Hebrew: A Beginning Grammar*. Grand Rapids, MI: Kregel.

Futato, Mark D. 2003. *Beginning Biblical Hebrew*. Winona Lake, IN: Eisenbrauns.

Garr, W. Randall. 1985. *Dialect Geography of Syria-Palestine, 1000–586 b.c.e.* Philadelphia: University of Pennsylvania.

Garr, W. Randall. 1991. "Affectedness, Aspect, and Biblical *'et*." *Zeitschrift für Althebräistik* 4: 119–34.

Garr, W. Randall, and Steven E. Fassberg, eds. 2016. *A Handbook of Biblical Hebrew.* 2 vols. Winona Lake, IN: Eisenbrauns.

Garrett, Duane A., and Jason S. DeRouchie. 2009. *A Modern Grammar for Biblical Hebrew*. Nashville: B and H Academic.

Gianto, Agustinus. 2016. "Archaic Biblical Hebrew." Pages 19–29 in *A Handbook of Biblical Hebrew, Volume 1: Periods, Corpora, and Reading Traditions.* Edited by W. Randall Garr and Steven E. Fassberg. Winona Lake, IN: Eisenbrauns.

Goetze, Albrecht. 1942. "The So-called Intensive of the Semitic Languages." *Journal of the American Oriental Society* 62: 1–8.

Gogel, Sandra Landis. 1998. *A Grammar of Epigraphic Hebrew*. Society of Biblical Literature Resources for Biblical Study 23. Atlanta: Scholars.

Goshen-Gottstein, M. H. 1969. "The System of Verbal Stems in the Classical Semitic Languages." Pages 70–91 in *Proceedings of the International Conference on Semitic Studies Held in Jerusalem, 19–23 July 1965.* Jerusalem: Israel Academy of Sciences and Humanities.

Granerød, Gard. 2009. "Omnipresent in Narratives, Disputed among Grammarians: Some Contributions to the Understanding of *wayyiqtol* and Their Underlying Paradigms." *Zeitschrift für die alttes- tamentliche Wissenschaft* 121: 418–34.

Greenberg, Moshe. 1965. *Introduction to Hebrew*. Englewood Cliffs, NJ: Prentice-Hall.

Gross, Walter. 1987. *Die Pendenskonstruktion im Biblischen Hebräisch*. Arbeiten zu Text und Sprache im Alten Testament 27. St. Ottilien, Germany: EOS Verlag.

Gross, Walter. 1996. *Die Satzteilfolge im Verbalsatz alttestamentlicher Prosa: Untersucht an den Büchern Dtn, Ri und 2Kön*. Forschungen zum Alten Testament 17. Tübingen, Germany: J. C. B. Mohr.

Hackett, Jo Ann. 2010. *A Basic Introduction to Biblical Hebrew*. Peabody, MA: Hendrickson.

Harper, William R. 1888. *Elements of Hebrew by an Inductive Method.* 8th ed. New York: Charles Scribner's Sons.

Harris, Zellig S. 1939. *Development of the Canaanite Dialects*. American Oriental Series 16. New Haven, CT: American Oriental Society.

Heller, Roy L. 2004. *Narrative Structure and Discourse Constellations: An Analysis of Clause Function in Biblical Hebrew Prose*. Harvard Semitic Studies 55. Winona Lake, IN: Eisenbrauns.

Hetzron, Robert. 1969. "The Evidence for Perfect *Y'AQTUL and Jussive *YAQT'UL in Proto-Semitic." *Journal of Semitic Studies* 14: 1–21.

Hoftijzer, J. 1981. *A Search for Method: A Study in the Syntactic Use of the H-Locale in Classical Hebrew*. Studies in Semitic Languages and Linguistics 12. Leiden, The Netherlands: Brill.

Holmstedt, Robert D. 2009. "Word Order and Information Structure in Ruth and Jonah: A Generative Typological Analysis." *Journal of Semitic Studies* 54: 111–39.

Holmstedt, Robert D. 2014. "Critical at the Margins: Edge Constituents in Biblical Hebrew." *Kleine Untersuchungen zur Sprache des Alten Testaments und seiner Umwelt* 17: 109–56.

Holmstedt, Robert D. 2016. *The Relative Clause in Biblical Hebrew*. Linguistic Studies in Ancient West Semitic 10. Winona Lake, IN: Eisenbrauns.

Holmstedt, Robert D., and Andrew R. Jones. 2014. "The Pronoun in Tripartite Verbless Clauses in Biblical Hebrew: Resumption for Left-Dislocation or Pronominal Copula?" *Journal of Semitic Studies* 59: 53–89.

Hornkohl, Aaron D. 2016. "Transitional Biblical Hebrew." Pages 31–42 in *A Handbook of Biblical Hebrew, Volume 1: Periods, Corpora, and Reading Traditions*. Edited by W. Randall Garr and Steven E. Fassberg. Winona Lake, IN: Eisenbrauns.

Horsnell, Malcolm J. A. 1999. *A Review and Reference Grammar for Biblical Hebrew*. Hamilton, ON: McMaster University.

Hostetter, Edwin C. 2000. *An Elementary Grammar of Biblical Hebrew*. Biblical Languages: Hebrew 1. Sheffield, UK: Sheffield Academic Press.

Huehnergard, John. 1987. " 'Stative,' Predicative Form, Pseudo-Verb." *Journal of Near Eastern Studies* 46: 215–32.

Huehnergard, John. 1988. "The Early Hebrew Prefix-Conjugations." *Hebrew*

Studies 29: 19–23.

Huehnergard, John. 2000. *A Grammar of Akkadian*. Third printing, with corrections. Harvard Semitic Studies 45. Winona Lake, IN: Eisenbrauns.

Jenni, Ernst. 1968. *Das hebräische Pi'el: Syntaktisch-semasiologische Untersuchung einer Verbalform im Alten Testament*. Zurich, Switzerland: EVZ-Verlag.

Jenni, Ernst. 1981. *Lehrbuch der hebräischen Sprache des Alten Testaments*. Basel, Switzerland: Helbing und Lichtenhahn.

Jenni, Ernst. 1992. *Die hebräischen Präpositionen, I: Die Präposition Beth*. Stuttgart, Germany: Kohlhammer.

Johnson, Bo. 1979. *Hebräisches Perfeckt und Imperfekt mit vorangehendem w^e*. Lund, Sweden: Gleerup.

Joosten, Jan. 1989. "The Function of the So-called Dativus Ethicus in Classical Syriac." *Orientalia* 58: 473–92.

Joosten, Jan. 1992. "Biblical Hebrew *weqatal* and Syriac *hwa qatel* Expressing Repetition in the Past." *Zeitschrift für Althebräistik* 5: 1–14.

Joosten, Jan. 1998. "The Functions of the Semitic D Stem: Biblical Hebrew Materials for a Comparative-Historical Approach." *Orientalia* 67: 202–30.

Joosten, Jan. 2006. "The Disappearance of Iterative WEQATAL in the Biblical Hebrew Verbal System." Pages 135–47 in *Biblical Hebrew in Its Northwest Semitic Setting: Typological and Historical Perspectives*. Edited by Steven Ellis Fassberg and Avi Hurvitz 1. Winona Lake, IN, and Jerusalem: Eisenbrauns. Hebrew University Magnes Press.

Joosten, Jan. 2012. *The Verbal System of Biblical Hebrew: A New Synthesis Elaborated on the Basis of Classical Prose*. Jerusalem Biblical Studies 10. Jerusalem: Simor Publishing.

Joüon, Paul, and Takamitsu Muraoka. 2006. *A Grammar of Biblical Hebrew*. Subsidia biblica 27. 2nd ed. Rome: Editrice Pontificio Istituto Biblico.

Kaufman, Stephen A. 1991. "An Emphatic Plea for Please." *Maarav* 7: 195–98.

Kaufman, Stephen A. 1994. "Review of *The Function of the Niph'al in Biblical Hebrew in Relationship to Other Passive-Reflexive Verbal Stems and to the Pu'al and Hoph'al in Particular*, by P. A. Siebesma." *Catholic Biblical Quarterly* 56: 571–73.

Kaufman, Stephen A. 1996. "Semitics: Directions and Re-Directions." Pages 273–82 in *The Study of the Ancient Near East in the Twenty-First Century: The William Foxwell Albright Centennial Conference*. Edited by Jerrold S. Cooper and Glenn M. Schwartz. Winona Lake, IN: Eisenbrauns.

Kaufman, Stephen A. 2002. "Recent Contributions of Aramaic Studies to Biblical Hebrew Philology and the Exegesis of the Hebrew Bible." Pages 43–54 in *Congress Volume: Basel, 2001*. Edited by André Lemaire. Vetus Testamentum Supplements 92. Leiden, The Netherlands: Brill.

Kautzsch, Emil, ed. 1910. *Gesenius' Hebrew Grammar*. Translated and revised by A. E. Cowley. 2nd English ed. Oxford: Clarendon.

Kelley, Page H. 1992. *Biblical Hebrew: An Introductory Grammar*. Grand Rapids, MI: Eerdmans.

Kelley, Page H., Terry L. Burden, and Timothy G. Crawford. 1994. *A Handbook to Biblical Hebrew: An Introductory Grammar*. Grand Rapids, MI: Eerdmans.

Kelley, Page H., Daniel S. Mynatt, and Timothy G. Crawford. 1998. *The Masorah of Biblia Hebraica Stuttgartensia: Introduction and Annotated Glossary*. Grand Rapids, MI: Eerdmans.

Khan, Geoffrey. 1988. *Studies in Semitic Syntax.* London Oriental Series 38. Oxford: Oxford University Press.

Kittel, Bonnie Pedrotte, Vicki Hoffer, and Rebecca Abts Wright. 1989. *Biblical Hebrew: A Text and Workbook*. New Haven, CT, and London: Yale University Press.

Korchin, Paul D. 2008. *Markedness in Canaanite and Hebrew Verbs*. Harvard Semitic Studies 58. Winona Lake, IN: Eisenbrauns.

Korchin, Paul D. 2015. "Suspense and Authority amid Biblical Hebrew Front Dislocation." *Journal of Hebrew Scriptures* 15: 1–46.

Kouwenberg, N. J. C. 1997. *Gemination in the Akkadian Verb*. Studia Semitica Neerlandia. Assen, The Netherlands: Van Gorcum.

Krašovec, Jože. 1977. *Der Merismus im Biblisch-Hebräischen und Nordwestsemitischen*. Biblica et orientalia 33. Rome: Editrice Pontificio Istituto Biblico.

Krašovec, Jože. 1983. "Merism – Polar Expression in Biblical Hebrew." *Biblica* 64: 231–39.

Kroeze, Jan H. 2001. "Alternatives for the Nominative in Biblical Hebrew." *Journal of Semitic Studies* 46: 33–50.

Kutscher, Eduard Yechezkel. 1982. *A History of the Hebrew Language*. Edited by Raphael Kutscher. Jerusalem: Magnes Press, Hebrew University.

Lam, Joseph, and Dennis Pardee. 2016. "Standard/Classical Biblical Hebrew." Pages 1–18 in *A Handbook of Biblical Hebrew, Volume 1: Periods, Corpora, and Reading Traditions*. Edited by W. Randall Garr and Steven E. Fassberg. Winona Lake, IN: Eisenbrauns.

Lambdin, Thomas O. 1969. "Review of Ernst Jenni, *Das hebräische Pi'el: Syntaktisch-semasiologische Untersuchung einer Verbalform im Alten Testament*." *Catholic Biblical Quarterly* 42: 388–89.

Lambdin, Thomas O. 1971a. *Introduction to Biblical Hebrew*. New York: Charles Scribner's.

Lambdin, Thomas O. 1971b. "The Junctural Origin of the West Semitic Definite Article." Pages 315–33 in *Near Eastern Studies in Honor of William Foxwell Albright*. Edited by Hans Goedicke. Baltimore: The Johns Hopkins Press.

Landes, George M. 2001. *Building Your Biblical Hebrew Vocabulary: Learning Words by Frequency*. Atlanta: Scholars Press.

Levinson, Bernard M. 2008. "The 'Effected Object' in Contractual Legal Language: The Semantics of 'If You Purchase a Hebrew Slave' (Exodus 21:12)." Pages 93–111 in *"The Right Chorale": Studies in Biblical Law and Interpretation*. Forschungen zum Alten Testament 54. Tübingen, Germany: Mohr Siebeck; originally published in *Vetus Testamentum* 56 (2006): 485–504.

Levinson, Bernard M., and Molly M. Zahn. 2013. "Revelation Regained: The Hermeneutics of כי and אם in the Temple Scroll." Pages 1–43 in *A More Perfect Torah: At the Intersection of Philology and Hermeneutics in Deuteronomy and the Temple Scroll.* Critical Studies in the Hebrew Bible 1. Winona Lake, IN: Eisenbrauns; revised and republished from *Dead Sea Discoveries* 9 (2002): 295–346.

Long, Gary A. 2013. *Grammatical Concepts 101 for Biblical Hebrew*. 2nd ed. Grand Rapids, MI: Baker Academic.

Longacre, Robert E. 2003. *Joseph, a Story of Divine Providence: A Text Theoretical and Textlinguistic Analysis of Genesis 37 and 39–48*. 2nd ed. Winona Lake, IN: Eisenbrauns.

Lowery, Kirk E. 1995. "The Theoretical Foundations of Hebrew Discourse Grammar." Pages 103–30 in *Discourse Analysis of Biblical Literature: What It Is and What It Offers*. Edited by Walter R. Bodine. Semeia Studies. Atlanta: Scholars Press.

Macintosh, A. A., and C. L. Engle. 2014. *The T&T Clark Hebrew Primer*. London: Bloomsbury.

Martin, James D. 1993. *Davidson's Introductory Hebrew Grammar*. 27th ed. Edinburgh: T & T Clark.

McCarthy, Walter. 1980. "The Uses of *wᵉhinneh* in Biblical Hebrew." *Biblica* 61: 330–42.

McFall, Leslie. 1982. *The Enigma of the Hebrew Verbal System*. Sheffield, UK: Almond Press.

Meier, Samuel A. 1992. *Speaking of Speaking: Marking Direct Discourse in the Hebrew Bible*. Vetus Testamentum Supplements 46. Leiden, The Netherlands: E. J. Brill.

Meyer, Rudolf. 1992. *Hebräische Grammatik*. Berlin: Walter de Gruyter.

Miller, Cynthia L. 1994. "Introducing Direct Discourse in Biblical Hebrew Narrative." Pages 199–241 in *Biblical Hebrew and Discourse Linguistics*. Edited by R. D. Bergen. Winona Lake, IN: Eisenbrauns for the Summer Institute of Linguistics.

Miller, Cynthia L. 1996. *The Representation of Speech in Biblical Hebrew Narrative: A Linguistic Analysis*. Harvard Semitic Monographs 55. Atlanta: Scholars Press.

Miller, Cynthia L. 1999a. *The Verbless Clause in Biblical Hebrew: Linguistic Approaches*. Linguistic Studies in Ancient West Semitic 1. Winona Lake, IN: Eisenbrauns.

Miller, Cynthia L. 1999b. "The Pragmatics of *waw* as a Discourse Marker in Biblical Hebrew Dialogue." *Zeitschrift für Althebräistik* 12: 165–91.

Miller, Cynthia L. 1999c. "Pivotal Issues in Analyzing the Verbless Clause." Pages 3–17 in *The Verbless Clause in Biblical Hebrew: Linguistic Approaches*. Edited by Cynthia L. Miller 1. Winona Lake, IN: Eisenbrauns.

Miller, Cynthia L. 2010. "Definiteness and the Vocative in Biblical Hebrew." *Journal of Northwest Semitic Languages* 36: 43–64.

Miller-Naudé, Cynthia, and Ziony Zevit, eds. 2012. *Diachrony in Biblical Hebrew*. Linguistic Studies in Ancient West Semitic 8. Winona Lake, IN: Eisenbrauns.

Morgenstern, Matthew. 2016. "Late Biblical Hebrew." Pages 43–54 in *A Handbook of Biblical Hebrew, Volume 1: Periods, Corpora, and Reading Traditions*. Edited by W. Randall Garr and Steven E. Fassberg. Winona Lake, IN: Eisenbrauns.

Moscati, Sabatino, ed. 1980. *An Introduction to the Comparative Grammar of the Semitic Languages: Phonology and Morphology*. 3rd ed. Porta Linguarum Orientalium 6. Wiesbaden, Germany: Harrassowitz.

Moshavi, Adina. 2010. *Word Order in the Biblical Hebrew Finite Clause: A Syntactic and Pragmatic Analysis of Preposing*. Linguistic Studies in Ancient West Semitic 4. Winona Lake, IN: Eisenbrauns.

Muilenberg, James. 1961. "The Linguistic and Rhetorical Usages of the Particle yk in the Old Testament." *Hebrew Union College Annual* 32: 135–60.

Müller, Hans-Peter. 1994. "Nicht-junktiver Gebrauch von *w-* im Althebräischen." *ZAH* 7: 141–74.

Muraoka, T. 1978. "On the So-called *Dativus Ethicus* in Hebrew." *Journal of Theological Studies* 29: 495–98.

Muraoka, T. 1985. *Emphatic Words and Structures in Biblical Hebrew*. Jerusalem and Leiden, The Netherlands: Magnes Press, The Hebrew University, E. J. Brill.

Muraoka, Takamitsu. 1997. "The Alleged Final Function of the Biblical Hebrew Syntagm <*WAW* + A Volitive Verb Form>." Pages 229–41 in *Narrative Syntax and the Hebrew Bible: Papers of the Tilburg Conference 1996*. Edited by E. J. van Wolde. Biblical Interpretation Series 29. New York: Brill.

Naudé, Jacobus A. 1990. "A Syntactic Analysis of Dislocations in Biblical Hebrew." *Journal of Northwest Semitic Languages* 16: 115–30.

Naudé, Jacobus A. 2010. "Linguistic Dating of Biblical Hebrew Texts: The Chronology and Typology Debate." *Journal of Northwest Semitic Languages* 36: 1–22.

Niccacci, A. 1990. *The Syntax of the Verb in Classical Hebrew Prose*. Journal for the Study of the Old Testament: Supplement Series 86. Sheffield, UK: JSOT Press.

Pat-El, Na'ama. 2009. "The Development of the Semitic Definite Article: A Syntactic Approach." *Journal of Semitic Studies* 54: 19–50.

Polzin, Robert. 1976. *Late Biblical Hebrew: Toward an Historical Typology of Biblical Hebrew Prose*. Harvard Semitic Monographs 12. Missoula, MT: Scholars.

Pratico, Gary D., and Miles V. Van Pelt. 2001. *Basics of Biblical Hebrew Grammar*. Grand Rapids, MI: Zondervan.

Rainey, Anson F. 1986. "The Ancient Hebrew Prefix Conjugation in Light of Amarnah Canaanite." *Hebrew Studies* 27: 4–19.

Rainey, Anson F. 1988. "Further Remarks on the Hebrew Verbal System." *Hebrew Studies* 29: 35–42.

Rainey, Anson F. 1996. *Canaanite in the Amarna Tablets: A Linguistic Analysis of the Mixed Dialect Used by the Scribes from Canaan*. 4 vols. Handbuch der Orientalistik 25/1–4. Leiden, The Netherlands: Brill.

Renz, Johannes. 2016. "Alt oder spät? (Teil 1): Die Abfolge wa-Perfekt als Element der althebräischen Verbalsyntax im Kontext des nor- dwestsemitischen Verbalsystems. Eine Problemanzeige aus der Perspektive der nordwestsemitischen

Epigraphik." *Zeitschrift für die alttestamentliche Wissenschaft* 128/3: 433–67.
Revell, E. J. 1989. "The System of the Verb in Standard Biblical Prose." *Hebrew Union College Annual* 60: 1–37.
Richter, Wolfgang. 1978–80. *Grundlagen einer althebräischen Grammatik*. 3 vols. Arbeiten zu Text und Sprache im Alten Testament 8, 10, 13. St. Ottilien, Germany: EOS-Verlag.
Rocine, B. M. 2000. *Learning Biblical Hebrew: A New Approach Using Discourse Analysis*. Macon, GA: Smyth and Helwys.
Rooker, Mark F. 1990. *Biblical Hebrew in Transition: The Language of the Book of Ezekiel*. Journal for the Study of the Old Testament: Supplement Series 90. Sheffield, UK: JSOT Press.
Ross, Allen P. 2001. *Introducing Biblical Hebrew*. Grand Rapids, MI: Baker.
Rubinstein, Eliezer. 1952. "A Finite Verb Continued by an Infinitive Absolute in Hebrew." *Vetus Testamentum* 2: 262–67.
Rubinstein, Eliezer. 1998. *Syntax and Semantics: Studies in Biblical and Modern Hebrew*. Texts and Studies in the Hebrew Language and Related Subjects 9. Tel Aviv: The Chaim Rosenberg School of Jewish Studies.
Ryder, Stuart A. 1974. *The D-Stem in Western Semitic*. Janua Linguarum Series Practica 131. The Hague: Mouton.
Sáenz-Badillos, Angel. 1993. *A History of the Hebrew Language*. Translated by John Elwolde. Cambridge: Cambridge University Press.
Schneider, Wolfgang. 2016. *Grammar of Biblical Hebrew*. Translated by Randall L. McKinion. Studies in Biblical Hebrew 2. New York: Peter Lang Publishing.
Schniedewind, William M. 2013. *A Social History of Hebrew: Its Origins through the Rabbinic Period*. Anchor Yale Bible Reference Library. New Haven, CT: Yale University Press.
Schoors, A. 1981. "The Particle כִּי." Pages 240–76 in *Remembering All the Way*. Oudtestamentische Studiën 21. Edited by B. Albrektson. Leiden, The Netherlands: Brill.
Segal, M. H. 1927. *A Grammar of Mishnaic Hebrew*. Oxford: Clarendon.
Segert, Stanislav. 1984. *A Basic Grammar of the Ugaritic Language*. Berkeley: University of California Press.
Seow, C. L. 1995. *A Grammar for Biblical Hebrew*. 2nd ed. Nashville: Abingdon.
Shulman, Ahouva. 2001. "Imperative and Second Person Indicative Forms in Biblical Hebrew Prose." *Hebrew Studies* 42: 271–87.
Siebesma, P. A. 1991. *The Function of the Niph'al in Biblical Hebrew in Relationship*

to Other Passive-Reflexive Verbal Stems and to the Pu'al and Hoph'al in Particular. Studia Semitica Neerlandica 29. Assen and Maastricht, The Netherlands: Van Gorcum, 1991.

Silzer, Peter J., and Thomas John Finley. 2004. *How Biblical Languages Work: A Student's Guide to Learning Hebrew and Greek*. Grand Rapids, MI: Kregel.

Sinclair, Cameron. 1999. "Are Nominal Clauses a Distinct Clausal Type?" Pages 51–75 in *The Verbless Clause in Biblical Hebrew: Linguistic Approaches*. Edited by Cynthia L. Miller. Linguistic Studies in Ancient West Semitic 1. Winona Lake, IN: Eisenbrauns.

Smith, Mark S. 1991. *The Origins and Development of the Waw-Consecutive: Northwest Semitic Evidence from Ugarit to Qumran*. Harvard Semitic Studies 39. Atlanta: Scholars Press.

Talstra, Eep. 1997. "A Hierarchy of Clauses in Biblical Hebrew Narrative." Pages 85–118 in *Narrative Syntax and the Hebrew Bible: Papers of the Tilburg Conference 1996*. Edited by E. J. van Wolde. Biblical Interpretation Series 29. New York: Brill.

Thomas, David Winton. 1954. "A Consideration of Some Unusual Ways of Expressing the Superlative in Hebrew." *Vetus Testamentum* 3: 209–24.

Thomas, David Winton. 1968. "Some Further Remarks on Unusual Ways of Expressing the Superlative in Hebrew." *Vetus Testamentum* 18: 120–24.

van der Merwe, Christo H. J. 1994. "Discourse Linguistics and Biblical Hebrew Linguistics." Pages 13–49 in *Biblical Hebrew and Discourse Linguistics*. Edited by R. D. Bergen. Winona Lake, IN: Eisenbrauns for the Summer Institute of Linguistics.

van der Merwe, Christo H. J. 1997. "An Overview of Hebrew Narrative Syntax." Pages 1–20 in *Narrative Syntax and the Hebrew Bible: Papers of the Tilburg Conference 1996*. Edited by Ellen van Wolde. Biblical Interpretation Series 29. New York: Brill.

van der Merwe, Christo H. J., Jackie A. Naudé, and Jan H. Kroeze. 1999. *A Biblical Hebrew Reference Grammar*. Biblical Languages: Hebrew 3. Sheffield, UK: Sheffield Academic Press.

Waltke, Bruce K., and M. O'Connor. 1990. *An Introduction to Biblical Hebrew Syntax*. Winona Lake, IN: Eisenbrauns.

Webster, Brian L. 2009. *The Cambridge Introduction to Biblical Hebrew*. Cambridge: Cambridge University Press.

Webster, Brian L. 2014. "The Perfect Verb and the Perfect Woman in Proverbs."

Pages 261–71 in *Windows to the Ancient World of the Hebrew Bible: Essays in Honor of Samuel Greengus*. Edited by Bill T. Arnold, Nancy L. Erickson, and John H. Walton. Winona Lake, IN: Eisenbrauns.

Weingreen, J. 1959. *A Practical Grammar for Classical Hebrew*. 2nd ed. Oxford: Clarendon Press.

Wikander, Ola. 2010. "The Hebrew Consecutive *wāw* as a North West Semitic 'Augment' : A Typological Comparison with Indo-European." *Vetus Testamentum* 60: 260–70.

Williams, Ronald J., revised and expanded by John C. Beckman. 2007. *Williams' Hebrew Syntax*. 3rd ed. Toronto: University of Toronto.

Yeivin, Israel. 1980. *Introduction to the Tiberian Masorah*. Translated by E. J Revell. Masoretic Studies 5. Missoula, MT: Scholars Press.

Zevit, Ziony. 1988. "Talking Funny in Biblical Henglish and Solving a Problem of the *yaqtul* Past Tense." *Hebrew Studies* 29: 25–33.

Zevit, Ziony. 1998. *The Anterior Construction in Classical Hebrew*. Society of Biblical Literature Monograph Series 50. Atlanta: Scholars Press.

Zewi, Tamar. 1996. "The Particles הִנֵּה and וְהִנֵּה in Biblical Hebrew." *Hebrew Studies* 37: 21–37.

Zewi, Tamar. 2008. "Review of *Williams' Hebrew Syntax: Third Edition*." *Hebrew Studies* 49: 320–22.

主题索引

经文索引 239

出埃及记

申命记

撒母耳记下

列王纪上

译后记

非常荣幸翻译阿诺德教授和崔约翰博士的《圣经希伯来文句法指南》。作者出版英文原书的一个主要目的是弥补中阶程度圣经希伯来文参考书的缺乏，帮助完成初阶的英文读者顺利进入高阶的学习；因此本书中文版书名特别加了“中阶”二字。

我于十七八年前师从傅约翰老师学习圣经希伯来文，非常感谢傅老师生动有趣的授课，带领我进入这一古典语言的领域，我从傅老师学习到的远比语言更多。之后的学习中，常常期盼有中文的中高阶语法书而不得，只能诉诸于英文书籍。本书的英文版是我常常使用的中阶参考书之一。译稿最初完成后只是自己使用，大约两年后遂考虑有机会出版给更多有需要的人。

本书的宝贵之处是：

- 吸收了近些年的研究成果，可以帮助读者了解圣经希伯来文领域的发展。
- 预备读者顺畅地从初阶过渡到高阶。本书参考了一些有影响力的、更为详尽和系统的语法书，例如，Bruce K. Waltke 和 Michael O’Connor、Joüon-Muraoka、Gesenius-Kautzsch-Cowley 以及 van der Merwe-Naudé-Kroeze 的著作，可以预备读者顺利进入到更整全、更系统的高阶学习。在术语表达上则考虑新旧知识更替，对于某些重要概念的革新做出澄清和标注。

- 大量的脚注可让读者有渠道了解争议话题的另一种观点以及诸多参考文献，是非常宝贵的资源。
- 简明扼要，所列词条给出定义和举例，可作为简要可靠的工具书使用。

翻译中的一个挑战是希伯来文、英文和中文三种语言之间的层层对应。这主要体现在例句的翻译中。由于句法结构不同，三种语言之间难以做到完全呼应。例句有参考中文圣经和合本、新译本、吕振中译本。为了帮助读者完整理解作者原意，每个例句后面都保留了英文，方便有需要的读者在三种语言间对照理解、体会异同。

术语尽量附上英文，以方便读者与其他中文或者英文圣经希伯来文著作有良好衔接。焦点中的词汇用蓝色醒目提示，以增加阅读中理解的顺畅。

本书修订了原书某些拼写错误，个别例句根据 *BHS* 做了校正。按照与作者的沟通，对个别例子做了删减、改动或者在括号内做出修订说明。

本书是小语种参考书，出版上有诸多困难，能够出版完全是因为很多人无私的付出。我首先要感谢的是浙江大学李思琪老师和复旦大学刘平老师。李思琪老师真诚地认同翻译本书的价值，并推荐本书译稿给刘平老师，刘平老师则慷慨地向上海三联书店力荐；至此本书在出版上才迎来生机。他们两位对于学术的纯粹和真诚，令我深为感佩。之前从刘平老师引进的简体版《希伯来文“圣经”语法教程》获益良多，时隔多年后有幸得到刘老师为本书作序，甚为美好。我也要感谢上海三联书店愿意就本书与剑桥大学出版社洽谈版权事宜，谢谢上海三联书店作为知名学术出版社对古典文化交流上的担当。本书能够出版，离不开邱红编辑细致负责、紧锣密鼓的辛苦工作，谢谢她整个过程中耐心和充分的沟通；本书很多希文字母，排版起来比较费力，感谢设计和排版老师的仔细处理。谢谢本书作者阿诺德教授多次拨冗回复我提出的问题。我大家庭的多位亲朋慷慨解囊，资助了出版费用，不能一一提名，只能在此表达深深的感谢。对于很多人在本书翻译和寻求出版过程中不同方面真诚的帮助，同样无法一一提及，在此一并致谢。最后，我要借此机会谢谢我先生，他一直理解并支持我对本书投入很多时间和精力，直到译稿顺利完成。

至此，在我看来，除却知识本身无价，本书还带着这么多人的无私付出和祝福，能到达您的手中，其宝贵难以衡量。故此，深深盼望本书能够开卷有益，帮助您更准确、更丰富地理解旧约圣经。同时，受个人知识水平的限制，翻译中的疏漏错误之处，也恳请读者批评指正。

特此纪念。

乔颂恩

2024 年 7 月

图书在版编目（CIP）数据

圣经希伯来文句法指南：中阶／（美）比尔·阿诺德，（美）约翰·崔著；
乔颂恩译.--上海：上海三联书店，2025.7
ISBN 978-7-5426-8490-5

Ⅰ.①圣…　Ⅱ.①比…　②约…　③乔…　Ⅲ.①《圣经》-希伯来语
-句法-指南　Ⅳ.①B971-62

中国国家版本馆CIP数据核字(2024)第087434号

圣经希伯来文句法指南（中阶）

著　　者／比尔·阿诺德（Bill T. Arnold）
　　　　　约翰·崔（John H. Choi）
译　　者／乔颂恩
责任编辑／邱　红
装帧设计／周周设计局
监　　制／姚　军
责任校对／王凌霄

出版发行／上海三联书店
（200041）中国上海市静安区威海路755号30楼
邮　　箱／sdxsanlian@sina.com
联系电话／编辑部：021-22895517
　　　　　发行部：021-22895559
印　　刷／上海盛通时代印刷有限公司

版　　次／2025年7月第1版
印　　次／2025年7月第1次印刷
开　　本／655mm×960mm　1/16
字　　数／250千字
印　　张／22.75
书　　号／ISBN 978-7-5426-8490-5／B·899
定　　价／88.00元

敬启读者，如本书有印装质量问题，请与印刷厂联系021-37910000